国和田玉探奇

唐延龄◎著

新疆美术摄影出版社
新疆电子音像出版社

图书在版编目（CIP）数据

和田玉探奇 / 唐延龄著. —乌鲁木齐：新疆美术摄影
出版社,新疆电子音像出版社,2007.4
（新疆人文地理丛书）
ISBN 978-7-80744-101-4

Ⅰ.和… Ⅱ.唐… Ⅲ.玉石 - 简介 - 和田地区 Ⅳ.
TS933.21

中国版本图书馆 CIP 数据核字（2007）第 027258 号

和田玉探奇

策　　划	刘长明	米吉提·卡德尔	古力先·吐拉洪
主　　编	张新泰	于文胜	
作　　者	唐延龄		
责任编辑	张雯静		
审　　读	强建国		
装帧设计	党　红	李瑞芳	

出　　版　新疆美术摄影出版社
　　　　　新疆电子音像出版社
社　　址　乌鲁木齐市经济开发区科技园路 7 号
　　　　　邮编　830011
电　　话　0991-4550067（编辑部）　　　0991-4532201（发行部）
发　　行　新华书店
印　　刷　北京新华印刷有限公司
开　　本　787mm×1092mm　1/16
印　　张　14.75
字　　数　202 千字
版　　次　2007 年 4 月第 1 版
印　　次　2012 年 6 月第 2 次印刷
书　　号　ISBN 978-7-80744-101-4
定　　价　28.00 元

阅读新疆

　　在新疆生活了几十年,我还不敢说,我对新疆有充分的感知和全面的了解。

　　因为新疆太大了。因为新疆的历史文化沉淀得太丰厚了。因为新疆的人文地理色彩太绚丽了。更重要的,是因为新疆每时每刻都在发生着变化。当每一轮太阳从地平线升起,我们看到的都是一个新的新疆。

　　新疆是一部太厚的书。新疆是一部一生都读不完的书。

　　近几年,我每年都到南北疆调研学习,每一次回来都有更加强烈的感受和新的认识、新的发现,同时也强烈地认识到,新疆是一个民族文化的宝库,是一个出版资源的富矿。我们萌生了一个想法,从人文地理的角度,编一套介绍新疆历史文化的通俗读物,多镜头、多方面地反映和介绍新疆。于是就有了这套《新疆人文地理》丛书。

　　新疆的美,不仅在于她有辽阔的草原、雄伟的山峦、壮美的大漠、粗犷的戈壁、丰厚的森林、奔腾的河流、遍野的百花、富饶的绿洲,还在于她有独特的人口结构与人文格局。不同文字、不同语言、不同服饰、不同宗教信仰的各民族在这里和睦共处,和谐生活,千百年来,演绎出不同文化特色的民族文化。她是我们中华文化中的有机组成部分。一个建筑、一段歌舞、一场比赛、一段历史、一个传说故事，都令你新奇，都是一篇美文，一首新诗，一幅回味无穷的画卷。

新疆的美，更在于她的"新"和"奇"。同一个地方，同一处景观，在不同的时间，你都能有不同的发现和观感；从南到北、从东到西，每到一处，都有不同的自然景观和人文景观，大奇、大美，悠久、深厚。即便是在你生活的城市、乡村，每天早晨你看到的都是新一轮日出，经历的都是新一天生活。难怪有人说："不到新疆不知中国之大，到了新疆方知要学的东西太多。"

介绍新疆，尤其是充满激情、全方位、真实、全面地展示新疆是我们出版人的职责，理应竭尽全力，上下而求索。我们在编这套丛书时，努力从一个新的角度，新的视野去发现和发掘，努力将更多的东西告诉读者，更多的魅力展示给大家。

这些作品，虽然都是对零零碎碎东西的整合和加工，不能说有多少新的创意，但我们的想法是：将那些散落在河床边的煜煜发光的沙金，淘出来打造成一块金砖；将那些绽放在草原上的各色小花，采摘来编织成一个花环。当然，可淘的金还很多，可摘的花也很多，不是编一两套书就能达到目的的。这方面可做的事还很多，要下的功夫还很大。这也是我们编这套丛书的另一初衷：抛砖引玉，希望有更多的人参与到淘金和编织花环的队伍中来，有更多的高纯度金砖和更绚丽的花环奉献给社会。

新疆是一部读不完的书——新疆是一座太富的宝藏；

新疆是一部最值得读的书——新疆的书里有金砖、有花环。

阅读新疆吧！

张新泰

2007 年 3 月 18 日于乌鲁木齐

目录

神玉篇

世界上的几大古文明，有的因种种原因消失了，而中华文明以其顽强的凝聚力和光辉的魅力，延续了五千年，这是我们中华民族的骄傲。中华文明中哪些东西是西方文化中所未见有而又是中华文明所独有的呢？我国学者研究得出的结论是玉器。玉和玉器是中华文明能经久不衰而屹立于世界的一个重要标志。

玉的发展最早有一个"巫玉时代"，这一时代，"玉即神物也"。"登昆仑兮食玉英，与天地兮比寿，与日月兮齐光"。这个两千多年前屈原的梦想，正好展现了那个时代的特征。女娲补天、黄帝食玉、西王母献玉、汉武帝食玉、中山王金缕玉衣……这一个个神话般的故事，却源于当时的现实。拨开神玉的迷雾，展现在世人面前的是中华文明灿烂光辉的风采。

一、《红楼梦》中"通灵宝玉"之谜

3

《石头记》与玉

《红楼梦》又名《石头记》,其缘起在该书第一回已作了交代。首先是女娲炼石补天时,剩下的一块石头,经锻炼之后,灵性已通,因见众石补天,独自己无才,自怨自愧,日夜悲哀。后来遇上茫茫大地和渺渺真人将其携入红尘,镌上了文字。再后,空空道人见此石来历不凡,抄回传奇,后由曹雪芹披阅十载而出书。当然,《石头记》还有深刻的含意,学者已作了深刻的研究。

然而,读《红楼梦》全书,曹雪芹却把人们带入了一个玉文化世界。举一些例子:

其一,第一回中说,这石头可大可小,是一块"鲜莹明洁的石头,且又缩成扇坠一般,实属可爱"。第二回,贾宝玉落胎时,"嘴里便衔下一块五彩晶莹的玉来,还有许多字迹"。曹雪芹通过前两回的交代,已把石变成了玉。

其二,贾宝玉、林黛玉、薛宝钗这三大主角都是以玉为名(中国古代宝字是藏玉之意)。贾宝玉同辈也以玉字为旁,如贾珍、贾琏、贾环、贾瑞等。还有妙玉、玉官、玉柱儿、玉钏儿、甄宝玉、蒋玉菡等,以玉为名。据专家研究,书中以玉命名的有 12 个, 以玉的同义词命名的更多。全书总计用玉字5700多个,贾宝玉的"玉"字在书中出现最多,达 3652 处,其次是林黛玉的"玉"字出现 1323 处。玉是美丽的象征,以玉为名更是一种时代风尚。

其三,第四回说道"护官符"中本地有贾、史、王、薛四大家族,当时有"贾不假,白玉为堂金作马";"东海缺少白玉床,龙王来请金陵王"的俗谚民谣。贾、王两大家族是以白玉作为象征的。玉象征富贵和权势,白玉是玉中极品,以白玉显示富贵和权势,也反映了时代的特点。

其四,贾府中陈设和佩饰离不开玉。有玉簪、玉璜、玉鼎、玉杯、玉盘、玉碟、玉如意、白玉比目磬等。玉象征吉祥、幸福、富贵,古人玉不离身,家有玉器。

其五,元春以皇妃之尊多次赐给贾母玉器,如七十一回中贾母八十大寿,寿礼中有玉杯四只。南安太妃送给湘、黛的礼物中每人一枚玉戒指。古人礼品中以玉为贵。

其六,贾琏将汉玉"九龙佩"给尤二姐,作为定情信物。玉象征忠诚、纯洁,民间多以玉佩、玉簪等作为信物。

其七,在诗歌和语言文字中出现大量以玉为主的词汇。第一回中贾雨村吟联:"玉在匣中求善价,钗于奁内待时飞",以此喻己,希望得到赏识。第五回中,有"玉带林中挂"之句,不但将"玉带"入诗暗示结局,还巧用谐音,倒嵌"林黛玉"之名。在海棠诗中,留下玉的诗句:"玉是精神难比洁"(探春),"捧心西子玉为魂"(贾宝玉),"碾冰为土玉为盆"(林黛玉),"愁多焉得玉无痕"(薛宝钗)。

当然,最能说明玉文化的是贾宝玉的"通灵宝玉",全书以这块佩玉为主线,以其变幻、存在、失落与复归的变化,导出故事的发展演变,描绘了封建家族的盛衰荣枯,反映了一个充满悲剧色彩的爱情故事,揭示出封建社会的本质。

京城大奇:衔玉而生

冷子兴演说荣国府说到一件最奇异的事情,就是贾政的夫人王氏在第二胎生了一位小姐,生于大年初一,这就奇了;不想隔了十几年又生了一位公子,说来更奇,一落胞胎,嘴里便衔着一

块五彩晶莹的玉来。这位公子就是贾宝玉。

这是什么样的一块美玉呢?第八回中说了这块玉的特点。"大如雀卵,灿若明霞,莹润如酥,五色花纹缠护。"从形态、质地、纹路三方面进行描绘。从玉的自然形态看,那当是河中子玉;从质地滋润看,应当是羊脂玉;从纹路看,应是五彩皮色。综合这些特征,这块美玉就是在清代极为珍贵的和田羊脂玉。

奇怪的是玉的正面和背面还镌上了字:正面是"莫失莫忘,仙寿恒昌",背面是"一除邪祟,二除疾病,三知祸福"。这些文字表示了中华民族几千年对玉的崇敬,祈求平安、吉祥、安康、长寿。

这块玉成了贾宝玉的命根子,也是轰动当时京城的奇事。

通灵除邪

贾宝玉是贾母的掌上明珠,王熙凤掌管贾府内政,他两人引起赵姨娘的不满,与马道婆一起设计了魔魔法诡计来害他叔嫂两人。一天,突然宝玉和凤姐都拿刀弄杖,满口胡言,闹得贾府天翻地覆。次日身热如火,不省人事。第三日气息奄奄。全府上下求医寻道,救治无效,只得把后事治备了。到第四日宝玉对贾母说,他要走了,气得全家痛哭。这时,突然听见木鱼声,原来是一个道长和一个和尚到了,说是得知府上人体欠安,特来医治。贾政说,两人中邪,不知有何仙方可治。道人说:你家现有稀世之宝,可治此病。这稀世之宝不是别的,就是宝玉的通灵宝玉。接着,只见和尚对那块玉摩弄一会,说了一些疯话,对贾政说:此物已灵,悬于卧室上栏,不要阴人冲犯,三十天后,包管好了。以后,两人果然病好。这一故事正是展示了玉的除邪功能。

4

失通灵宝玉　贾府遭奇祸

随着时间变化，贾宝玉与林黛玉、薛宝钗的故事步步深入。在贾府一派繁荣景象中，出现了悲剧。一天，突然宝玉那块通灵宝玉不见了。这件事急坏了全府人等，先是在大观园内搜寻；后去测字，到当铺去找；又在外面贴招贴，悬一万两银子招玉。闹得全城皆知，人们传开："贾宝玉弄出'假宝玉'了。"

宝玉这块玉的丢失，把故事推向高潮。这时，宝玉病倒，神志昏聩，医治无效。接连发生一系列悲剧：元妃薨逝；黛玉归天；宝玉遗恨；宁国府被抄；贾母归地府；妙玉遭大劫；凤姐去世……从此，贾府走向败落。

得玉悟仙缘

故事到了第一百十五回，惜春矢志出家，甄宝玉慕求功名。这时，贾宝玉心灰意冷，突然糊涂起来，人事不省，只好准备后事。在这生死之际，一个和尚拿着丢了的那块玉到贾府要一万两银子。宝玉幻境悟仙缘，决心离开红尘出家，在中了举人以后随着僧道而去，了结了红楼梦的故事。

《红楼梦》以"通灵宝玉"为主线，展开故事。如宝玉的母亲王夫人说过：这块玉自然有些来历，病也是这块玉，好也是这块玉，生也是这块玉。宝玉的父亲贾政最后归结说：宝玉生下来时，衔了玉来，便也古怪。再是那和尚道士，我也见了三次：头一次，是说玉的好处；第二次，便是病重，他来了，将那玉持诵了一番，宝玉便好了；第三次，送那玉来，我一转眼就不见了。

曹雪芹写通灵宝玉之谜

曹雪芹写的《石头记》，为什么又要以玉为主线呢？这是值得讨论的问题。

曹雪芹把书名叫《石头记》，有研究者指出，《石头记》显然反映了诗人的"顽石"情结，这是作者既深受儒家学说濡染，又因心性人格、经历遭遇和社会思潮的影响而产生叛逆人格心理的结果。有的又把书中的"石公"与明末清初的大学者张岱相联系起来。张岱，字宗子，又字石公，号陶庵，明末山阴人，是著名的明史学家、散文大家和思想家。他出身仕宦家庭，早年生活优裕，晚年避居山中，穷愁潦倒，坚持著述。从张岱一生的经历看，其年轻时的生活，基本上是"贾宝玉"的翻版；而其老年时的生活，又恰是《石头记》作者的写照。

东汉时，许慎就对玉下了定义："玉，石之美者。"玉有独特的性能，可与石分开。曹雪芹不以石头，而以玉为主线，这也是时代的烙印。曹雪芹写这书时是清乾隆时期。这个时期，中国古代玉器发展达到了最高峰。乾隆活了89岁，在位60年。他独钟于和田玉，爱玉如痴。他统一了新疆，加强了和田玉的开发和管理，使美玉大量进入宫廷。又亲自过问玉器制作，制成了大量精美绝伦的玉器。在这背景下，官宦文人，莫不以玉为贵，爱玉成为时代风尚。曹雪芹出生于官宦之家，受到玉文化的熏陶和爱玉风尚的影响，全书以玉为主线正是时代特征的反映，是不难理解的。但是，他为什么把玉称为"通灵宝玉"呢？为什么要把贾宝玉与"女娲补天"相联系呢？

5

二、女娲补天石之谜

神话中的女娲

女娲是在中国远古神话传说中一个带有神秘色彩的人物,她的最大功绩就是"造人"和"补天"。

传说女娲是被古人尊奉为人类始祖的伏羲的妹妹,女娲和伏羲具有一种人首蛇身的异象。当第一个统一中华民族各部落的帝王伏羲去世之后,女娲被诸侯推为帝王,继承伏羲的帝位,号娲皇。她是中国三皇五帝时期一个统御全国部落的女首领,也就是母系氏族社会的女酋长。

女娲也被尊奉为人类之母,造人的神话有两种:

一是抟黄土造人,来源于东汉成书的《风俗通》。书中说:"俗说天地开辟,未有人民,女娲抟黄土做人。"女娲心灵手巧,用黄土捏好泥人。这些泥人几乎和她一样,变成能直立行走、能言会语、聪明灵巧的小精灵,女娲称他们为"人",并且分为男人和女人。但是,她"力不暇供,乃引绳于泥中,举以为人"。就是把一根草绳放进河底的淤泥里转动着,直到绳的下端整个儿裹上一层泥土。接着,她提起绳子向地面上一挥,凡是有泥点降落的地方,那些泥点就变成了一个个小人。另外,还有女娲造人之际,诸神均来相助共同造人的说法,如《淮南子·说林篇》说:"黄帝生阴阳,上骈生耳目,桑林生臂手,此女娲所以七十化也。"

民间吃饺子的民俗与女娲造人有关。女娲抟土造成人时,由于天寒地冻,黄土人的耳朵很容易冻掉,为了使耳朵能固定不掉,女娲在人的耳朵上扎一个小眼,用细线把耳朵拴住,线的另一端放在黄土人的嘴里咬着,这样才算把耳朵做好。老百姓为了纪念女娲的功绩,就包起饺子来,用面捏成人耳朵的形状,内包有馅(线),用嘴咬吃。

二是女娲兄妹结合而繁衍人类。唐代李冗《独异志》载:"昔宇宙初开时,有女娲兄妹二人,在昆仑山,而天下未有人民。议以为夫妻,又自羞耻。兄即与其妹上昆仑山,咒曰:'天若遣我二人为夫妻,而烟悉合;若不,使烟散。'于烟即合。"我国西南苗、瑶等少数民族中还有这样的传说:当时,雷公发下洪水淹灭天下,只有伏羲和女娲兄妹坐在葫芦里逃避洪水得救。他们是洪水退去后仅存的孑遗,只得兄妹结婚,传下后代,使人类重新繁衍滋生在大地上。这一神话也得到出土文物的印证,在汉墓画像中有伏羲女娲交尾像;新疆哈密唐墓也出土了伏羲女娲交尾像帛画。

为了人类的繁衍,女娲发明了笙簧。战国时期史官所撰的《世本》中说:"女娲作笙簧。笙,生也,象物贯地而生,以匏为之,其中空而受簧也。"匏,是一种葫芦,笙管插匏(葫芦)制的笙斗上,又纳簧片于其中。这种构造正寄寓着伏羲和女娲兄妹同入葫芦(匏)中逃避洪水,再造人类的遗意。这不仅说明女娲是发明创造笙簧的人,而且女娲是繁衍滋生人类、创造万物的伟大母亲。

同样,为了人类的繁衍,女娲制定了婚姻制度。《风俗通》中说:"女娲祷祠神,祈面为女媒,因置婚姻。"就是说,女娲向祠庙里的神祷告,请求让自己成为人类婚姻的媒妁,得到神的应允后,便建立了人类的媒妁嫁娶婚姻制度。因此,后世建立国家的,都把女娲奉为结合婚姻之神。

其实,造人的神话在世界许多地区存在。在古希腊神话中,普罗米修斯创造了人;在古埃及神话中,人是神呼唤而生的。而中华民族的女娲造人,更显示了母系社会中,女人对人类繁衍的伟大贡献。

女娲补天的故事

"女娲补天"是中国神话史上最为著名的一则神话,流传极广,几乎家喻户晓。故事浪漫美丽,构思奇特,在全世界都极为罕见。

女娲补天的传说最早记载于《淮南子》书中。《淮南子》是西汉贵族刘安及其门客撰写的一部哲学而又充满神话的著作。书中说:"往古之时,四极废,九州裂,天不兼覆,地不周载;火爁焱而不灭,水浩洋而不息;猛兽食颛民,鸷鸟攫老弱。于是女娲炼五色石以补苍天,断鳌足以立四极,杀黑龙以济冀州,积芦灰以止淫水。苍天补,四极正;淫水涸,冀州平;狡虫死,颛民生;背方州,抱圆天。"这是说:远古的时候,天的四边都塌下来了,大地都崩裂了,天不能笼罩地面,地也不能很好地容载万物;大火燃烧而不灭,大水汪洋而不退;凶猛的野兽吞食善良的人民,凶猛的鸟啄食老弱百姓。于是,女娲炼五色石用来修补苍天,砍断了大龟的脚用来支撑天的四边,杀掉了黑龙以拯救冀州百姓,堆积大量的芦灰用来止住洪水。修补好了苍天,支起了天的四边,洪水干涸了,中原一带也太平了,那些猛兽凶鸟也都死了,善良的百姓才得以生存。

天塌,则来源于水神共工与火神祝融因争夺权力而发生战争的故事。据《淮南子》记载:"昔者共工与颛顼争为帝,怒而触不周之山,天柱折,地维绝。天倾西北,故日月星辰移焉;地不满东南,故水潦尘埃归焉。"原来水神共工是炎帝的后裔,与黄帝家族本来就矛盾重重。帝颛顼接掌宇宙统治权后,用强权压制其他派系

7

的天神，以至于天上人间，怨声鼎沸。共工见时机成熟，暗地里约集心怀不满的天神们，决心推翻帝颛顼的统治，夺取主宰神位。反叛的诸神推选共工为盟主，组建成一支军队，突袭天国京都。帝颛顼闻变，一面召四方诸侯疾速支援，一面亲自挂帅前去迎战。一场酷烈的战斗展开了，两股人马从天上厮杀到凡界，再从凡界厮杀到天上，几个来回过去，帝颛顼的部众越杀越多，共工的部众越杀越少。共工辗转杀到西北方的不周山下，身边仅剩一十三骑。他举目望去，不周山奇崛突兀，顶天立地，挡住了去路。他知道，此山其实是一根撑天的巨柱，是帝颛顼维持宇宙统治的主要凭借之一。共工在绝望中朝不周山拼命撞去，只听一阵巨响，那撑天柱地的不周山竟被他拦腰撞断。于是，天的西北部倒塌下来，日月星辰向西北方移动；地的东南部低陷下去，所以江河和尘埃就倾到东南方。江河洪水泛滥，森林熊熊大火，怪兽钻了出来，残害着人类。善良的女娲神看见她的子民们在洪水和大火中四处逃生，心里十分难过，只好辛辛苦苦地去修补破损的天空。因为当时的天空已经倾斜了，于是女娲又亲自将一只巨大的龟捉来杀掉，砍下了它的四条腿，支撑在天的四面，把倾斜的天给扶正了。

我国伟人毛泽东在《渔家傲——反第一次大"围剿"》中写道"唤起工农千百万，同心干，不周山下红旗乱。"并且有注释中说："共工是胜利的英雄……他死了没有呢？看来是没有死，共工是确实胜利了。"

女娲补天有根据吗？80年代以来，在辽宁红山文化中，曾发现一个大祭坛。这个祭坛一共分三层，小抹顶，上面竟然有1000多只炼铜用的坩埚。为什么要用坩埚来祭祀神呢？有人认为，这个祭祀的主题就是"女娲补天"。因为

在红山文化的墓葬中发现了一些小的玉石做成的龟，但奇怪的是，这些龟都没有头和四足。这正好应了《淮南子》中关于女娲补天"断鳌足以立四极"的记载。从而推测，祭坛所祭祀的一定是女娲。如果真是这样的话，那么"女娲补天"的神话就可以上推到距今7000多年以前。民间有纪念女娲补天的传说。明代杨慎在《同品》中记："宋以正月二十三日为天穿日，言女娲氏以是日补天，俗以煎饼置屋上，名曰补天穿。"中原地区还有这样的传说：女娲补天以后，用泥巴做成一男一女，让他们在人间结为夫妇。有一年，在过大年的时候，夫妻俩为了感谢女娲，做了很多的年粑送给她，女娲只收了一点，说："我用了三万六千块石头补天，有一些缝没有合。你们把这些年粑带回去，在正月二十日把它们吃掉，便可以将天上的缝补严。"以后，中原地区有了过年吃年粑的习惯。同时，还有这样的民谣："二十把粑煎，吃了好补天，麦子结双吊，谷堆冒尖尖。"

现代人们用自然现象解译"女娲补天"的故事。有的提出是一次陨石雨灾害；有的说是气象事件；有的认为是大地震事件，引起原始人类所居住山洞的"洞顶"崩裂、坍塌。

其实，补天是一个神话，在人类原始社会时期，对自然现象不可能有科学的解释。可能是地震等巨大自然灾害，造成房倒地裂，洪水泛滥。这时，作为母系社会首领的女娲，只有祈求上天的保佑。用什么祈求上天呢？用的是"石头"。

曹雪芹发现补天石是玉

女娲补天石是什么呢？

文学名著《红楼梦》在开篇里，有一段十分精彩的描写："看官，你道此书从何说起？说来虽近荒唐，细玩颇有趣味。却说那女娲炼石

8

补天之时，于大荒山无稽崖炼成高十二丈，见方二十四丈的大顽石三万六千五百零一块，那女娲只用了三万六千五百块，单剩一块未用，弃之青埂峰下，谁知此石自经锻炼之后，灵性已成，自来自去，可大可小。因见众石具得补天，独自己无才，不得入选，遂自怨愧，日夜悲哀。"在这里，曹雪芹把女娲补天的石头具体化了。这石头是什么呢？一是"灵性已成，自来自去，可大可小"；二是一块"鲜莹明洁的石头"；三是"一块五彩晶莹的玉"。这样，他把补天之石演化为玉。

现在看来，曹雪芹把女娲补天之石说成玉是有道理的。

其一，共工撞击的山是不周山。关于这座山在何处有多种说法，一般认为是昆仑山。

其二，昆仑山在古代神话中是通天之山，昆仑山是祈求上天最好的地方。

其三，女娲的故事中有一个传说，说她曾生活在昆仑山。

其四，女娲补天用的是五彩石，而昆仑山美玉刚好是五色，恰恰与其对应。

其五，女娲是一个玉的发现者，或者说拥有者。她发明了笙簧。后人在诗中称为"玉笙"，王毂的《吹笙引》中云："娲皇遗音寄玉笙，双成传得何凄清。"而古代吹笙得道成仙者有之，相传周灵王太子晋，好吹笙作凤凰鸣，以至得道成仙。

其六，曹雪芹说玉有灵性，正好与玉作为祭天神物相对应。

女娲是以玉祭天的第一人

在遥遥的原始社会时期，人们相信是有上天的。曾在我国北方和中亚、欧洲北部、北美等地流行很广的萨满教，就认为宇宙是由三部分组成：上界为神灵所居，中界为人类和万物的生息之地，下界则为妖魔出入之所。而沟通这三界的使者正是萨满，她们是神魔的代言人和中介人，具有传达神旨和驱逐妖魔的超人能力。原始的萨满多是女性。

在我国古书上，萨满被称为巫觋，具有通神的能力。如《山海经》中说：古有"巫咸国"，"灵山"，有十巫"从此升降"。灵山，当是通天之山，这山就是昆仑山。1961年发掘长沙砂子塘西汉前期第五代长沙靖王墓，出土了彩绘漆棺，在外棺中部彩绘昆仑山，山体直插云霄。马王堆1号、3号墓中均有帛画，分为地下、地上、天上三段，两侧均有阙门，这是由地上进入天上之门。在1号墓帛画阙门之上有龙、鸟、蟾蜍，在象征日、月的鸟、蟾之间画一蛇身女娲像，表明女娲是天帝，或者说是能通天的人。

要与天上的神沟通，要有媒介，这就是女娲以石补天的来历。这石就是昆仑山的美玉。玉作为祭天的神物，古有记载。如《越绝书》中，风胡子为楚王讲述古代兵器或工具说："夫玉即神物也。"之所以称为神物，因它可以与天上神通。神物是有灵性的，这也就是贾宝玉"通灵宝玉"灵性之来源。

9

三、黄帝食玉和种玉的传说

人文始祖——黄帝

在陕西北部莽莽的黄土高原上,有一片林木葱郁的山冈,传说这里是中华民族的始祖黄帝安息的地方,这个地方就是黄陵县的黄帝陵。古代各朝廷皇帝来这里祭奠,现在每逢清明节,国家在这里举行国祭。

几千年来,凡是中华儿女,不论他是在国内还是在海外,都认为轩辕黄帝是中华民族的"人文始祖"。伟大的革命先驱孙中山先生在祭黄帝的文中写道:"中华开国五千年,神州轩辕自古伟,创造指南车,平定蚩尤乱,世界文明,唯有我先。"是啊!是黄帝肇造了中华文明,是黄帝开创了中华民族5000年的基业。

从远古时代,关于黄帝的传说就很多,见于先秦的一些文献中。西汉司马迁《史记》的诞生,使我们比较清楚地看到黄帝的事迹。《史记·五帝本纪》说:"黄帝者,少典之子,姓公孙,名轩辕。生而神灵,弱而能言,幼而徇齐,长而敦敏,成而聪明。"《国语·晋语》也说:"昔少典娶于有氏,生黄帝、炎帝,黄帝以姬水成,炎帝以姜水成,生而异德,故黄帝为姬,炎帝为姜。"这就是说:五千多年前,黄河流域中下游的各个部落中,有两个杰出的领袖人物,一位是黄帝,一位是炎帝,还有其他一些部落的领袖。黄帝姓公孙,因长于姬水,又姓姬。曾居于轩辕之丘(今河南新郑县轩辕丘),取名轩辕。又因崇尚土德,而土又呈黄色,故称黄帝。

黄帝通过阪泉大战和涿鹿大战,制约了炎帝和蚩尤,统一了远古三大部落,成为中华民族第一个共主。同时,通过黄帝、炎帝和蚩尤为首的三支华夏先民的大融合，形成了崇奉黄帝为首领、以农耕经济为社会基础、注重礼仪文化的古代华夏民族。黄帝时期迎来了文明曙光，跨越文明门槛、步入农业文明殿堂。所以说，黄帝是率领华夏先民步入文明社会的人文始祖。

黄帝拓展了华夏农耕文明：黄帝是从游牧进入农耕的华夏先民首领。在这个时代，使人们转入定居，垦地种粮和植草木，务农桑，造舟楫，凿井找水，以"井"为标识的"经土设井"，规划了生产和生活区域。黄帝管辖的范围扩大，《史记·五帝本纪》记述说："东至于海，登丸山及岱宗；西至于空峒，登鸡头；南至于江，登熊湘；北逐荤粥，合符釜山。"这就是说：东边到了东海、山东一带，西边到了甘肃，南至长港，北到河北省北。

黄帝始创了华夏礼仪制度。这些制度非常广泛，有拜见和祭祀等礼仪制度，有与社会地位相结合的服饰制度，有"八家为井，井开四道，而分八宅，凿井于中"制度，并建立了以地域为单位的行政区划制度："井一为邻，邻三为朋，朋三为里，里五为邑，邑十为都，都十为师，师十为州。"这些制度的建立，特别是乡里制度，从而使中华民族成为世界著名的礼仪之邦。

黄帝发展了华夏文化创造。华夏先民将许多文化创造都追溯到黄帝或黄帝时代。在纺织方面，嫘祖发明了养蚕和织丝，用染料染五色衣裳。在音乐方面，令伶伦作乐器和乐律，发明创立华夏音律文化。在冶炼方面，黄帝铸大镜，发展了冶炼技术。在数学方面，让隶首作算术，提高了计算和数学水平。在历法方面，"羲和占日，常仪占月，臾区占星气，大挠作甲子"，产生了对农耕生产具有重要意义的天文历法。在医药方面，总结出《素问》八十篇和《灵枢》八十一篇，发展了中医药学。在文字方面，黄帝的史官仓颉依类象形，创造文字，标志着有文字记载的华夏文明的出现。

于右任先生在《黄帝功德纪》一书中，说黄帝一生的发明创造有20个方面，包括衣、食、住、行、农、工、矿、商、货币、文字、图画、弓箭、音乐、医药、婚姻、丧葬、历数、阴阳五行、伞、镜等。人们在他的身上集中了古人的各种优点，诸多创造。他带领中华文明从野蛮向文明发展，从而将他奉为人文始祖。

在那遥远的时代，也是一个神话时代。黄帝本来是"皇天上帝"的意思，传说黄帝是有四张脸，位居在天庭的中央，手里拿着一条绳子，和他的属神后土，共同统领四方。黄帝还与昆仑美玉相联系，谱写出不朽的篇章。

黄帝食玉与种玉的故事

这故事出自于我国著名一本古书《山海经》。在《西山经》中有一段黄帝食玉和种玉的记载。"峚山。其上多丹木，员叶而赤茎，黄华而赤实，其味如饴，食之不饥。丹水出焉，西流注于稷泽，其中多白玉。是有玉膏。其源沸沸汤汤，黄帝是食是飨。是生玄玉。玉膏所出，以灌丹木。丹木五岁，五色乃清，五味乃馨。黄帝乃取峚山之玉荣，而投之钟山之阳。瑾瑜之玉为良。坚粟精密，浊泽而有光。五色发作，以和柔刚。天地鬼神是食是飨。君子服之，以御不祥。"

上面记载了黄帝与玉有关的两件事：一是说峚山多白玉，有玉膏，这是黄帝饮食之源，也就是说黄帝是以食玉膏为生。二是说黄帝取峚山之玉荣，而投之钟山之阳，生出坚粟精密瑾瑜之玉，以供天地鬼神之食，如果君子服之，可以防御不祥。这两件事都说明一个问题，即黄帝、天地鬼神、君子都是以玉为食物的。

《山海经》在我国古代典籍中，是一部"奇

11

书"。书中包含着关于上古地理、历史、神话、天文、历法、气象、动物、植物、矿产、医药、宗教、考古以及人类学、民族学、海洋学和科技史等方面的诸多内容。今传本是汉哀帝时刘秀校勘奏上，晋郭璞整理注释。成书时代，刘秀说是"出于唐虞之际"，以后有人说是战国时期。中外学者在《山海经》研究中对《山海经》的性质的认识上有"神话"说和"信史"说两大派。现在，许多人认为《山海经》是一本特殊的以人文历史地理为纲的书。《山海经》中一切现象，几乎全部都可以用唯物的观点加以解释，"神"其实是神化了的人，"神话"是神秘化了的历史。鲁迅先生在《中国小说史略》中说：山海经是"盖古之巫书"也。

在远古时代的人类蒙昧时期，有一个巫文化时代。巫是人与鬼神之间的使者，是知识与文化的代表，享有崇高的社会地位。这个时期，也是巫玉时期。这时，玉作为通天、敬天的媒介。黄帝食玉和种玉的故事，其实是把昆仑美玉神化了。玉是神之享物，也就是供神灵吃的食物。古人心目中玉是阳精之纯，最能滋补人们健康长寿，吃到足够的玉之后还可以升天成仙。《诗经》中说："太华之山，上有明星玉女主持玉浆，服之成仙。"《河图》中也说："少室之上巅，亦有白玉膏，服之即得仙道。"洛阳偃师出土的东汉建宁二年墓志碑上也说："土仙者大伍公见西王母昆仑之墟，受仙道，大伍公从弟子五人……皆食石脂仙而去。"此处的石脂即为玉浆、玉脂，"大伍公"及弟子五人即是食玉成仙的凡人。像神仙那样食玉更是人们的理想，如战国时期著名的诗人屈原在《楚辞·九思·疾世》中就希望像神仙那样"吮玉液兮止渴，啮芝华兮疗饥"。在《涉江》中还期盼"登昆仑兮食玉英，与天地兮比寿，与日月兮齐光"。

峑山、钟山是昆仑山的一部分。而昆仑山在传说中是黄帝居住的所在。《山海经·西山经》说："昆仑之丘，是实惟帝之下都。"《穆天子传》中"天子升于昆仑之丘，以观黄帝之宫。"汉刘安《淮南子·地形训》云：昆仑之丘为天帝之居。这里天帝就是指黄帝。书中所说的，"白玉""玄玉""坚粟精密，浊泽而有光。五色发作，以和柔刚"，正是今天所说和田玉的特点。杨伯达先生说："黄帝食种昆仑之玉确是神——天帝独具的玄机，但他可能又是西羌的一位神通广大、法力无边的大巫，被部众尊为神巫。他是巫神帝合一的神话人物。也是西羌至高无上的神权的统治的折射。"

黄帝在中原地区活动，他为什么又在昆仑山呢？

黄帝与昆仑山

黄帝与昆仑山应该说是一个待解之谜。从若干古代文献中，可以看到某些线索。

《史记·五帝本纪》中曾提到黄帝管辖地区有"北逐荤粥"。这里，荤粥是什么民族呢？据有关资料说，这是汉代所称的塞种人。塞种人是远古时曾在中亚和西域地区居住的民族，并曾到甘肃和内蒙古西部。黄帝"北逐荤粥"，表明黄帝曾率兵打败过当时的塞种人。

《史记·五帝本纪》中又记载，"黄帝居轩辕之丘，而娶于西陵之女，是为螺祖。"在什么地方娶于西陵之女呢？《庄子·天地篇》中说，黄帝游昆仑时，娶有西极古国"西陵氏女"为妻。

《汉书·律历志》中说：黄帝"使伶伦自大夏之西，昆仑之阴，取竹为之解谷。"这就是说，黄帝曾派音乐家伶伦到西域大夏部落，在昆仑山北伐竹器制成乐器，发明竹器和乐律。

《黄帝内经》记载，黄帝与西王母会见后

12

"铸镜十二面,随月用之。"也就是说,黄帝曾会见过居住在昆仑山的西王母。

黄帝与古时新疆交往有可能吗?是可能的。考古资料表明,新石器时代,新疆的细石器与我国北方细石器具有相同的特点,表明在当时是有联系交往的。这一时期处于游牧时期,大流动是游牧生活的特点。研究资料还表明,在黄帝时期,昆仑山已发现了美玉,并开拓了到中原的玉石之路,因此,黄帝与昆仑山交往更是可能了。昆仑山居住着西王母,黄帝与西王母又有什么样联系呢?

四、西王母献玉的故事

西王母其人

西王母是昆仑神话体系中的一位大神,在我国古代神话里,占有非常突
出而又重要的地位。古典文献中所记录的西王母形象反映了远古时代生活在
昆仑山地区原始社会状态的母系氏族部落的某些生活风貌。先秦典籍中最早
记载西王母传说的是《山海经》,记载文字主要有三处:

《西山经》:"玉山,是王母所居也。西王母其状如人,豹尾虎齿而善啸,
蓬发戴胜,是司天厉及五残。"

《大荒西经》:"西海之南,流沙之滨,赤水之后,黑水之前,有大山,名曰
昆仑之丘。有神人面虎身,有文有尾,皆白处之。其下有弱水之渊环之,其外
有炎火之山,投物辄然。有人,戴胜虎齿,有豹尾,穴处,名曰西王母。此山万
物尽有。"

《海内北经》:"西王母梯几而戴胜杖,其南面有三青鸟,为王母取食。在
昆仑虚北。"

按照这些描写,西王母居住在昆仑山的玉山石洞中,似乎是一个半兽
半人的女神。她有一条像豹那样弯曲上翘的尾巴,有锐利如虎的牙齿,非
常善于吼叫,乱发如蓬草,头上戴有一块玉制作的饰品"玉胜",喜好三青
鸟。她是职司,知灾厉五刑残杀之气。现今对西王母这一形象的解释一般
是:西王母是原始时代生活于西北地区母系社会的首领,其形象反映了先
民们对动物的图腾崇拜。在原始时代,从事狩猎活动的民族认为野兽的凶
猛厉害在于它的牙坚爪利,因此,他们就把猛兽的牙爪装饰在自己身上,

特别是部落首领的身上，或者将其装扮成猛兽的模样，以为这样就可以获得猛兽的力量。那时的首领，也是与天神相通的巫，因此，这一形象也是古代女巫的形象。

值得注意的是，随着时代发展，西王母的形象发生了很大的变化。人们把西王母神话传说与周穆王西征、汉武帝西巡的历史事实联系起来，把西王母形象人格化、神化传说故事化。在《穆天子传》中，变成了一个雍容平和、能唱歌谣、熟谙世情的国君。在《淮南子》书中，将西王母说成是长生不老之药的所有者，并且已与嫦娥奔月的神话传说联系起来。在《汉武帝故事》中，又变成了一个年约三十、容貌绝世的女神。她操有不死之药，拥有天下极珍奇的仙桃，主持天上的蟠桃盛会，用仙桃宴请群仙。在这些神话的流传过程中，西王母的神性进一步扩大，她不但是仙界管理众女仙的领袖，民间祈求长寿和平安的对象，也在民间信仰上成为男女婚配，妇女祈求授予的信仰对象。从汉代以来，随着道教和民间故事的传播，西王母在民间受到广泛信仰。她不但作为道教的一位大仙为道家所信奉，享受人间的烟火，也以金母、王母娘娘、王母、西姥、瑶池阿母等名称在各类文学作品（古代诗歌、小说等）中出现，在众多的民间传说故事中流传，为人们所乐道，具有广泛的影响。

西王母居住在昆仑山玉山，她与玉有密切联系，最突出的是献玉的故事。

西王母献玉黄帝

这一故事来自古代文献《玉海》，该书引南北朝时孙柔之《瑞应图》说："黄帝时，西王母乘白鹿献白环之休符。"白环即白玉环。玉环，古时作为礼器，与玉璧、玉瑗为同一大类，都是圆形或近圆形。古代以"肉"与"好"的大小相区别，"肉"即玉器周围的边部，"好"即玉器中心的孔。《尔雅·释器》中说："肉倍好谓之璧，好倍肉谓之瑗，肉好合一谓之环。"就是说，以边与孔的大小比例来确定。我国考古学家夏鼐教授提议："把璧、瑗、环统称为璧环类，或简称为璧。其中器身作细条圆圈而孔径大于器二分之一者，或可特称之为环。"玉环在黄帝时代是一种用以事神的礼器。

黄帝时期，昆仑山已发现了美玉，用玉作为事神的玉器是有可能的。考古资料表明，在齐家文化出土的玉器中就有玉环，而此玉器是用昆仑山美玉制成的。

西王母与黄帝的交往，反映了远古时期母系社会与父系社会的联系，表明当时民族之间的交流与友谊。历代文献中记载了一些交往的故事。较为流行的是：西王母派使者送符给黄帝打败蚩尤的故事。据《黄帝出军决》记载：黄帝与蚩尤作战的时期，蚩尤幻变多方，征风召雨，吹烟喷雾，黄帝军队被迷。黄帝在一天睡梦中见西王母派使者来授符，"符广三寸，长一尺，青莹如玉，丹血为文。"并派一妇人，人首鸟身，授黄帝作战之法。最后黄帝得以大胜。然而这符，也是玉制作的。可见，玉在古代的崇高地位。

西王母献玉舜

我国著名历史文献《竹书纪年》中曾说："西王母之来朝，献白环玉玦。"《晋书·律志》中曾记载："黄帝作律，以玉为管。长尺六孔，为十二月音。至舜时，西王母献昭华之管，以玉为之。及汉章帝时，零陵文学奚景于冷道舜祠下得白玉管。"舜是华夏父系社会继黄帝、尧以后又一首领，称为有虞氏。西王母作为母系社会首领又一次送来玉环、玉玦、玉管。玉环、玉玦是古代礼器,玉管是乐器。据晋葛洪《西就杂记》中说,汉高祖初入咸阳宫时,曾见到此管,"有玉管长二尺三寸,二十六孔,吹之则见车马山林隐辚相次,吹息亦不见,铭曰昭华之管。"

过了两百多年,汉章帝时,零陵文学奚景于冷道舜祠下获得白玉管。可见,玉管为真。

西王母居住在昆仑山,古代这个山是什么样的山呢?

16

五、昆仑神山和玉山

昆仑仙山
——古代神话中心

　　昆仑山是世界著名的雄伟山脉,在中华历史上,它又是一座神山。中华民族古代有昆仑和蓬莱两大神话中心,而昆仑是最为古老、神话传说最多的地区。在先秦文献中,有《山海经》、《穆天子传》、《楚辞》、《庄子》等,在汉代文献中,有《淮南子》等,都记载了许多神话,从女娲、西王母、炎帝、黄帝,到共工、大禹、羿、巫彭、嫦娥等,都留下了许多动人的故事。在文学作品中,昆仑又是神仙和侠客出没之地。如《封神演义》中,姜子牙在助武王伐纣过程中,一次双方对峙,不能取胜。突然,姜子牙做了一梦,来到昆仑山,得到破商之计,以后取得大胜。

　　昆仑古代又称昆仑丘,或昆仑墟。它是什么样的山呢? 据说山高万仞,直入青云,山上有楼台玉宇,瑶台悬圃,奇花异木,珍禽怪兽。更有神奇的草木,可制成不死之药。仙人神圣,则更是出没其间,成为中国一座奇特的神山。道教奉为神仙所居的仙山。这座神山,古往今来,多么令人神往。战国伟大诗人屈原,在他的诗词中抒发了对昆仑的向往。《离骚》中有"邅吾道夫昆仑兮,路修远以周流。"《九歌·河伯》中有:"登昆仑兮四望,心飞扬兮浩荡。"《九章·涉江》中有:"驾青虬兮骖白螭,吾与重华游兮瑶之圃。"

　　但是,昆仑在哪里呢? 千年以来,众说纷纭,有说是盘踞西北的昆仑山,有说是山东的泰山,有的说在云南及国内其他地方,甚至有说是国外的山,说法有几十种之多，一直是不解之谜。然而，不少学者有一个认识，昆仑有神话昆仑和地理昆仑，在我国汉代以前是指前者，汉代以后是指后者。但是，为什么有神话昆仑出现呢？

昆仑神山与萨满教

古代，萨满教在世界许多地区流行。自上世纪20年代以来，国内外学者对其进行了研究，认为"是一种世界性的原始宗教"，或"世界性的原始文化现象"，有的学者甚至认为，整个世界的古代文明都是萨满式文明，萨满文化是曾经在世界范围普遍流行的文化。

萨满教宇宙观认为整个宇宙分为天上、人间和地下三个世界。天上住着天帝和神灵，地狱居住的则是魔鬼。清代徐珂所辑《清稗类钞》中说："萨满教又立三界，上界曰巴尔兰由尔查，即天堂也；中界曰额尔土土伊都，即地面也；下界曰叶尔羌珠几牙几，即地狱也。上界为诸神所居，下界为恶魔所居，中界尝为净地，今则人类繁殖于此。"

这三个世界是有联系的，用什么联系呢？是由"中心柱"或"宇宙柱"相联系在一起的。传说中的神灵、英雄以及萨满巫师都是通过这个"中心柱"，或者上天，或者下凡，或者入地。在许多游牧部落和渔猎民族中，天柱常常以帐篷前或村子中央竖立着的竿子来象征。欧亚草原上的游牧部落甚至将他们所居住的帐篷也按照这种宇宙模式加以设想：帐篷顶部为天幕，支撑帐篷的中心柱被称为"天柱"。

萨满教宇宙观中，联系天地的"宇宙中心"最重要的意象是山。这在萨满教中被称为"宇宙山"或"世界山"。外国萨满教研究学者曾对宇宙山作过详尽的分析，认为主要特点有八点：一是在天上、人间、地狱三界的联系之处，为方形。二是位于"宇宙之中心"，这个中心为一"洲地"。三是四面环水。四是其山顶正对着北极星，亦为日月出没之处。五是山顶上有一棵树，称为"世界树"或"宇宙树"。树顶上住着天帝，以下居住着各种神灵，该树树根一直扎到宇宙山的底部魔鬼所居住的地狱。六是宇宙山上居住着天帝和各种神灵，为天堂（其形象特征为有鸟的树）；山底为地狱（其形象特征为蛇）。天堂和地狱有多层。七是宇宙山多产异兽、珍奇草木以及金、银、铜、铁、玉等，故有"铁山""金山""玉山"之称。八是宇宙山高耸入云，与天连，故有时与"天""太阳""雷电""光明"等有诸多联系，并以其命名。正是如此，世界上不同地区出现的"宇宙山"不同，如印度的"迷卢山""苏迷卢山"或"须弥山"被称为"宇宙山"。苏迷卢山，唐代时，意译为"妙高山"。古代文献中描述为：山宏迈高邈，天上的群星都围绕着它旋转；山全部由宝石和金子构成；山顶正对着北极星；山顶住着诸神，山底即为地狱。

如果把古代文献中昆仑山描述资料与萨满教宇宙山相对比，从萨满教的角度去理解昆仑山神话，则昆仑山是中国最主要的萨满教宇宙山，是中国古代神话的中心。其一，昆仑山为天柱，对着北斗星。古文献的说法有："昆仑山为地首"；"昆仑山，天中柱也"；"昆仑山者，西方曰须弥山，对七星下，出碧海之中。"其二，昆仑山为方形，如说："昆仑……方广万里，形似偃盆，下狭上广，故曰昆仑。"其三，昆仑山有珍禽异兽，奇花异木。如说："不死树在（昆仑）西"；昆仑山"有兽焉，其状如羊而四角，名曰土蝼，是食人。有鸟焉，其状如蜂，大如鸳鸯，名曰钦原，惹鸟兽则死，惹木则枯。有鸟焉，其名曰鹑鸟，是司帝之百服。有木焉，其状如棠，黄华赤实，其味如李而无核，名曰沙棠，可以御水，食之使人不溺。"其四，作为天帝和神灵的天堂。如说："昆仑之虚……百神之所在"；"昆仑之山三级：下曰樊桐，一名板桐；二曰玄圃，一名为阆风；上曰增城，一名为天庭，是为太帝之居"；"昆仑山北，地转。下三千六百里，有八玄幽都。"其五，昆仑四面绕水。有"昆仑之丘，其下有弱水渊环之，其外有炎火之山，投物辄燃。"其六，昆仑连天，与日月、光、风有关。如说："昆仑山有昆陵之地，其高出日月之上。山有九层，每层相去万里，有云色从下望之如城阙之象；四面有风，群仙常驾龙乘鹤游戏其间。""南望昆仑，其光熊熊，其气魂魂。"其七，"昆仑"，古代匈奴语"天"之谓，所以昆仑山也是"天山"。

因此，神话昆仑与地理昆仑山是有一定区别的，神话昆仑是用萨满教的宇宙山来演绎地理昆仑山的。

昆仑神山与玉山

如果说昆仑神山与萨满教宇宙山有共同特点，那么，在所产宝藏方面常有不同。如印度苏迷卢有琉璃、玻璃、黄金、白银四宝。希腊奥林匹司山的宫殿为云母石所筑，梁柱皆闪宝石之光，宝座皆为金银。但是，昆仑神山却以产玉著称于世，因此也叫玉山，这是世界上其他宇宙山罕见的。

古代文献中，特别是先秦文献，对昆仑山产玉多有描述。概括起来，大体是：

其一，昆仑山（古时崒山、钟山包括其中），有白玉、玄玉和五色玉，玉质细腻致密坚硬，光泽滋润。女娲用其补天，黄帝、天地鬼神用其为食品，君子食玉，可以避邪恶，甚至可以长生，与天比寿。

其二，昆仑山有玉山或群玉之山，西王母居住在玉山，曾经在黄帝、舜时多次献玉。到周穆王时，他曾与西王母欢会，登上昆仑，赞它是天下的良山，宝玉之所在。并到群玉之山采玉，载玉万只而归。

其三，神话中昆仑山有玉殿、玉树。如说：昆仑山上"有九井，以玉为槛"。有"五城十二楼，河水出焉，四维多玉。"昆仑山上有"九层……第六层有五色玉树，荫翳五百里，夜至水上，其光如烛。第三层有禾稼，一株满车。有瓜如桂，有奈冬生如碧色，以玉井水洗食之，骨轻柔能腾虚也。蕙圃，皆数百顷，群仙种耨焉。旁有瑶台十二，各广千步，皆五色玉为台基。"又说："城上安台五所，玉楼十二。其北户山、承渊山，并其支辅。又有墉城，金台玉楼，相似如一。流精之阙，光碧之堂，琼华之室，紫翠丹房，景云烛日，朱霞九光，西王母之所治。"昆仑山"有珠树、璇树、绛树、碧树。"

尽管这些描述，是把玉神化了，但是反映了昆仑山产玉的事实，昆仑神山与玉山是密不可分的。因此，研究神话昆仑时，要重视玉在神话中的作用。

昆仑山既然与巫有着不可分割的联系，为什么学者称古代用玉最早是巫玉时代呢？

19

六、巫玉之谜

巫 玉

昆仑有许多神玉的故事,有多少真实性呢? 这个问题考古学者已有了答案。

我国玉器已有万年历史,到了距今五六千年的红山文化和良渚文化,玉器达到了第一高峰期。在远古时期玉器有什么作用呢?《越绝书》中《论剑篇》记载了风胡子为楚王讲述兵器(工具)史时说道:"轩辕神农赫胥之里,以石为兵……到黄帝时,以玉为兵……禹穴之时,以铜为兵……当此之时,作铁兵,威服三军天下向之,莫敢不服。" 这里明确提出了古代兵器(工具)在用石与用铜、用铁之间,有一个用玉的时代。同时,他特别提到了一句话:"夫玉亦神物也。"把"神物""神灵"的内涵注入玉兵器之中。也就是说,玉器工具(包括装饰品)以外,还有"神物"的另一作用。玉可以是神的载体、神之享物、沟通天和神的媒介。

漫长的原始社会中,形成了原始宗教,其特点是图腾崇拜和原始巫术。巫是联系天和神的人,必须具备一定的条件和地位,必须能传递鬼神的意志,沟通人与神的联系。在夏以前的母系氏族社会里,一切以女性为中心,妇女执掌着社会组织的权利,又执掌着宗教职能的权力。最早的巫是由女子来担当的。若间或有男子担当巫职者,则不叫巫,而称为觋。巫是以什么或怎么样代表神的意志呢?东汉许慎《说文解字》中说:"以玉事神谓之巫。" 这就是说,巫是以玉祭神灵的人。当然,巫事神不仅用玉,还用其他东西。但是，只有玉是事神之物中最为之神圣的，它最能代表神灵之形象。所以，在古代先民的意识中，巫是神灵意志的表达者，而玉又是神灵风貌的体现。巫、神、玉三位一体相互依存的关系是原始社会中神权政治的集中表现。

因此，我国学者认为玉器的发展是从巫玉开始的，有一个巫玉时代。这个论点的提出是以考古文物为依据的，依据是什么呢？

良渚文化中的祭坛和巫用玉器

良渚文化与红山文化齐名，把我国石器时代玉器发展到了最高峰。良渚文化距今5300~4200年，分布在太湖地区。考古文物学者在良渚文化中发现了祭坛和巫用玉器。兹举三例。

一是瑶山祭坛。这个祭坛由里外三重组成，有南北并列的11座墓葬。11座墓中共出土随葬品707件（组），而玉器就占了635件（组），器形有琮、钺、冠状饰、三叉形器、锥形饰、牌饰、璜、圆牌饰、镯、带钩、管珠串饰等。其中玉钺6件、大玉琮8件、小玉琮19件、三叉形器6件，均出土于南列诸墓中。三叉形器出土位置均在死者头部。但是，琮、钺、三叉形饰只见于南列诸墓，而玉璜、纺轮只见于北列诸墓。可能有男女之别。考古发掘者认为，这里既是一处祭祀场所，同时又是女巫男觋的专用墓地。

一是反山墓地。在11座墓葬中，出土的玉器数量最多，占全部随葬品的90%以上。以单件计算多达3200余件。玉器的品种有璧、环、琮、璜、镯、带钩、柱状器、杖端饰、冠状饰、锥形饰、三叉形饰、半圆形冠饰、镶嵌端饰、圆牌形饰等。奇怪是出土时器放置的位置基本相同。大体是：头骨上方为玉冠饰，胸腹部放置玉琮，一

侧放玉钺，玉璧多置于腿脚部。全部玉器中，以玉琮最具代表性。其中一件被称为琮王的，直径达17.1~17.6厘米，孔径4.9厘米，高8.8厘米，重达6.5千克，为良渚文化玉琮之首。玉琮上的神人兽面复合像，考古发掘者称之为良渚人崇拜的"神徽"，也有人称之为祖先神面纹，或认为是巫师形象的反映。这些墓葬，尸主生前可能都是等级不同的巫觋。

一是武进寺墩遗址。它是一个高出地面约20米的椭圆形土墩。在4座墓葬中，有3座是良渚文化时期的。墓中出土的玉器十分丰富，如3号墓有随葬品一百多件，大部分为玉礼器和装饰玉。其中玉琮33件，玉璧24件。而且从其摆放位置来看，玉琮除一件置于头部正上方外，其余都围绕人骨架四周；玉璧则分置头前脚后，一部分压在头脚之下。

大汶口文化的玉版龟书

大汶口文化是中国黄河下游地区的新石器文化，因发现于山东泰安大汶口遗址而得名。主要分布在山东省及江苏省淮北地区。包括北辛文化和龙山文化。年代为公元前4300~前2500年。

在山东地区大汶口文化遗址中，则是另外一番景象。如在大汶口墓地，发现了玉铲、玉锛、玉凿、玉指环、玉臂环、玉笄和玉管饰等。在江苏新沂花厅大汶口文化墓葬中，出土了150件（组）玉器，有琮、琮形锥状器、琮形管、锥、耳坠、串饰、镯、环、瑗、指环、佩、柄饰、珠、管等。安徽含山凌家滩大汶口文化墓地，在三次发掘中出土文物约1200件，其中玉器约600多件，占出土文物总数的50%以上。玉器种类有璜、玦、环、镯、系璧、璧饰、钺、玉龟、玉鹰、玉

21

龙、玉人、玉斧、玉管、菌状玉饰、扣形玉饰、刻纹玉饰、半椭圆形玉饰、玉勺、玉笄、玉纽扣饰等。最引人注目的是玉龟,在玉龟的背甲和腹甲之间,还夹有一件八卦图,这是当时卜巫文化的一种反映。说明玉龟已非一般的装饰品,而是被人们赋予了特殊的含义,并与人们的宗教活动息息相关。玉龟、玉版和其他如玉龙、玉鹰、玉人等,仅集中出土于少数特殊人物的墓葬中,反映了特定的等级、地位、观念、意识和信仰。

龙山文化的祭祀礼器

龙山文化泛指中国黄河中、下游地区相当于新石器时代晚期的一类文化遗存。是铜石并用时代文化,因发现于山东章丘龙山镇而得名,距今 4350～3950 年。分布于黄河中下游的山东、河南、山西、陕西等省。

在已发掘的龙山文化遗址中,陕西省神木石峁的玉器独占鳌头。玉器有牙璋、圭、斧、钺、戈、刀、璧、璜等,还有人头像、玉蚕、虎头、玉蝗、螳螂。玉器多出土在墓葬中。这批玉器除玉璧、玉璜可用作佩饰外,其余玉圭、玉斧、玉钺、玉戚、玉刀的刃部钝厚,无使用痕迹,可见并非是实用器,而应是当时的礼器。特别是玉牙璋,发现了 28 件,其装饰的牙齿具有象征意义。它不是兵器,也不是生产工具,更不是装饰品,应是举行祭祀活动的礼器。玉刀发现近 40 件,又长又大,刀身有钻孔,同样不能实用。玉钺、玉戚、玉斧、玉戈是象征权威的法器。玉璧虽可作装饰,但也是一种礼器。这么多的礼器发现在墓葬中,墓主人有可能就是当时的巫师。从出土玉质礼器的墓葬数量之多来看,石峁遗址在龙山文化时期曾有一个巫觋集团居住。

齐家文化的礼器

齐家文化在甘肃和青海地区,距离新疆很近,有不少玉器是用昆仑山美玉制成的。其中有玉琮、玉璧、玉圜形器、玉环、玉璜、联璜璧等许多礼器,具有与良渚文化相类似的特点。

玉琮:发现于静宁县后柳沟齐家文化祭祀坑内,有四件。琮中在外方内圆这一基本结构上与良渚文化玉琮一致。出土的玉琮应为神器。

玉璧:发现于静宁县后柳沟齐家文化祭祀坑内。完整者为圆形,断面等高,孔较小,近似良渚文化玉璧。学者研究齐家文化玉璧是良渚文化嫡传,为飨神所用的玉神器。

玉圜形器:有近圆形、椭圆形和近方或近长方形,将其四角抹圆成为圜形器。其功能亦可能是供尸主灵魂“以食”的神明之器。

玉环:有玉环和玉瑗两种。为巫觋所佩戴,是事神的一种兼有装饰和某种信息的玉神器。

玉璜:呈扇面形。佩饰玉璜的尸主,生前也都是一些上层人物。玉璜属于玉神器,至少可能是为媚神所用的玉器。联璜璧:此种璧有两件扇面形璜(有璧、环、瑗三种截断面),玉璜的两端各钻一孔或两孔,用线缀连起来组成一完整的璧或环瑗形器。齐家文化联璜璧较多,往往被认作齐家文化代表性的玉器,是巫觋用以事神媚神的玉器。

此外,发现有玉圭、玉多孔刀,这也是齐家文化代表性的玉器。它不是生产工具,具体功能有待研究。

巫之邦

巫的文字最早在甲骨文中,从巫字的甲骨文结构来看,为双玉交叉状,可能是巫以玉事神的早期象形文字。

对巫最早记载的是《山海经》。这部被鲁迅称为"巫书"中出现了"巫咸国""咸巫"。《山海经·海外西经》中说："巫咸国在女丑北，右手操青蛇，左手操赤蛇。在登葆山，群巫所从上下也。"巫咸是什么人呢？据学者研究，是大神巫。如王逸注《楚辞·离骚》中说："巫咸，大神巫也。"所以，"巫咸国"很可能是巫师组合群体，即由赫赫有名的大巫和众多小巫组成。《大荒西经》中又说："大荒之中有山，名曰丰沮玉门，日月所入。有灵山，巫咸、巫即、巫盼、巫彭、巫姑、巫真、巫礼、巫抵、巫谢、巫罗十巫，从此升降，百药爰在。"这就是说，灵山是似天梯一样，群巫在此升降，用以通天通神。《海内西经》中也说："开明东有巫彭、巫抵、巫阳、巫履、巫凡、巫相。"这六巫与前面说的十巫中名字相近或相同，如巫彭、巫抵、巫礼（巫履），巫盼（巫凡），巫谢（巫相）。这表明，当时确实有巫这个群体，可能是大巫，能统治一方。

巫及巫文化是人类蒙昧时期的产物，是伴随人类社会共生的社会现象。上古时期，巫的地位尊崇，权力很大，势力强大，统治一方。巫学识渊博，其能通鬼神、知山川、识天象、会医术。

新疆吐鲁番地区鄯善县火焰山南麓有著名的洋海古墓群。在500多座墓中发现了一具非常奇特的干尸，这就是距今约2500年的欧罗巴人种的男性干尸。据专家初步判断，从干尸手上的权杖和他独特的装束看，此干尸生前为萨满教巫师。他穿着特殊的"法衣"，额头上系着一条彩色的毛绦带，带上缀着来自印度洋海域的洁白的海贝。头戴着羊皮帽，左耳戴有铜耳环，右耳戴有金耳环。他胸前放着缠了铜片的木棍和铜斧两件"法器"。身边还有世界上保存最好的大麻。萨满教是人类早期信仰的原始宗教，大约两万年前，欧洲已经出现，在中亚、西亚及许多地方的岩画中已有萨满教巫师的形象。海洋古墓群萨满教巫师的发现证明巫的存在。

如果说，玉是巫用以事神之物，那么，在昆仑山的民间传说中，昆仑美玉却有另外传说，这个传说是怎样的呢？

七、昆仑山下的传说

在《山海经》中，玉是由中华民族的始祖黄帝食玉膏后在钟山种下的。而昆仑山下的民间却流传一个古老的传说，玉是美丽而善良的姑娘的化身。

老玉匠六十喜得女儿

古代于阗国有两条很大的玉河，一条叫白玉河，一条叫绿玉河。每年洪水过后，国王都会在此举行采玉的仪式。所得之玉，除贡献给朝廷外，其余部分在当地加工成各种精美绝伦的玉器。在玉河边上，居住着一位技艺绝伦的老玉匠。他把一生贡献给了玉雕事业，没有成家，只带了一个年轻漂亮的徒弟，两人相依为命。一天，他们在白玉河中拾到一块很大的羊脂玉，洁白如脂，老玉匠非常高兴，他决定把这块玉琢成一个姑娘。经过他精心雕琢，一个漂亮的玉美人出现了。老玉匠六十岁生日那天，望着自己用心血琢成的玉美人，情不自禁地说："我能有这样一个孩子多好啊！"突然，这玉美人立刻化成了一个活泼可爱的姑娘，叫老玉匠"爸爸"。老玉匠高兴极了，给这姑娘取名为塔什古丽。从此，他们三个人快乐地生活着，琢出了许多精美的玉器。

古丽怒烧恶霸回昆仑

不久，老玉匠去世了。塔什古丽与小玉匠在一起相亲相爱，继续老玉匠的事业。当地有一个恶霸看到塔什古丽的美丽，垂涎三尺，想娶她为妻，塔什古丽坚决不答应。一天，小玉匠有事外出，恶霸派人抢走塔什古丽，要强迫成亲,她坚决不从。于是,恶霸用刀砍她。刀下之处,塔什古丽身上发出耀眼的火花,这火花霎时变成熊熊大火,点燃了恶霸的府第,把恶霸烧死。塔什古丽化成一股白烟,向故乡昆仑山飘去。小玉匠回家得知这一消息后,立即骑马去追,他沿路撒下了许多小石子,成为后人找玉的矿苗。

所以,昆仑山下的居民,非常爱玉。有谚语说:"宁做高山上的白玉,勿做巴依(财主)堂上的地毯。"

25

八、祭天祭神的礼器

周 礼 六 器

随着夏王朝的建立,玉器从巫玉时代进入了王玉时代。

王朝建立,主要有两件事:一是祭天祭神,一是治理国家。前者是借助天神的力量治国,后者是用人的力量治国。祭天祭神是国之大事。夏朝就有正式的祭祀活动,其内容以祭拜天地和自然神为主。这时,巫祭神的大权已被王夺取,巫已降为王祭神时之副手或下手。周代推行以礼治国的方针,祭祀活动遂成为国家政治统治的一种方式,由国君亲自主持祭祀天地、宗祖和社稷的礼仪制度在周代已正式形成。这时,巫已成为与卜祝相当的普通神职人员。

西周时期,最有名的是《周礼》,这是一部当时的政治、思想、制度、礼仪等一整套社会政治理论和法规。《周礼》中,把六器和六瑞都称为礼器。六器是玉制的礼器,专用于礼拜神灵。六瑞是瑞信玉器,也属于礼器范畴,是朝廷命官的凭证。《周礼》国说"以工作六器,以礼天地四方:以苍璧礼天,以黄琮礼地,以青圭礼东方,以赤璋礼南方,以白琥礼西方,以玄璜礼北方。皆有牲币,各放其器之色。"《周礼》中又说:"以工作六瑞,以等邦国:玉执镇圭,公执桓圭,侯执信圭,伯执躬圭,子执谷璧,男执蒲璧。"西周继续采用神治和人治。神治,即信奉神灵,谓"建邦之天神人鬼地示",借助于神异的力量来巩固和加强统治。神治方面的最高统治代表即为天地四方之神,以六器为代表。人治,即建立一整套的统治机构,实施有效的治理。人治方面的最高统治集团即为以天子为代表的公、侯、伯、子、男上层权贵,以六瑞标志为代表。所以,将六器六瑞的理论视为周代统治理论的纲领。

苍璧礼天

礼天就是每年冬至日用玉璧祭祀天皇大帝,传说中每年此日天皇大帝位居于北极。玉璧必须用青蓝色玉琢成,玉一般是来自昆仑山。

璧为六器之首。它是一种中心有孔的片状圆形玉器。为什么用璧礼天呢?主要含意有三点:一是天的象征。古人认为天是圆的,地是方的,圆形的玉璧代表上天。二是君主和政权的象征。因为古时国君自命是上天之子,政权是天意的代表,有天的意思;另一方面"辟"字本身即君主和法度的意思,以"辟"和"玉"合写为"璧",代表天命、天子、天授玉权。所以在周代的礼制中,一切与上天、君主有关的礼节、仪式皆用璧来表示。三是吉祥的象征。古人说璧是瑞信玉器,是以专门的玉材制作的表示大吉大利的信物。

璧的形制虽很简单,却有着严格的规定。《尔雅·释器》中对璧的造型及规格做过明确地说明:"肉倍好谓之璧。"其中"肉"是指璧的边部,即整个玉器的实体,"好"是指璧中间的圆孔。"肉倍好"的意思是规定边玉的宽度必须是中间圆孔的两倍,如果比例不合,则不能代表天帝和君主。

在陕西省宝鸡市竹园沟西周 13 墓中曾发现一件玉璧。直径 14 厘米,厚 1 厘米,形体较大。用青玉琢成。边缘圆整,厚薄均匀,两面磨光,较为精致,或许是祭天用的玉璧。

黄琮礼地

礼地就是每年夏至日用玉琮祭祀昆仑帝神。玉琮一般是用昆仑山黄玉制成。

琮的基本形状是外形呈立方体,中穿一个圆孔,具有外方、内圆、中间空的特点。它是重要的礼玉之一,在六器中通常排列于第二位。琮有四个含义:一是象征地。因为古人有天圆地方之说,则以琮之方形代表大地。琮和璧相对,琮代表地,璧代表天;琮适用于阴,而璧适用于阳。二是象征天地贯通。因为外方是地,内圆为天。三是象征着祖宗和宗庙。因为琮是"玉"和"宗"两字合成,可以比附祖宗和宗庙。四是女性的象征。因为琮的内圆即象征女性。琮是王后和诸侯夫人的瑞玉。《周礼》中说:"线球八寸,诸侯以享夫人。"这就是说:诸侯将八寸玉琮用丝绳穿系起来,敬献给夫人享用。

琮的形态很多。总体上是《白虎通义》中所说的:"圆中、牙身、方外。"《周礼》中对天子在重大活动中所使用琮的尺寸有一定的规定要求。如孙诒让在《周礼正义》中解释说:"琮,瑞玉,大八寸,其状外八角而中圆也。地分八方,始于易八卦方位。"对其他礼仪场所使用的琮并无严格的尺寸规定。所以,古时所见之琮,数量很多,大小悬殊,规格随意。真正作为玉琮形制的说法只有"圆中"和"方外"。

青圭礼东方

礼东方就是在每年立春日用玉圭祭祀东方苍精之帝。玉圭是用昆仑山青玉制成。

圭在六器中排列于第三位,是祭拜东方之神的礼器。根据《周礼》之规定,礼敬东方之神所用的圭必须以青玉琢成,其他玉不能替代。而六瑞中的圭是古代帝王、诸侯及高级官员们在官场上举行各种典礼仪式时拿在手上的一种玉器。《说文》中说:玉圭为"瑞玉也,上圜下方,圭以封诸侯,故从重圭。"齐家文化遗址中

27

出土的玉圭,有首底均为平齐长条形和圆首平底两种,很可能是王权标志,是王玉之首。玉圭的应用范围要比六器与六瑞中的其他玉器广泛得多。圭的名称和品种可列出十几种之多。据说,圭是原始时代的石斧演化而来。石斧是古人最重要的生产工具和狩猎武器,对原始人类的生存和发展发生过非常大的作用。先祖在古代先民的心目中本来就是神灵,那么,先祖所遗留的石斧自然也具有神格而受到人们的敬仰。所以,玉圭是在一定的观念形态作用下产生的特种玉器。

赤璋礼南方

礼南方就是在每年立夏日用玉璋祭祀南方赤精之帝。玉璋要用赤玉琢成。

赤璋在六器中排列第四,是用来祭祀南方之神的祭器。

璋的形制,古人有谓"半圭曰璋"之说,实际是以圭为基础,在圭的上端切去一角,将圭的平头改成尖头之状,这就是璋。《周礼》对璋的造型和功用有明确的说明:"璋,邸射,以祖山川,以造赠宾客。""璋,邸射,素功,以祖山川,以致稍汽。"邸为底,是基础的意思,这个基础就是圭。射是削尖、锐利的意思。素功是没有雕琢,追求朴素无华。稍是给予食物之意。汽是指活牲口和肉类。按照这一说法,璋如尖头之圭,其用途是君王在巡视天下时,所遇大小山川祭祀之器。通常的做法是将璋埋于地下或沉于水中作为祭品,当然,同时也须享以牛羊牺牲之类。璋也可以供给君王作为赠送宾客的礼品。

赤璋是用赤玉制成,古时只有正宗六器才有玉色之规定,其他玉器一概不受玉色的限制,这就是用于神的东西和用于人的东西不同之处。昆仑美玉中赤玉之说古已有之。如王逸《玉记》中载玉之色有"赤如鸡冠"。实际上,难以见到赤玉,但是有玉皮色为赤色者。

白琥礼西方

礼西方就是在每年立秋日玉琥祭祀西方白精之帝。玉琥要用昆仑白玉琢成。

根据《周礼》的规定,琥专用来祭祀西方之神的祭器,必须用白玉制成。《周礼正义》中在解释六器时的说法是:"白琥以玉,长九寸,广五寸,刻状虎形,高三寸。"刻玉为虎形,在六器中唯有琥是仿生形玉器。白琥是专用性的礼神玉器,其他任何古代虎形象玉器都不能替代其功能。儒家以虎之威猛来象征深秋之肃杀,向西方之神致敬,表达虔诚之功。根据古代传说,虎是西方氏族的远古图腾,自当演变为西方之神。

玄璜礼北方

礼北方就是在每年立冬日用玄璜祭祀北方黑精之帝。玄璜是用昆仑墨玉琢成。

玄璜是专用于礼敬北方之神的祭玉,在六器中排列于第六位。玄者黑也,必须以墨玉制成,其他色玉琢成之璜则不能具有此种功用。

璜的形制是片状弧形。《说文》中说:"璜,半璧也,从玉黄声。"在石器时代已有发现。关于璜的形制来源有五种说法:一是半璧说。源于《周礼》郑氏注:"半璧曰璜,象冬闭藏,地上无物,惟天半见。"郑氏注解把破的半弧形状比喻成茫茫太空与大地相交。在天、地的尽头,半圆形的天穹与地面相接,古人从地平线的现象得到启发,继而产生了璜的形象意识。二是半宫说。古代在修筑天子城池的时候,都要沿着城墙的外围挖一条护城河，河岸线的两边构成一圈璧的形状。但是，诸侯的城池不得超过天子的规格，护城河不能全部连通构成整圆，只允许以东、西两门为界限，从南半部通水，这样水面形成了一个半弧，称为半宫。璜之形制是由半宫而来。三是彩虹说。认为璜的造型是古人仿彩虹的形象创造出来的。古人把彩虹当成是一个异常美丽的天上神物，正从天空垂于河川，在俯首饮水，于是受到了启发而创制了璜。四是神龟说。认为古人是仿造龟甲的侧面形象而产生的。玄璜是礼北方之玉，而古代传说中北方之神是玄武，玄武即神龟。在上古时代，龟被认为是未卜先知的神灵。在夏、商、周三代及此之前，龟是国之重宝。国家的重大事件都要卜龟，求智于龟灵。五是石镰说。就是说，它来源于石器时代的石镰。不论何种说法，都说璜是一种弧形玉器。整圆为璧，璧象征着天。半圆为璜，璜只能象征着半边天。因而，玉璜无论是在等级、威严、神验、权柄等等方面，都只能为天之半。因此，在严冬祭天。

礼玉之谜

祭天祭神，为什么要用玉呢？这与"礼"字的涵义有关。中国是礼仪之邦，文字语言中常用"礼"字。"礼"字的本意是什么呢？专家研究，"礼"，殷墟卜辞同"玨"字，是两玉在器中之形，古时行礼以玉。所以，"玉"字其本意就是以玉飨神，就是说，以玉供神食用。这或许与黄帝种玉供诸神食用有关。

周代用玉制作六器，就是供不同神食用。郑康成在注"六器"文中说："礼东方……大昊、句芒食焉。礼南方……炎帝、祝融食焉。礼西方……少昊、蓐收食焉。礼北方……颛顼、玄冥食焉。"就是说，这些玉器都被这些神食用了。

古代文献中也多有记载，如《诗经》中说，天不下雨，百姓饥饿，用圭璧与牺牲一起献给神灵，乞求上天降雨。圭璧也作食品用。屈原《天问》中说："缘鹄饰玉，后帝是飨。"就是说用刻有鸟纹的玉进献天帝食用。

神以玉为食，那么，人能以玉为食吗？

29

九、食玉的故事

汉武帝食玉屑

"玉"最初是由用来祭神、喻神、通神的工具。在道教出现之后，"玉"又服务于神仙信仰，成为人类及其灵魂幻化升仙的重要媒介之一。人们幻想长生不老，可以成仙，于是寻找仙药。秦始皇曾派人东去寻找不死之药。到了汉代，汉武帝毕生热衷于求仙和长生不死，于是，方士们向他进献了大量的"方"。"方"，就是道教的各种法术、技艺，主要包括有长生方、接神方、杂祀方、巫方四类。长生方主要是服玉屑。据《汉书·郊祀志》记载："太初元年建建章宫，宫中有铜柱，上有仙人掌，承露，和玉屑饮之。"据《三辅黄图》中有关文献，汉武帝建造的建章宫有神明台，是"祭仙人处，上有承露盘，有铜仙人舒掌捧铜盘玉杯，以承云表之露。以露和玉屑服之，以求仙道。"《汉武故事》中说："筑通天台于甘泉，去地百余丈，望云雨悉在其下，望见长安城。""武帝时祭泰乙，上通天台，舞八岁童女三百人，祠祀招仙人。祭泰乙，云令人升通天台，以候天神。天神既下祭所，若大流星，乃举烽火而就竹宫望拜。上有承露盘，仙人掌擎玉杯，以承云表之露。"这就是说，祭祀之台很高，可以看到长安城。祭祀时，令300位八岁女童跳舞，以迎接天神。台上有一很高的铜柱，柱上有一个以铜制造的仙人掌作为承露盘，取得露水，再与玉屑一起服下，可得长生不老。司马光的《汉宫词》中说："犹思饮云露，高举出虹蜺。"说的是承露盘，表明汉武帝有"长生无极"的妄想。

汉武帝食玉不是偶然的，而是源于古已有之的说法。如《山海经》中黄帝、鬼神食玉之说,《诗经》中的玉女主持玉浆,服之成仙。《搜神记》中说,赤松子本为人间的雨师,因服用冰玉散,而步入神仙之列。

汉代出土的一些文物中,也有记载。如洛阳偃师出土的东汉建宁二年服致碑上说"土仙者大伍公见西王母昆仑之墟,受仙道,大伍公从弟子五人……皆食石脂仙而去。"此处的石脂即为玉浆、玉脂。"大伍公"及弟子五人即是食玉成仙的凡人。出土的汉代铜镜铭文上也写道:"上大山,见神人,食玉英,饮澧泉,得天道,物自然,驾蛟龙,乘浮云。""……尚方作镜真大好。上有仙人不知老,渴饮玉泉饥食枣,浮游天下遨四海,寿如金石为国保。"这些祝愿祈福的话正迎合了人们的期盼成仙,长生不死的美好愿望。

葛洪和陶弘景的食玉说

食玉风气延至魏晋南北朝时期,由于神仙道教和炼丹术极为流行,食玉之风发展到了高峰。最著名的是东晋的葛洪和南北朝时期的陶弘景。

葛洪(283~363年),是东晋时期著名的道教领袖。他年轻时通读道家著作,对于道家的长生修炼术产生了浓厚的兴趣。18岁时他拜著名道士郑隐为师。以后,被封为将军,到广州做官,在官场日益感受到人世间的黑暗,终于决心辞去官职,专心修道。他内擅丹道,外习医术,研精道儒,学贯百家,思想渊深,著作宏富。他不仅对道教理论的发展卓有建树,而且学兼内外,于治术、医学、音乐、文学等方面亦多有成就。《抱朴子》为其主要著作。

他在《抱朴子内篇·仙药篇》中说:"玉亦仙药,但难得耳。"并把玉列入仙药中的"上药"。葛洪还说:"上药令人身安命延,升为天

神,遨游上下,使役万灵,体生羽毛,行厨立至。"就是说,玉可使人升仙成道。

如何食玉呢?他介绍了几种方法:一是用乌米酒及榆化为水;二是以葱浆消之为怡;三是饵以为丸;四是烧以为粉。

他还在《玉经》中说到食玉的效应。如"服之令人身飞轻举、其命不限。""服金者寿如金,服玉者寿如玉。""服之一年以上,入水不沾,入火不灼,刃之不伤,百毒不犯。"葛洪如此提倡食玉,自己也食玉不少。据说葛洪死时也是"得道仙去","兀然若睡而卒……视其颜色如生,体亦柔软,举尸入棺,甚轻如空衣。世以为尸解得仙云。"

陶弘景(452或456~536年),南朝齐梁间道士,道教思想家、医学家、书法家,字通明,南京人。出身士族,平生好学。10岁时读葛洪的《神仙传》即有养生之志。29岁时师事孙游岳,遍历名山,寻访仙药,并受符图经法。33岁初游茅山。陶弘景与后来的梁武帝萧衍有很深的交情,梁武帝起兵伐齐夺取政权时,经常会向山中隐居的陶弘景讨教国家大事,请陶弘景为他出谋划策。为此,陶弘景还得了个"山中宰相"的雅称。他后辞官,归隐茅山。其所撰《本草经集注》对后世本草影响颇大。他也非常注重修道炼仙与服食金玉制成的丹药,认为这个"良药"是可以延年益寿乃至长生不死的。他把玉作为药,提出"是以玉为屑","捣如米粒,乃以苦酒焙消,令如泥,亦有合为浆者。"

玉医用之谜

唐朝的神仙道教仍继承魏晋神仙道教的传统。自宋代以后,神仙道教中金丹派式微衰落,玉石的通神升仙说已逐渐削弱。到了明代,药学家李时珍在《本草纲目》中,已明确提出,

31

服玉可以长生不老是虚妄的,说:"汉武帝取金茎露和玉屑服,云可长生,即此物也。但玉亦未必能使生者不死。"但是,他认为玉屑仍有一定药用功能,如玉性"甘平无毒",可"润心肺""除胃中热",对"止烦躁""止喘息""止渴"有一定作用。"作玉浆法,玉屑一升,地榆草一升,稻米一升,取白露二升,铜器中煮米熟,绞汁,玉屑化为水,以药纳入。"

到了科学时代的今天,已知食玉以长寿是缺乏科学依据的。但对玉的医用功能,人们还是提出了多种说法。如说玉石含有多种对人体有益的微量元素;玉对于某些疾病有治疗和预防作用;玉的美容作用等。这些问题,需要有关学科进行科学认真地研究,才能解释其中之谜。

古人不仅生前食玉,而且死后还穿玉衣,为什么要穿玉衣呢?

十、玉衣的故事

满城汉墓：中山王的金缕玉衣

1968年5月，在河北省满城县的陵山上，当解放军某部正在进行施工爆破时，无意中发现一座王陵。考古发掘表明，这是西汉中山靖王刘胜的墓。人们在墓中发现了一件用金丝穿缀玉片类似于铠甲的东西，这难道就是史书中记载的金缕玉衣吗？7月22日，在周恩来总理的亲自安排下，郭沫若从北京出发驱车赶往陵山。郭沫若和专家们经过分析，最终认定出土的这件文物，应该是当时发现的保存最完整的金缕玉衣。满城汉墓，被人亲切地称为"金缕玉衣的故乡"。著名考古学家夏鼐说，满城汉墓是新中国成立以来汉代文物三大发现之一。这一发现立即轰动了国内外。

33

这座汉墓是西汉时期诸侯国——中山国王刘胜和他的妻子窦绾的合葬墓。据史书记载，刘胜是汉景帝刘启之子，汉武帝刘彻的异母兄长。他于公元前154年被立为中山国王，做了42年中山王，于公元前113年病死，是中山国的第一代王。这座墓以其所在地而被命名为满城汉墓。满城汉墓由多个功能不同的洞室组合而成，包括卧室、起居室、音乐厅等，整座墓仿佛一座豪华的山洞宫殿。

刘胜的金缕玉衣分头部、上衣、裤筒、手套和鞋五部分，全长1.88米，共用玉片2498片，金丝1100克。玉片有绿色、灰白色、淡黄褐色等。用金丝将玉片编缀成人形，玉衣的结构很像古代战争中士兵所穿的铠甲。头部由头罩、脸盖组成，上身由前后衣片、左右袖筒及左右手套组成，下身由左右裤筒及左右足套组成，皆能分开。脸盖上刻出眼、鼻、嘴形，胸背部宽广，臀腹部鼓突，似人之体型。玉衣头部有用玉做成的盖、盒、塞等，用以护眼、鼻、耳、口等。头下有玉枕，是用铜鎏金镶嵌玉制成，两端上部雕刻有玉龙，玉枕四个矮足制成龙爪形。玉枕是中空的，其中充填有花椒。九窍有塞、盖等。专家们发现玉衣制作过程中，难度最大的是手套部分，它也是玉衣中最为精巧的部分。玉衣所用的金丝一般长4～5厘米，最细的金丝直径只有0.08毫米，只相当于一根头发丝的细度，分布在手套各处。据估计，这件玉衣，由上百个工匠花了两年多的时间完成。窦绾的金缕玉衣，形制上略小一些，全长1.72米，用玉片2160片，金丝700克。这两件玉衣是我国考古发掘中首次发现的保存完整的汉代金缕玉衣，对研究古代丧葬制度以及玉衣的发展演变，具有极其重要的价值。

玉衣的玉是什么玉，出自何地？开始有人说是岫玉。以后，经过地质专家仔细鉴定，确定它是来自新疆的和田玉。

河南商丘古墓：梁孝王的金缕玉衣

历史总是那样巧合，20年后的1986年的一天，河南商丘永城的农民也是在放炮开山时，发现有一座古墓。但是，它与满城汉墓不同，因为这是一座被盗贼掏空的墓穴。在对此墓考古发掘中，同样出土了"金缕玉衣"，它的主人是谁呢？

古墓坐落在河南永城北30千米的一个小山群中，在豫东平原上显得并不特别。这个墓东西全长210多米，它总共有两个主室，30多个耳室，它的总共面积是1600多平方米，总容积是6500多立方米。在它的石墙壁上涂满红灿灿触目的朱砂，里面像迷宫一样，廊回路转，

有前庭、前室、后室、回廊、隧道等设置。考古资料认为，这是目前我国考古发现西汉时期面积最大、规模最大的诸侯王的墓葬。

被发现的金缕玉衣长180厘米，宽125厘米，有2000多个玉片，用金丝缀合而成。按人体部位分别为头罩、面盖、上衣、袖、手套、裤、脚套等。玉片玉质温润，质地为新疆和田白玉和青玉。玉片工艺精湛，薄厚均匀，抛光度高，打孔规范。

考古专家根据墓中出土的金缕玉衣和规模庞大的地下宫殿判断，这是一座王陵。商丘在西汉时代曾是梁国的都城，梁国从公元前202年到公元9年，200多年间共有14位王。这是哪个王呢？考古专家从各方面资料认定是梁孝王刘武之墓。梁孝王刘武是第一位定都在永城的梁王，他是汉文帝之子，汉景帝刘启的亲弟弟，也就是中山靖王刘胜的亲叔叔。据史书记载，梁孝王刘武在位时，在平定七国之乱中立了大功，军事力量最为强大，经济非常发达。他的母亲窦太后非常喜欢他，汉景帝在与刘武的一次谈话时，就曾说："我百年之后要传位于你。"然而，这并没有实现。

为什么在2000多年前，要从遥远的新疆把玉运到这里，并不惜工本地制造金缕玉衣作为葬服呢？这是因为当时他们认为穿上玉衣以后，就可以使尸体不再腐烂，象征永生，同时，死后可以升天。然而，这个美好的愿望却为自己带来厄运。据史书记载，在入葬300多年后，曹操领兵到这里，掘盗梁孝王陵，得金宝万斤。甚至传说，盗来的金宝用了72只船运。宋代有一个进士陈纲，他游这里的时候，曾留下一首诗，其中有两句是形容盗墓情况的："狐鸣陈胜孤坟坏，金尽梁王石室空。"

徐州狮子山古墓：
楚王的金缕玉衣

公元前 201 年，汉高祖刘邦废楚王韩信后，封少弟刘交为楚王，建都彭城（即现在的江苏徐州）。西汉楚王国的都城经历了十二代楚王的统治，见证了楚王国 190 余年的历史。虽然楚王墓大多被盗过，但是，仍有大量有价值的文物，其中就有楚王的金缕玉衣。

楚王陵位于狮子山，这是一个南北朝向的巨大陵墓。总长 117 米，开凿最深达 16 米，面积有 860 平方米。其结构由墓道、天井、耳室、甬道、侧室、前室、后室及陪葬墓等组成。上世纪 90 年代中期，徐州市博物馆考古队对陵墓进行了发掘。此古墓已被盗过。楚王安睡的玉椁被砸开，身上穿的玉衣被剥去，玉衣上的金丝被盗走，塞九孔的玉塞被拿走。所幸的是，盗墓者不知什么原因，没有盗走玉器。经发掘，玉器共有二百多件，包括玉棺、玉衣、玉枕、玉佩、玉璧、玉璜、玉龙、玉杯等。这些玉器品种齐全，制作精美，玉质优良，多是昆仑山的白玉和青白玉，有少量青玉。考古工作者在墓中发现了三千多块玉衣玉片。这些玉片有一个共同特点，每片上面都有四个钻孔，少量玉片中有残存的金丝，这正是金缕玉衣的特征。玉衣全部用玉都是新疆和田玉，温润晶莹。玉衣工艺很精，玉片中最大的 10 平方厘米，最小的不到 1 平方厘米，厚度非常薄，有的仅厚 0.1 厘米。玉片的表面抛光光洁度很高，打孔工艺也很规范。值得注意的是，有大量玉片是由旧残玉器改制而成，玉片背面还保存有原器的纹饰。根据专家分析，旧残玉器时代少量为西周时期，大量为春秋战国时期。

由于金缕几乎被全部抽走，玉衣被破坏。徐州博物馆组织国内专家，历时一年多，经编号、清洗、拼对等工序，终于复原了这件国家瑰宝。复原后的玉衣由 4248 片玉片和不同规格的金丝串成，长约 1.74 米，从头到脚连成一体，非常像古代的盔甲。这是我国已知用玉片最多的玉衣。

楚王是安置在镶玉漆棺中，漆棺被盗墓者破坏，仅存的一些玉片玉材也来自新疆。经过现代复原后的镶玉漆棺，由棺体和棺盖两部分组成，为外棺。共用玉片 2095 片，用的是碧玉。外棺内还有一套彩绘漆木棺，彩绘漆木棺里放置着由金缕玉衣包裹的楚王尸体。如果把金缕玉衣也看作一副棺材，那么这位楚王使用三套棺材，符合礼制关于诸侯王三棺的规定。这镶玉漆棺被号称为"中国第一棺"。

金缕玉衣的主人是谁？目前有两种观点，一种观点认为是第三代楚王刘戊，另一种观点认为是第二代楚王刘郢客，现在偏向于后一种观点。入土年代不晚于公元前 154 年，距今两千多年。

湖南长沙古墓：
长沙王金缕玉衣

2006 年，湖南长沙市新发掘了一座古墓，位于长沙市望城县风篷岭。墓制结构属于汉代贵族流行的葬制，残长 30.3 米，宽 14.8 米，规模和葬制均超过了马王堆汉墓。墓坑平面呈"中"字形，由墓道和墓室组成，其中墓室由主室和东西两侧室组成。每个室内又间隔成三个小室，每个小室都有固定用途，比如东侧室南部为钱库，发掘出大量铜钱；中部放置的是厨房和饮食用的漆器；北部随葬陶器。目前共出土金器、银器、青铜器、丝织品、石蜡制品等 200

多件文物，其中包括保存比较完整的直径分别为28.3厘米和17.4厘米的两块玉璧，一块长为18.5厘米的玉圭。出土文物中还包括一套残存的金缕玉衣，这是湖南省首次发现的金缕玉衣。

根据金缕玉衣以及出土的其他文物，专家认为此墓是刘姓长沙王墓，其年代是一个待解之谜。

广州古墓：南越王丝缕玉衣

在汉代玉衣盛行的时候，在南方的南越国模仿汉王朝制成了丝缕玉衣。这件玉衣于1983年在广州象岗南越王墓出土。

这套丝缕玉衣，经修整复原，得知玉衣由头套、衣身、两袖筒、两手套、两裤筒和两只鞋所组成，全长173厘米，共用玉片2291片。玉衣外貌如同人体形状一样，其中头套有鼻无耳，由头罩、面罩两部分扣合而成；上衣分前、后两片，为外襟式；左、右袖，呈筒形，上粗下细，体扁而弯，上口朝向内侧开；两手套基本对称，结构如手形，作握拳状；两裤筒互不相连，呈上粗下细的筒形；两只鞋的上口前高后低，以便穿入。整件玉衣的玉片，其形状和大小，又是根据人体各部位的不同形状而设计的，基本以长方形、方形为主，特殊部位则采用梯形、三角形和多边形等玉片。头罩、手套和鞋所用的玉片加工都较细致，厚薄均匀，两面光滑润泽，边角上都有穿孔，以便丝线穿缀，里面再用丝绢衬贴加固，这与满城汉墓玉衣相似，只是缕线不同。但是，身躯部位所用玉片，厚薄不一，无孔，平排并列粘贴在麻布衬里上，表面用朱丝带粘贴或缝合，好像一套做工考究、图案新颖、色泽鲜艳的高级服装。尤为珍贵的是，它是迄今为止世界上唯一的一套丝缕玉衣。丝缕玉衣既显示出玉衣发展过程的早期特点，又反映了南越文化的特色。

南越王墓的墓主赵眜，死于元朔末元狩初（约为公元前122年左右），故这套玉衣的制作时间，比满城汉墓出土的玉衣还早十年左右。玉衣的对襟式，是目前国内已出土的十几套金缕、银缕、铜缕玉衣中所独有的。

玉衣之谜

西汉从公元前206年至公元25年的200多年间，历15代君，封为诸侯王的应有百人之多。汉代皇帝和贵族，死时穿玉衣（又称玉匣）入葬。它们是用许多四角穿有小孔的玉片，用金丝、银丝或铜丝编缀起来的，分别称为金缕玉衣、银缕玉衣、铜缕玉衣。在西汉使用玉衣可能尚无严格的规定，到东汉就发展和形成了一套完整的使用玉衣的等级制度。规定身份不同，使用的线缕也有差别，皇帝、皇后可以使用金线缝制的玉衣（即金缕玉衣）；诸侯王、第一代列侯、贵人、公主使用银缕玉衣；而大贵人、长公主使用铜缕玉衣。我国目前已经出土有玉衣的西汉墓葬18座，其中有金缕玉衣墓8座。金缕玉衣是汉代规格最高的丧葬殓服，已发现在诸王陵中，上述例子说明了这点。现在古墓中还不断有玉衣出土，到底汉王朝有多少玉衣至今是一个谜。到三国时期，魏文帝曹丕下令禁止使用玉衣。

丧葬玉器在中国起源很早。在新石器时代出土墓葬中有大量玉器，或许是巫玉性质。在升仙夙愿生前不能实现的情况下，人们又将希望寄托于死后。人死后，升天之时需要形有其身，以玉护身能使尸体为之不朽，依托"玉"的通神之功，使死者的灵魂早日飞升。让死者身上穿上玉衣，口里含着玉蝉，手里握着玉猪，甚至不惜用精雕细琢的玉器填充棺椁，让死者安卧在充满玉石的世界里，希望他们早日借助"玉"的神力步入梦寐以求、心向往之的神仙境界。

根据出土文物考证，殓葬用玉始于商周时期，到了春秋战国时期，演化为缀玉面幕和缀玉衣服，到了汉代演化为玉衣。西周时的玉面罩，由印堂、眉毛、眼、耳、鼻、嘴、腮、下颏、髭须等13片组成，各琢成其形。有的还刻上纹饰，均有小孔，覆于死者脸面上。春秋战国时期的缀玉衣服为珠襦玉匣，据苏州真山吴王墓出土的珠襦玉匣，腰以上用珠，以珠为襦；腰以下用玉，以玉为匣，腰系玉片连缀的腰带。汉代玉衣正是在此基础上发展起来的。

葬玉除玉衣外，还有玉握、玉九窍塞、玉口等。九窍塞，与玉衣为同样作用。葛洪曾说："金玉在九窍，则死人为之不朽。"九窍塞始于西周，到西汉盛行。它是填塞或遮盖死者身上九窍孔的器物，包括有眼盖、耳塞、鼻塞各两个，还有口塞、肛门塞和生殖器塞。口塞称为玉口，用于含在死者口中，造型为玉蝉、玉珠、玉管或玉片等。生殖器塞，有的是用玉琮改制的小盒，有的是呈圭形的玉器。

玉握为死者手中握着的器物，古人认为死时不能空手而去，要握着财富及权力。其习俗起于西周晚期。战国时期多为圆柱形，汉代多为玉猪。因为猪象征丰收和美满，希望死者到另一世界享受快乐。此外，玉握还有玉璜、玉佩等。

十一、玉与佛教文化

唐僧玄奘见到的佛足履玉石

《西游记》的故事可以说是家喻户晓。故事中孙悟空、猪八戒、沙和尚三个徒弟保护师父唐僧去西天取经,经过八十一难,终于取回了真经。唐僧取经真有其事,那个唐僧就是玄奘。

玄奘,俗姓陈,本名祎,出生于河南洛阳洛州缑氏县(今河南省偃师市南境)。13 岁时出家当和尚,在洛阳学经。20 多岁时到了长安。他佛学知识渊博,在佛教界声名大振。他在学习中,为弄通佛理,决心到佛教的发源地天竺(今印度半岛)去学佛经。当时正是唐朝初期,边境不安定,玄奘的申请未被批准。唐太宗贞观三年(629 年),他不顾朝廷禁令,离开了长安,踏上了西行的道路。历尽千难万险,到达天竺。他潜心钻研全部佛经以及其他宗教流派的学说,通晓了全部经论的奥妙,声誉传遍了整个天竺。唐太宗贞观十七年(645 年),他带着 650 多部佛教书籍,再一次踏上迢迢征途,回到了长安。他花了 19 年时间,翻译佛经,共译出佛经 1335 卷。他还和弟子辩机合著了《大唐西域记》,记录了他的经历。

由于佛教与玉的结缘,玄奘非常喜爱昆仑美玉,他在《大唐西域记》中记录了当时昆仑山各地产玉的情况,特别是记录了当时屈支国(旧叫龟兹)见到了佛足履玉石。书中说:"东昭怙厘佛堂中有玉石,面广二尺余,色带黄白,状如海蛤,其上有佛足履之迹,长尺有八寸,广余六寸矣,或有斋日,照烛光明。"

佛教是世界三大宗教之一,发源于印度。东汉初,由印度经今新疆到达内地,到唐代达到了鼎盛时期。龟兹处于丝绸之路古道要冲,佛教在这里非常盛行。著名的克孜尔千佛洞,被誉为"第二个敦煌"。玄奘书上说到的昭怙厘佛堂,也称为苏巴什寺,位于库车县西北20多千米处,大约兴建于魏晋南北朝时期。大寺在铜厂河旁边,因此依河分为东、西两寺。这是古时龟兹国最大的佛寺,当时是著名的佛教圣地,吸引了中亚西亚信徒前来参拜。公元4世纪时,著名的大翻译家鸠摩罗什曾居住于此。玄奘曾在此讲经,他所见到佛堂中的玉石面积二尺左右,呈黄白色。龟兹也是玉石之路的交通要道,昆仑山美玉运输要从此路过,这块玉应是昆仑山美玉,是一块优质的白玉,带有美丽的黄皮色。玉石上一尺八寸长的佛祖脚印,更是佛与玉的美妙结合,或许佛来听经,或许佛来看望众生,令人崇拜。这块玉上的佛脚印,或许是自然天成,也或许是琢成的,其构思十分巧妙,内藏难解的奥妙玄机。多少年来,不少人来此寻找这块玉石,都没有找到。这块玉石到底在哪里呢,也是一个待解之谜。

佛教与宝

古时,玉被注入神和道德因素,用玉以比附。佛教法理中,把宝的属性引到佛理中来,以弘扬佛法,这是佛学理论对中国玉文化的创造性地运用。把宝的属性比附于佛,有六义或十义之说,总体上是指导众生修善绝恶,离苦得乐,解除一切烦恼。《宝性论》将佛理比附为宝,提出六义:一曰佛理稀有,如世间珍宝,无善根之众生,非轻而易举可得;二曰佛理离尘,如世间珍宝,吸秽不占,绝离一切世俗尘染;三曰佛理势力,如世间珍宝,能解困祛危,医病治毒,足具不可思议的神通威力;四曰佛理庄严,如

世间珍宝,美妙无比,能以隆重装饰,给人以庄严整肃之感;五曰佛理最胜,如世间宝物,与一切事物相比最为崇高;六曰佛理不改,如世间真金真宝,不惧磨洗,不为人间富贵、利禄所动。《心地观经》中又将宝归纳为十义,即:坚守、无垢、与乐、难遇、能破、威德、满愿、庄严、最妙、不变。这些都是以珍宝之尊贵来比喻佛门之至高无上。

佛教中把天国作为非常美妙的佛国世界,这是一个宝天宝地的世界。在众多的佛书和佛事活动中,充满了宝的字样,比如七宝珍、七宝树、七宝塔、七宝经等。

西安有个草堂寺,是我国古老佛寺之一。这是西域高僧鸠摩罗什(中国佛教四大翻译家之一)当年翻译佛经的地方。鸠摩罗什7岁出家,聪慧异常,留学印度,精通佛典。公元401年,后秦王姚兴从西域(今新疆)请来鸠摩罗什,待以国师之礼。他带领3000多名佛门子弟校译梵文经典97部427卷,完成了历史上首次用中国文字大规模翻译外国书籍的浩大文化工程。寺内鸠摩罗什舍利塔地座高为2.33米,八面十二层,用西域八种颜色不同的玉石雕刻镶拼而成,称"八宝玉塔"。

玉与佛教的渊源,还可以从"玛瑙"一词的来源得到解译。在汉代以前,玛瑙被称为"琼玉""赤玉"。佛教传入后,梵语中"阿斯玛加波",意思是"马脑",因古人认为这种玉石是由马脑变化而成的。马脑属于玉石类,因此,加上了"王"旁,改为"玛瑙"。

玉佛

由于玉与佛结下了不解之缘,天下著名的庙宇中常供有玉琢成的佛像。玉佛是最为神圣和珍贵的。一些寺庙中因供奉而出名,被称为玉

佛寺。玉佛的玉料有和田玉、翡翠和汉白玉等。

古代以和田玉琢成的玉佛为珍，西域曾向朝廷多次敬献玉佛。据《通典》记载，东晋安帝义熙元年（公元405年），西域师子国曾献玉佛一尊。玉佛高四尺二寸，玉质滋润，精工绝伦，存放在健康瓦官寺。当时，这玉佛被称为"三绝"之一。到了南朝时，齐东昏侯肖宝卷为了其宠妃潘贵妃制作钗钏，先取去玉佛臂，后又取去佛身，把玉佛毁坏，引起国人不满和声讨。据《册府元龟外臣部》记载，梁武帝大同七年（公元541年），于阗国曾敬献玉佛与崇信佛法的南朝皇帝。据《癸辛杂记》记载，元至元初，伯颜丞相常到于阗国，在一井中找到一座玉佛，高三尺，色如截脂，照之可见玉里筋络。

在佛教中有"飞天"，梵名干闼婆，我国称为香音神。她是专门采集百花香露、能歌善舞、造福人类的神。飞天神象最早出现在克孜尔千佛洞的壁画中，以后在敦煌、云冈石窟中都有飞天的形象。在佛的周围画有许多飞天，在天空飞舞、演奏，构成一个极乐世界。用玉作飞天较早于五代时期。飞天最早为男像，后改为女像。佛经有一个故事，说佛陀的大弟子舍利佛，与飞天讨论女身能否成佛的问题。当时，飞天立刻显现女身，变化神通，到了高深的境界，令舍利佛拜服。唐代用和田玉琢成的飞天佛佩，是历史上最精美的一件飞天玉佩。

现代玉器工艺界常以佛为题材琢成精美的玉器，人们用于供奉或佩戴佛像以求祛邪恶和保平安。佛教诸神有佛、菩萨、罗汉、天神四种类别。佛是佛教的最高尊神。菩萨常见有释迦牟尼像旁的文殊和普贤，阿弥陀佛旁的观世音和大势至，还有地藏、弥勒等。罗汉，在清代以前，庙宇中塑有十八罗汉，清代咸丰后增加至五百罗汉。天神是佛的护卫神，有四大天王、哼哈二将、韦驮等。以佛为题材的玉器，常见有释迦牟尼、阿弥陀佛、弥勒佛、观世音等。

释迦牟尼是佛教的创始人。降生于公元前623年5月月圆之日。父亲净饭王是印度迦毗罗国的国王，母亲摩耶夫人是一位公主，她在45岁时生下释迦牟尼，取名"悉达多"，含有吉祥和一切功德成就之意。悉达多太子脱胎时，是乘六牙白象，白象口含白莲花降入母胎，生下来就会走路和说话。他一落地，即周走七步，脚踏之处，出现七朵莲花，举目四望，说："天上天下，唯我独尊。"七岁时开始读书，得到学问。29岁时，抛弃王位和财富，离家出外修行，经过六年的苦行生活，在菩提树下降魔，终于35岁生日那天得道成佛。从此，世人尊他为佛陀，圣号"释迦牟尼佛"。佛陀说佛法四十五年，于80岁那年（公元前543年）5月月圆日半夜涅槃。

阿弥陀佛是西方极乐世界的教主。佛经中说，阿弥陀佛能够给人以成佛的快乐，拔去人生死之苦，所以称为大慈大悲。据说，他修行前是一个国王，学了佛法后，觉得佛法有种种好处，在世上做人有种种苦恼，因此，他放弃了王位，出家去修行，法名叫法藏。他发誓：若是我成佛，十方世界一切众生若诚心相信，并愿意到极乐世界，只要念我的名号就一定可以去的。在经历许多劫数后，他修福修慧终于成功。

弥勒佛是释迦牟尼的弟子，释迦牟尼预言，弥勒将来必定成佛（即未来佛）。他成为释迦佛弟子后，先于佛离开人世，到弥勒净土兜率天，享受乐事，经过很长时间才下到人间，广传佛法。传说，在五代后梁时，浙江奉化有一位和尚，法名契此，人们称布袋和尚，他身材矮胖，肚子奇大，常以杖背一布袋云游四方，自称是弥勒佛的化身，据说能示人吉凶，十分灵验。

"大肚能容，容天下难容之事；笑口常开，笑世间可笑之人。"就是布袋和尚心态的写照。

　　观音又称观世音，光世音，观自在，观世自在。传说人们受到各种灾难时，口诵观世音菩萨名号，她就会"观其声音"前来解救。她是西方世界教主阿弥陀佛座下的上首菩萨。为了教化不同层次和不同环境的不同众生，变化成不同形象和身份，达三十三身。据明代刻本《搜神记》所记传说，观音娘娘是鹫岭孤竹国祈树园施勤长者第三女施善化身，生于北阙国中。父妙庄王，姓婆名伽，母伯牙氏。妙善生时，异香满室，霞光遍布。幼时聪达，通晓人间世事。成年时不顾父亲阻挡，誓不成姻，到白雀寺为尼。经过种种苦行和磨难，包括火焚和杀戮，感动了诸神，得以解脱。最后被国王命令绞死，此时一虎跳入，负尸而去。后来妙善得释伽如来之助，叫她到南海普陀岩修炼，九年功成，割手目以救父，持壶甘露以济万民。玉帝见其福力遍大千神，应通三界，遂敕封为大慈大悲救苦救难南无灵感观音菩萨，并赐宝莲花座为南海普陀岩之住持。

十二、玉与道教文化

玉 皇 大 帝

道教是生长在中国土地上的宗教。在道教中，玉的引用和使用十分广泛。在神仙系统中，许多是以玉命名的。至高无上的天之主宰是玉皇大帝，神仙侍从称为玉女或玉郎。玉帝居住的地方称为"玉墟"，诸神仙居住的地方称为"玉台""玉宇""琼楼"，称仙人所居的宫殿为"玉阙"或"玉门"。称月亮为"玉盘""玉轮"，月中的蟾蜍为"玉兔"……神仙世界可谓是玉的世界。

道教为什么这样崇玉呢？大概有两个原因，一个是与古代用玉祭神祭天有关。《尚书》中曾记载这样一个故事：周武王克殷后第二年生了大病，医治无法，群臣非常忧虑。这时，周公心生一策，筑起了祭坛，与天通话，祈求上天与先祖为武王延寿，并说如果天帝答应这个要求，将用玉璧与玉圭为归复天命的信物。可见，在人与神的交往中，往往以玉作为见面礼物。另外一个原因可能与昆仑山产玉有关。

昆 仑 仙 山

昆仑山又名昆仑丘，昆仑墟，道教奉为神仙所居的仙山。神仙就居住在这个充满美玉的世界里。我国著名的《水经注》一书就说："昆仑之墟，方八百里，高万仞，上有木禾，面有九井，以玉为槛；面有五门，门有开明兽守之，百神之所在……昆仑之上，有木禾、珠树、玉树、琼树、不死树。沙棠琅玕在其东，绛树在其南，碧树、瑶树在其北……"这座通天之山居住着"百神"。山有九井、五门，井槛用玉制成，山上有种种玉树，作为神仙的食品。

传说中的昆仑山，还是古代道教昆仑宗派的发源地，也是西王母宴请诸神之地，是姜子牙、济公活佛修仙之地。在青海的昆仑山有一座玉虚峰，这是一座海拔6000米的雪山冰峰。传说玉皇大帝之妹玉虚神女曾居住此地，故名玉虚峰。玉虚峰脚下是俗称中华道教发祥地的昆仑主场。有《封神榜》中姜子牙修习五行大道的修真洞，西王母瑶池及瑶池对线宫等景点。这里奇峰亭亭玉立，传说是玉帝两个妹妹的化身。峰顶巍峨高耸，银装玉甲；山间奇峰怪石屹立，飞禽走兽出没；山下庙宇错落有致，香烟缭绕。石碑上"玉虚峰"三个醒目的大字在清泉、绿茵、雪山的映衬下，勾画出一幅美丽的大自然昆仑风光，真可谓"人间仙境在昆仑"。1990年青海推出昆仑山道教寻祖旅游线，来自世界各地登昆仑、寻根问祖、顶礼膜拜的炎黄子孙组成的寻根团多达上百个，吸引着国内外道教弟子、游人前来超度、修炼、登山、考察。不远万里来寻祖的台湾同胞及东南亚香客纷纷到此一拜，以了却他们终生的夙愿。

丘处机：道教与玉雕

说起玉与道教文化，人们必然记得丘处机。他是道教龙门派的鼻祖，也被北京玉器行业称为玉器业鼻祖。

丘处机（1148～1227年），为金、元之际著名道士，金真道北七真之一，龙门派尊奉其为祖师。丘处机字通密，自号长春子，世称长春真人。19岁出家，拜全真道创始人王重阳为师。33岁时，迁居龙门山（今陕西陇县西北）修道，创建了龙门派。41岁时奉诏去燕京，金世宗皇帝多次召见，并奉旨于天长观主行万春醮事。44岁回到山东，先后活动在栖霞昆嵛山、青州的云门山。公元1195年，全真七子同来崂山，

弘扬全真教法，崂山所有的道士都接受了全真派理论，皈依全真教派。率军西征花剌子模国的成吉思汗，听人进言：丘处机行年300余岁，有长生之术。于是，1219年，成吉思汗写下一封诏书，派刘仲禄前去邀请丘处机。

年过古稀的丘处机毅然率弟子18人西行万里，历时4年，在雪山之巅（今阿富汗境内兴都库什山）谒见成吉思汗。成吉思汗见丘处机果真是仙风道骨，十分高兴，便向他讨要长生之术和长生不老药。丘处机说："世界上只有卫生之道，而无长生之药。"而卫生之道以清心寡欲为要，即一要清除杂念，二要减少私欲，三要保持心地宁静。成吉思汗对丘处机非常尊敬，言听计从，尊他为"国师神仙"，诏赠"长春演道主教真人"，并加封为"长春全德神化明应真君"，赐虎符，付玺书，敕领全国道教。从此，全真派盛极一时。1223年，丘处机去燕京，掌管天下道教。1227年逝于白云观，享年79岁，殡于白云观的处顺堂。3年之后，启棺更衣时，但见其手足如棉，颜面如生，众弟子将遗骸营葬在长春宫东侧。在崂山上清宫前，有邱真人的衣冠冢。丘处机对传播全真道功绩甚著，道教中人常将他与王重阳相提并论，他创建的龙门派，在明清至近代，一直是全真道之主流。

丘处机奉命西行中，从燕京通过蒙古，到达阿尔泰山，越准噶尔盆地到赛里木湖。南下穿经中亚到达兴都库什山西北之八鲁湾。途经新疆写下许多不朽的诗篇。他逝世后，弟子李志常编写了《长春真人西游记》，具有重要的价值。

白云观位于北京西便门西。始建于唐，名天长观。金世宗时，大加扩建，更名十方大天观。丘处机回京后居太极宫，元太祖因其道号长春子，诏改太极殿为长春宫。及丘处机逝世

后，弟子尹志平等在长春宫东侧购建下院，即今白云观。今存观宇系清康熙四十五年（1706年）重修，有彩绘牌楼、山门、灵宫殿、玉皇殿、老律堂、邱祖殿和三清四御殿等。1957年成立的中国道教协会会址就设在白云观。

丘处机在主持白云观时，曾率领众徒弟琢玉，所以，被北京玉器行业称为玉器业的鼻祖。过去，在丘处机生日那天，北京玉器全行业放假，到白云观跪拜，这一习俗一直延续到上世纪40年代。

44

十三、玉保平安的故事

玉保平安的传说

人们爱玉、敬玉、崇玉,购了一些玉件,佩在身上,或陈设家中,其目的不只为了装饰,还有辟邪、定惊、护身等想法。自古以来有许多佩玉保平安故事。

刘大同写了一本书,叫做《古玉辨》。其中有一节《古玉防险之见闻》,讲亲自听到见到的事情。

乡里有一个姓胡的瓦匠,一次夏天到河中洗澡时,在沙里淘到了一把玉铲。这把玉铲呈栗黄色,做工简单,他即用它做烟荷包的坠石。后来,他在一位赵姓的人家盖房,正上梁时,突然失足落地,奇怪的是玉坠已崩裂,他却一点没有受伤。

一天,刘大同在上海某澡堂洗澡,役工见他左臂佩玉,就告诉他近日发生的一件事:一位八十岁老翁在此洗澡,出浴时突然晕倒在地,在场人大惊,急忙扶起老人,但是老人安全无恙,只是左臂的玉镯跌得粉碎。老人非常痛惜,说这是三代的玉镯,没有它就危险了。当场把跌碎的玉捡起来,收藏好带走。

刘大同年轻的时候,听说他的堂兄鹤峰,一次骑马坠落石崖之下,因为身上佩戴有玉,没有受伤。有一个老仆人叫李桂,一次喝酒醉了,跌落到桥下水中,也是佩戴有玉,没有受伤。

古书记载这样的故事还有许多,兹举数例。

《玉纪》作者陈性,说他身上佩带了太公璜玉佩到晴川阁游览,不慎从

45

三楼掉了下来，只是受了一点轻伤，但玉璜则被摔坏，说是这只玉璜代他受伤挡灾。

有一个人买了一只古玉镯给夫人佩带，夫人曾不慎发生了两次跌倒：一次是从楼梯滑下，一次从山坡上斜路滑倒，但是两次都没有受伤，只是玉镯有微细裂纹。后来，夫人发胖，感到玉镯太紧，带上不舒服，没有办法取下来，只好忍痛用锤子把玉镯敲破取下。第二天，夫人在厨房中踏到油渍而滑倒，碰碎了一边膝盖骨，在医院住了一个多月。

古代有一位将军，带病出战，身上佩带了夫人所赠的一块玉佩。他作战中，一不留神被对方用矛刺中胸部正中间，刚好刺到玉佩上，玉佩已碎裂不堪，但是胸部只有一点轻伤。他没想到，夫人送的那块古玉佩救了他一条性命。

玉护宅的传说

据说，以前一姓梁人家，非常爱玉，家宅内摆放了一些玉观音、玉瓶和玉兽，每厅、每房至少摆放一两件。因为他们的祖先向来相信玉能够庇宅护人，历代子孙皆深信不疑。

一年冬天，风干物燥，发生火灾，他家毗邻的几家都被大火烧光，唯独梁宅平安大吉，丝毫不受波及。因为火势到他宅前临时转了风向。大家非常奇怪，无法解释，而梁宅上下则相信是民间宝玉护宅。后来他家另置一白玉观音放在厅的正中央。家中各人虽经历种种变迁，竟悉数化险为夷。

玉缘的故事

宋高宗赵构(1107～1187年)，字德基，宋徽宗第九子。15岁封为康王，21岁继承帝位，改元建炎，史称南宋，为南宋第一个皇帝。南迁

后建都临安(今浙江杭州)，在位三十六年。他精于书法，世间流传有宋高宗丢印得印的故事。

一次，宋高宗不幸把玉印丢失了，多次寻找没有结果。

以后，有一位明州士人往临安赴省试，乘小舟过江时，有一老渔夫拿了网得的一尾七八斤巨鲤来售，只索价五百钱。士人购得此鱼，打算次日招待客人，于是命仆人先把鱼剖开。奇怪的是，鱼剖开后发现肚内有一只小玉印，温润洁白，并刻有两个篆字，但是并不认识。后来，因为费用不够，就把玉印卖给了一个商人。商人也不懂这玉印之珍贵，把它放到售货担子上来卖。一次，经过德寿宫门，被宫中人买得，拿来佩于腰间。翌日，恰巧被宋高宗看见，经检查，这正是四年前所丢失去的玉印，那两个字就是他的原名"德基"。

揭玉缘之谜

从《山海经》中说的玉能"御不祥"，到《红楼梦》中说的玉能除邪祟、除疾病、知祸福，几千年来，玉有祛邪、保平安、得吉祥的作用的说法一直流传了下来，直到现在吉祥和除邪仍是玉器的重要题材。

玉器吉祥图案很多，如八吉祥(佛教中代表吉祥的八件供物，有法轮、法螺、宝伞、华盖、莲花、宝瓶、金鱼、盘长)，龙凤呈祥(龙长身、龙须、驼首、鹿角、蛇身、鱼鳞、鹰爪，象征行云布雨和去灾致福)，三阳开泰(三只羊象征三羊，天上有太阳)，五凤朝阳(五只都似凤凰，颜色有赤、黄、青、紫、白，均朝向太阳)，五瑞图(分异兽、珍草、瑞器三类，异兽有麟、凤、龙、龟、白虎，珍草有松、竹、萱、兰、寿石，瑞器有笏、磬、鼓、葫芦、花篮)，吉庆有余(童子敲打磬和玩耍

金鱼灯笼),十全图(用古钱代表十全十美:一本万利、二人同心、三元及第、四季平安、五谷丰登、六合同春、七子团圆、八仙上寿、九世同居、十全富贵)等。

玉避邪图案也很多,如八宝(有宝珠、古钱、玉磬、犀角、红珊瑚、铜鼎、灵芝、如意等),暗八宝(有铁拐李的葫芦、吕洞宾的宝剑、汉钟离的扇子、张果老的鱼鼓、何仙姑的笊篱、蓝采和的阴阳板、韩湘子的花篮、曹国舅的横笛等),辟邪(传说中的神兽,身似狮,头有短角,带有翼),钟馗(传说唐明皇患病时,梦到大鬼吃小鬼,明皇问之,大鬼自称钟馗,生前习武中举得会元,殿试时因相貌丑被黜,即触石阶身亡,为此决心消灭妖魔。明皇醒后,命吴道子绘出钟馗图像,以除邪恶)等。

玉祛邪保平安和吉祥,这是古代流传下来的习俗。如何进行科学分析,除了迷信因素外,还可能有多种原因,是一个待研究的问题。一是偶然因素,这就是人们常说的缘分或者巧合。事物有其偶然性和必然性,前者是偶尔发生,是巧合,不是必然;后者是规律性。如将军玉佩保命的故事,恰恰是矛刺到玉佩上,这很偶然,如果相反,则情况不同。二是精神因素,或者说是心理作用。正如赵汝珍在《古玉辨》中所分析那样:"此乃精神贯注的结果……盖古人视玉极重,佩之宛同载祖播迁。其一举一动,必特别小心。必视而后动,虑而后行。若是,则不生或少生是非,少遭意外。"

十四、神奇的玉龙、玉虎、玉马和玉鼠

玉　龙

　　远古时期，人们以狩猎为生，与动物有深厚的情感。动物常成为部落的图腾，这些动物有虎、马、牛、蛇、狗、羊、兔、鸡等。人们就用玉琢成种种动物，并随玉而神化，赋予神秘的色彩和精神寄托。

　　最典型是玉龙的出现。龙是中华民族的象征，是上古夏民族的图腾。炎黄子孙以"龙的传人"而自豪。民间流传着龙蛇治水的神话。说是远古时代，洪水泛滥为灾。有一位英雄叫鲧，不畏天威，偷来神土"息壤"，制服了洪水之害。天帝大怒，杀死了鲧，洪水又泛滥起来。但是，鲧虽被杀害，但尸体不腐，以其精血和神力孕育自己的儿子。天帝得知后，下令将鲧碎尸万段。当举刀破腹，却见一条龙蛇腾空飞出，这龙蛇就是禹。禹继承父志，历经19年，终于制服了洪水。以后，龙又神化为神通广大统辖五湖四海的神灵。在神话故事中，龙有九子，个个神通不同。又由于龙的至高无上，所以历代的帝王，都以"真龙天子"自诩。

　　玉龙最早出现在距今7000年前的红山文化遗址中。1971年春，内蒙古翁牛特旗三星他拉村社员在村北山岗造林时，从地表以下50~60厘米深处挖出轰动世界的玉龙。玉龙为墨绿色。龙体卷曲，呈"C"字形，高26厘米。吻部前伸，略向上弯曲，嘴紧闭。鼻端截平，有对称双圆洞，为鼻孔。双眼突起呈梭形，眼尾细长上翘。额及颚底皆刻细密的方格网状纹，网格突起作规整的小菱形。龙体横截面略呈椭圆形，龙背有对穿的单孔。玉龙琢磨精细，光洁圆润，形象生动，玉质为当地产岫岩玉。

随着昆仑山美玉的输入，从商代到清代，玉龙多用和田玉制成。玉龙形态、琢工也不尽相同，反映了不同时代的风尚。

玉 虎

虎，威武凶猛，象征威严和强盛，古人以为它是兽中"英雄"，对它百般崇拜。传说祖先死后魂魄会化为白虎，于是人们就把虎当成自己的保护神。

古代玉器中有琥，它是一种带虎形纹或呈虎形的玉器。它是最后加入瑞玉行列的，大约出现于战国晚期。秦汉时期为天地四方定玉名时，缺少礼西方之玉，而西方的神主是白虎，便用玉虎来做祭拜西方的礼器。玉琥还可作为佩饰、兵符之用。

由于这种崇拜在玉器中出现了人与虎组合的图画。据考古文物专家研究，玉器中虎与人的组合图案，多是人骑虎。最早发现在良渚文化玉器中，就有神人御虎的图案。以后，在商代妇好墓中，出土了人虎复合玉器；四川三星堆也出土有玉虎和人虎复合铜器；河南洛阳小屯子村一号墓出土战国时期的玉人伏虎。这玉人骑虎的形象，它的深刻寓意有待研究。不过宋代时有这样的说法："端午，张挂张天师骑虎像以驱邪。"有趣的是古埃及狮身人面像，也是人与兽的组合图像，古埃及人将非洲百兽之王——雄狮与他们的国王法老融合在一起。

中华玉器精美绝伦，被誉为"神工鬼斧"。传说中有玉虎点睛的故事。

秦始皇元年（公元前221年），起云游台时，曾"穷四方之珍材，搜天下之巧工"，使其云集长安。西域昆山之玉那时已非常有名气，被称为天下"三宝"之一。西域骞霄国把善画善刻玉的玉工列裔敬献给秦。列裔的刻玉工

艺，达到神工鬼斧地步，"刻玉为百兽之形，毛发宛若真"。列裔经过精心琢磨，用昆仑美玉琢成了两只白玉虎，但没有点睛。秦始皇不相信列裔所刻画的玉虎，点睛之后必定飞走。于是，秦始皇命令列裔将已刻好的两只玉虎都用淳漆各点上一只眼睛。结果，不到十天，这两只玉虎都不知去向了。后来，有个山里人来报告，说在山里"见二虎，各无一目，相随而行，毛色相似，异于常见者"。到第二年，"西方献两白虎，各无一目，始皇发槛视之……果真是元年所刻玉虎"。

令人遗憾的是，这个"刻虎点睛"的故事没有成为成语。而张僧繇的"画龙点睛"，却是传世不绝，被人广为应用。

南北朝时期，梁朝的张僧繇擅长画龙。他画龙，已经到了出神入化的程度。有一次，张僧繇在金陵安乐寺的墙上，画了四条白龙。奇怪的是，这四条白龙都没有点上眼睛。许多人对此不解，问他道："先生画龙，为什么不点上眼睛呢？是否点眼睛很难？"张僧繇回答说："点睛很容易，但一点上，龙就会破壁乘云飞去。"大家都不相信他的回答，纷纷要求他点睛，看看龙是否会飞跃而去。张僧繇一再解释，点了要飞去，但大家执意要他点睛。于是他提起笔点睛。他刚点了其中两条龙的眼睛，就雷电大作，暴雨倾盆而下。两条刚点上眼睛的白龙，已经乘着云雾，飞跃到空中去了，而那两条未曾点睛的白龙，还是留在墙壁上，大家这才信服。

玉 马

古人对马非常喜爱，因此，玉器上也琢出了许多玉马。较早的玉马见于商代，造型多呈扁平状。战国时，玉马出现了圆雕，造型开始逐步立体化。汉代，玉马造型准确，雕琢线条刚劲

49

有力。唐代以后，玉马的形象也逐渐活泼生动起来。在传世的玉雕作品中，卧马的造型相对较多，古人巧借这种造型的谐音，表达"马到成功"之意。

汉代人们幻想羽化成仙的风气浓厚，用玉雕形式表现出来的作品，典型的是"仙人奔马"玉器。它由昆仑白玉制作，琢磨精细，是一件珍品。玉马脚踏祥云，背上骑着一位仙人，遨游天空。据说与汉武帝乘天马实现升仙的梦想有关。

由和田玉琢磨的玉马价值很高。中央电视台"鉴宝"节目中曾有一件玉马，为祖辈所传。玉马高12.7厘米，长17.8厘米，玉质为新疆和田羊脂白玉，造型非常的优美，它不是普通站立的马，是一种抬蹄马，而抬蹄马又是最为名贵的。专家估计参考价为150万元，并有升值的空间。

50

民间传说中还将玉马神化，流传有生动的故事，兹举黄搏裴玉娥的玉马姻缘故事为例。那是唐代宗大历年间，江夏地区有名才子叫黄搏，自少聪颖好学，才华横溢。二十岁时，他已通过了县试和乡试，取得举人名号，但是，这年赴京城参加会试，却名落孙山。他有一只玉马坠，用昆仑白玉制成，十分可爱，一直佩带在腰间，不曾离开过。闲暇时他时常用手指抚弄，甚为亲切。他从长安返乡，一次在楼上欣赏美丽的风光，把玩玉马坠时，忽然一位老僧登上楼来，与他相见，谈古论今，十分投机。暮色降临，老僧临别之前突然提出自己要为黄搏代为保管玉马坠，并说："日后还得靠它助你，必有奇验。"黄搏见老僧一脸诚恳，于是解下玉马坠，双手交给老僧。黄搏回到家乡后，荆襄节度使请他为幕僚，于是前去赴任。到了汉江边，乘了一只商船。船主叫裴云，在汉江运送货物。夜渐深，一阵清脆的古筝声从船舱的篷窗中传出，音韵指法与当年江夏名歌妓薛琼琼十分相似。黄搏在江夏时因慕薛琼琼琴艺，与她交往甚密。后来，薛琼琼被皇家使臣征到长安宫中为艺姬，没有再见到过。如今忽然又听到似曾相识的筝声，顿时使他大感意外，于是悄悄走近半开着的篷窗，偷偷往里探视，只见舱内红烛下端坐着一位妙龄少女，正在抚筝拨弦。他一见钟情，写了一首词投进窗中。那少女拾起书信细读，悄悄抬眼偷看黄搏这边，两人怔怔地对望了一段时间，少女感到一些害羞，慌张地迅速关上篷窗。等到了天黑，黄搏缓步走到少女的舱边。夜深人静，篷窗被推开，红衣少女悄声问道"君娶亲了吗？"黄搏连忙答道："埋头苦读，尚未顾及婚娶！"少女接着说："妾为商贾之女，姓裴小字玉娥，自幼喜文墨，承蒙相公佳词相赠，辞藻新颖明丽，仰慕相公才情，不羞自献，他日春风得意，不要忘了小女子。"黄搏悄声接道："在下黄搏，江夏人氏，小姐雅意，在下铭记在心，感激不已，可惜无缘与小姐倾谈。"他们约定五天后船到光化后再谈。第二天，船到了襄阳，黄搏依依不舍地与船告别。见过了荆襄守帅，又请求先告假十天后回来上任。第二天，黄搏借了一匹快马直奔光化，坐在江边码头等待。第五天清晨，船出现了，裴玉娥正端坐在船舱的窗口，一等裴云等人离开，黄搏就迫不及待地跳下码头，奔向小船。来到船边，船用缆绳系在岸边柱石上，但离岸有数尺远，无法跨过去。他心急不已，用手猛拉缆绳，想把船拉近岸边。不料水流湍急，黄搏又过于性急，牵扯中把缆绳的系扣拉松，脱离了柱石。急流猛冲小船，黄搏死命地拖着缆绳，但力不从心，缆绳从他手中挣脱，小船随着急流漂向江中心，向下流漂去，转眼就不见了踪影，任凭黄搏怎样的狂奔,也追不上顺流的快船。船在江中被狂风急流打翻,玉娥落入急流之中,恰好薛琼琼的养母薛妈的船经过这里,把她救上。因这时船已远离光化,要逆流而上也不可能,于是把裴玉娥带着一同去了长安。薛妈安慰玉娥说:"黄生人品才学俱佳,过去在江夏时我们常有来往,岁末朝廷举行会试,黄生必定会来京师应试,到时我再为你查访,你们一定能再续前缘。"从此,裴玉娥跟随着薛妈等着黄搏的再度出现。一天,一位白须老僧化缘来到薛妈门前,裴玉娥打点他后,他一定要送给玉娥一只玉马坠,对她说:"你有尘劫未了,我授给你玉马坠,可为你解脱灾难,佩好千万不要离身!"裴玉娥把玉马坠佩在裙带上,朝夕不离。黄搏失去了裴玉娥,沿着江流寻访,四处打听,但音讯杳无。一天,他来到潜江街市上,忽然遇见了当初在黄鹤楼上所结识的老僧。老僧对他说:"今年朝廷开科取士,你且应试取得功名之后,我再为你慢慢访求。"黄搏依老僧所言,进京应试,被取为进士及第,授职金部郎。这时朝廷是吕用之为宰相,他是贪婪阴狠的人,依仗权势,为非作歹,人们对他怨声载道。黄搏做官后,凭着义愤之情,上书告吕用之的不法之事,竟然得到皇帝的赞同,罢免了吕用之的宰相职务。吕用之失去了宰相之职,但仍然继续为恶一方。一次无意中听说起薛妈养有一女,艳丽非凡,于是想把裴玉娥占为玩物。他派人与薛妈家求亲不成,又派人把裴玉娥强娶进门,把裴玉娥放在偏房内。吕用之得到这位美女大为高兴,正在宴请宾客,突然,一匹白马闯了进来,势不可挡。宾客四处逃窜,吕用之仓皇跳入偏房,强行上前拥抱玉娥。这时,这匹玉色白马凌空而降,向着他踢咬不止,吕用之惊慌逃走。正在吕用之惊恐气愤之时,一

位白须老僧上门化缘。家人请他为吕府指点迷津。老僧说道:"此府有白马作祟,将不利于主人,其祸乃由一女子带来,此女子为不祥之物,如将此女子转送他人,祸即移于他人,必可代主人受殃。"吕用之听了十分信服,想把她转嫁给自己的仇人金部郎黄搏。于是,吕用之命人叫来了薛妈,言明自己准备置办盛妆,将裴玉娥嫁给金部郎黄搏。薛妈听了心中暗自称喜,并悄悄告诉了裴玉娥。这时,一边是吕府往黄府,说明吕相爷愿赠一绝世美人给金部郎。一边是薛妈来说明真相。黄搏又惊又喜,答应第二天完婚。黄、裴两人相拥着进了内室,黄搏仍然疑惑不解:"今日之会,莫不是在梦中吧?"裴玉娥从裙带上解下玉马坠说:"如果不是它,我早已成为黄泉下的人了。"黄搏见了玉马坠诧异道:"这是我幼年所佩之物,曾在黄鹤楼送给了一位老僧,为何到了你的手中?"玉娥把玉马坠的来历,老僧对他说的话以及玉马坠化成白马闹吕府的事历数了一遍,两人才知是玉马坠成就了他们的姻缘,心中对老僧也感激不已。从此那只玉马坠被这夫妇视为神物供奉起来,焚香燃烛,早晚祭拜。而玉马坠确实也有灵性,凡是黄裴夫妇在它面前祷告的事,无不如愿。

51

玉　鼠

　　清代有一本书叫《客窗闲话》,讲了一件玉鼠的传说故事。

　　据说在唐天宝年间,喜禾有一个小商贩叫张骨董,每天挑担卖糖。一天,路过一户人家,门开后一个女仆持一个灰色石鼠换糖,张以百钱得到。回家后,他将布袋盛上米来摩擦。几天以后,发现这只石鼠原来是白玉琢成的玉鼠,玉质地滋润,两只眼睛发红光,光泽闪烁,是天

然形成的。张大喜，就到市上请行家代卖，但买者只愿意出几十金，没有卖成。时有一个相国守制回乡，将回朝的时候，在轿子上见到行家所卖玉鼠，停轿看之，索玩许久，就询问行家，此物何来，要价多少。行家说，此是一客人寄售的，价值很高。相国回答说："我将带回测试，如是真的，不嫌价贵；如是假的，只值百金，你可叫客来府谈价。"行家答应了，并回去对张骨董说："你去相府听命，如果说是真，你出价五百金，我得五十；如说不是真的，就以一百金卖了，不可不卖，以后再没有识货的。"张骨董同意，就到了相府上。时值相府设内宴，妻妾子弟都来庆贺得宝。大家观看玉鼠，都说两眼特别奇怪。到了晚上，相国叫仆人报时间，当到亥时末刻，相国命把灯全部熄掉，此时，见玉鼠透红光一线，越来越长，高与屋相等。到了子时，光华突然散去，只见通室大明，如同月光照耀，人的眉毛和胡须均可看清，大家无比兴奋。次日，相国问张骨董的价格，他一时慌张，本意是五百金，说成了五万金。相国大笑，说五万金不多，但不要后悔，你要立一个字据。张骨董答应，拿了五万金后离开。当张走后，相国说这是唐天宝年间，于阗国所贡。以后，兵荒马乱，为盗贼盗走，皇帝令群臣寻找，但是没有下落。今为我所得，必定使皇上喜出望外。以后，相国访问原女仆所侍候之家，果然是国初山右中丞家，属下用以赠公子，作为盘中玩物，不知鼠目光之异。以后家已败落，玉鼠为尘土所掩，成了灰色，女仆不知宝贵，用以换糖。

玉路篇

　　"玉石之路",是运输昆仑美玉之路。这条路是东西方交流的第一大动脉,是世界上距离最长、使用时间最久的陆上交通大动脉,也是后来的"丝绸之路"的前身。然而,这条路何时开拓,为什么开拓,一直是人们探索的秘密。这条神秘之路上,有古人留下的昆仑玉器,有华夏民族始祖黄帝的开拓,有周穆王与西王母在昆仑瑶池的欢歌,有先民大融合和大迁移的故事,这是一首东西方和谐、友情之歌。

一、孔雀河古墓沟·楼兰玉斧

孔雀河古墓沟

如果要了解玉石之路什么时间开始，首先要知道和田玉发现的最早时间。对这个问题，现在至少有 4000 年、5000 年、6000 年几种不同认识，显然，这是一个待解之谜。

让我们开始在新疆寻找，看看藏有昆仑美玉的古墓在哪里？

1979 年初冬，新疆的考古工作者在尉犁县孔雀河下游进行调查时，在干涸的河道北岸的阶地上发现了一片墓地，这个墓地被称为古墓沟。它位于孔雀河下游北岸第二台地、地势较周围稍高的一片小沙丘上，东距干涸的罗布泊约 70 千米。墓地面积约 1600 平方米，共见有竖穴沙室墓 42 座。古墓有两种类型：一类墓有 6 座，特点是：古墓中间是由圆形木桩围成的墓穴，外围有若干一尺多高的木桩围成的 7 个同心圆。这些木桩同时形成以墓穴中心为端点的若干条射线，呈太阳光芒放射状，现在被人们称"太阳墓"。墓内葬具已完全腐朽，死者尸体均为男性，随葬品极少，主要有刻木、骨椎、骨珠、木雕人像等。这类"太阳墓"的秘密，有种种说法，其中一种说法是原始的太阳神崇拜。另一类墓有 36 座，特点是：无环形列木，只部分墓才有 1 根立木露出地表。木质葬具结构简单，棺木无底，只有两块木板相向而立。死者尸体有男、女和幼儿，死者全部仰身直肢，头东脚西，裸体包毛布，平卧墓中。墓中出土有原始竖形织布机所造的毛毯毛布，插禽鸟羽翎的尖顶毡帽，足穿皮靴，左胸部有麻黄碎枝，同时还有编织精巧、平整细密的草编小篓，内盛小麦粒。腕、腰、颈部见玉或骨制成的串珠。木雕人像，用红、黑色划道，象征性表示了眼、鼻、嘴部，形体构造形象简洁，逼真大方，其中人像多具有明显的女性体征，很可能是对女性的崇拜。还出土了3件红铜器，造型均美观精巧。古墓沟的墓葬时代，据碳同位素年龄测定，并经树轮校正，距今为3980～3765年。该墓群中羊毛织品、小麦、铜器等的出现，表明当时已由单一的食鱼民族向农业民族跨越，不断向着人类文明进发。墓中美玉的出现，表明那时已经开发利用了昆仑美玉。

在罗布泊地区与古墓沟相同时代的古墓有铁板河古墓和小河古墓。

铁板河古墓在铁板河北岸约2千米处。考古工作者在这里发现了惊动世界的"楼兰美女"。这具女性干尸，保存完好，身长约有150厘米。古尸脸面清秀，在她瘦削的脸庞上，有一个尖尖的下颏，深目微闭，直而尖的鼻子，薄薄的嘴唇紧闭。古尸皮肤指甲毛发都保存完好，皮肤呈褐色，头发是黄褐色，蓬松地散披到肩上。古尸出土时，上身裹着一条织造极其粗糙的"毛布"，下半身用羊皮裹着，头上戴着插了两根雁翎的毛织帽子，脚上穿了一双皮制的鞋子。出土时，古尸的脸部盖有一块羊皮，羊皮上面还覆盖着一个用芨芨草秆和香蒲草叶编织的扁筐。这具女尸经医学单位测定，她的死亡年龄在40～45岁。干尸的年代，经测定为距今3880年±95年（树轮校正年代），其时代也与孔雀河古墓沟时代相当。现在，"楼兰美女"静静躺在新疆博物馆的古尸展厅里，已是价值连城的著名文物，每年都会吸引众多的中外游客前来参观。

小河"五号墓地"，位于孔雀河下游，距古墓沟约50千米，在一个雅丹地貌的土丘上。早在1934年，瑞典考古学家贝格曼在这里发现

了一具面露微笑的女性干尸："高贵的衣着，中间分缝的黑色长发上戴着一顶装饰有红色带子的尖顶毡帽，双目微合，好像刚刚入睡一般，漂亮的鹰钩鼻，微张的薄唇与露出的牙齿，为后人留下了一个永恒的微笑。"60多年过去了，新疆考古人员对墓地西区上部两层遗存进行了全面发掘，共发掘墓葬33座，获服饰保存完好的干尸15具，男性木尸1具，罕见的干尸与木尸相结合的尸体1具，发掘和采集文物近千件，不少文物举世罕见。小河墓地整体由数层上下叠压的墓葬及其他遗存构成，外观为一个椭圆形沙山。沙山表面矗立着各类木柱140根，在墓地中间和墓地的西端各有一排保存较好的大体上呈南北走向的木栅墙。墓葬形制均为竖穴沙坑。奇怪的是木棺前竖立着不同形制的立木，木棺后均竖红柳棍。女性棺前立的是基本呈多棱形的上粗下细的木柱，上部涂红，缠绕毛绳，固定草束。男性棺前则立一外形似木桨的立木，大小差别很大，其上涂黑，柄部涂红。据分析，这些立木很可能是"男根"和"女阴"的象征物，可能是生殖崇拜的遗存。对于小河墓地的年代，考古人员推测其年代的下限晚于古墓沟第一类型墓葬的年代（距今3800年），而上限有可能与之相当或更早。考古人员对小河墓地周边环境、古遗址进行了初步调查，发现遗址、墓地22处，采集陶、石、铜、铁、玉等类文物近百件，初步分析，这些遗存年代均在汉晋时期。

由上可知，距今约4000年前，在罗布泊地区生活着一支独具特色的先民：他们头戴毡帽，身裹毛毯或毛布，脚穿皮靴，腰部佩着饰珠。他们以畜牧业为生，同时，也开始种小麦。他们会用毛线编织出粗糙的毛布，用芨芨草秆和香蒲草叶等原料编织成各种篓筐，用来盛装

食物。他们已用上了当地出产的美玉。

在罗布泊及其附近区域，还有更早的人类吗？从考古发现来看，楼兰史前时期的历史有可能追溯到旧石器或新石器时代。一是考古工作者在昆仑山山前的民丰县南尼雅河两河主源汇合点纳格日哈纳西北的干河床岸边，在大致形成于晚更新世的第三级洪积扇地面上采集到5件锤击石片，其质料为黑色和灰色角岩砾石，专家认为，这有可能是旧石器时代文化遗存。二是在孔雀河下游河谷、尾闾三角洲地带及阿尔金山等地，采集到细石核、细石镞、及桂叶形石矛头等新石器时代遗物。从这些石器的形制和功能来看，罗布淖尔地区可能在6000年前就已经有人类活动了。但是，迄今为止，还没有发现比4000年更早的古墓，是否伴有玉器，更是一个谜。

楼兰玉斧

楼兰古城，这个丝绸之路上的交通枢纽，经历了繁荣昌盛的年代，但是在公元330年以后突然消失了。它在黄沙中沉睡了1600多年以后，1900年，古城被发现了，揭开了它神秘的面纱，世界为之震动。国内外的人们都来到这里探宝，100多年来，发现了许多珍宝，其中就有昆仑山和阿尔金山美玉制成的玉斧。

最先发现玉斧的是瑞典地理学家斯文·赫定。

接着是斯坦因。他在他的《西域考古图记》中说发现了"磨制甚精的玉质石斧"和"碧玉质之磨制石斧"，还有碧玉叶58件、碧玉片33件、碧玉核3件、碧玉箭头1件。

1928年，我国考古学家黄文弼发现一件玉斧和一件玉刀，说"均是白玉质，磨制甚光"。1934年，他第二次来此考察时，又发现一件碧

玉刀。他在《罗布淖尔考古记》中曾说："余在罗布淖尔采集之石器，类于磨制者共三件，皆为玉质，计有玉刀二件，玉斧一件，制作均甚精美。"并认为玉刀的玉料，一件是山产，一件是河产。

20世纪80年代以来，新疆文物考古所曾在楼兰古城及附近地采集到25件玉器，器形为玉斧或斧形器，以青玉为主，有少量白玉和墨玉。

20世纪90年代，巴音郭楞蒙古自治州文物保管所，发现了30多件玉斧。

以上60多件玉斧是考古人员或部门采集的，是有记录的，而其他人员采集没有记录的有多少，没法计算。玉斧是国家的珍宝，也引起了盗贼的注意。2002年9月30日，新疆博物馆古尸及文物珍品展厅内的国家一级文物白玉斧、青玉斧等被盗。据有关考古学家介绍，这些文物是从楼兰古城出土的。

楼兰玉斧形体一般较小，大多数在5.8×3.5×1厘米左右，较大者长17.2厘米，宽5.7厘米，厚2.7厘米，较小者长2.7厘米，宽1.6厘米，厚0.6厘米。为无孔玉斧，样式有扁长楔形、扁平钝三角形、扁平梯形、扁平长条形、扁平矩形等。

据《中国出土玉器全集》记载，新疆出土的25件玉斧，其中有23件出自楼兰地区。玉斧长3.6~7.0厘米，宽2.2~4.7厘米，厚0.4~1.95厘米。多数两面琢磨，刃部磨制锋利，有的未加工，为半成品。

玉斧的玉料，一般来自阿尔金山或昆仑山，以青玉为主，有少量白玉、墨玉或碧玉。

关于玉斧的时代，因为产于地表，找不到相应层位，根据器形制和伴存的细石叶、石核、石镞、石矛的造型与加工方法判断，是属于新

石器时代晚期到青铜器时代的遗物,具体时代大约在距今 4000 年上下,也有人提出在 5000 年左右。

除了楼兰地区外,新疆其他地区发现的玉斧很少。如 1906 年法国的伯希和在库车县库木吐拉发现 3 件绿玉斧,1979 年文物考古所在和硕县新塔拉出土了一件青玉斧,1988 年一位石油工作者在沙雅县南面沙漠里发现了一件青玉斧,1992 年在且末县征集到一件青白玉斧。

我国最早发现的玉斧,距今 8200～7000 年,出土于兴隆洼遗址和阜新查海遗址中,玉斧器体都小。奇怪是这些玉斧刃无使用痕迹,推断为祭祀活动中的神器,用以驱邪。新疆出土的玉斧时间较晚,制作较为粗糙,其用途是一个尚待研究的问题。

新疆出土的古代玉器

58

除上述楼兰地区以外,新疆还有哪些出土的玉及玉器呢?

于田流水乡,是到阿拉玛斯玉矿的必经之地。2002 年由中国社科院考古所和中央电视台组成的玉石之路科考队来这里,发现了古墓。墓中发现有两具尸骨,一为青年,一为中年,均属男性,从头形分析,很像欧罗巴人。墓葬方式是头西脚东。墓中有陶器,包括有陶罐、陶盘及陶器碎片,从器形和文饰分析,与齐家文化等我国中原地带陶器文化相似。特别令人高兴的是,在墓中出土了一件玉佩,它呈扁圆形,中间有一个小孔用以系绳,据专家考证,这是新疆发现的历史上最早的一件玉饰。此外,还发现了许多玉石碎片。这个墓的时代大约是距今 3000 年左右。专家认定,这是昆仑山区域内迄今为止发现的最早的玉文化。

园沙古城,位于于田县城以北 30 千米,接近塔克拉玛干沙漠中心,这是汉扜弥国的遗址。古城附近有 6 座墓葬,是欧罗巴人种,随葬品有石质或木质纺轮、木梳、木碗、铜铁饰件、料珠等。古城内地表有陶器、铜器小件及料珠,还有不少动物骨骼及麦穗。玉石之路科考队在这里发现了和田玉玉料。

20 世纪 30 年代以前,斯坦因在昆仑山前发现了一些玉器,如玉龙喀什河畔的碧玉鸟、约特干的玉猴,和田北部的白玉环,安迪尔的几何形玉环等。

新疆已知规模最大的玉器,出土于吉木萨尔县北庭高昌回鹘佛寺中(为王室寺院,俗称西大寺),这是由中国社会科学院考古所于 1979～1980 年发现的。玉器保存在佛寺南部建筑群西南的一座库房底部,共计 30 件,与其同出土的有 182 枚鎏金小铜钉和 3 块残棉布。玉器经专家鉴定,24 件为和田玉,其中白玉 13 件,青白玉 8 件,墨玉 3 件。另有硅化白云岩 3 件,绿松石和汉白玉、白色石英岩各 1 件。这批玉器包括有带具、马具和佩饰,白玉玉器制作精美,其他玉器制作较粗糙。这批玉器如何来的,说法不一,或许是战乱中玉器主人存放的,或者是佛寺僧人加工的,或是善男善女敬献的,有待进一步研究。玉器的年代与佛寺年代相同,大致在公元 10 世纪中叶至 13 世纪中叶,相当于北宋初至元代初期前后。

从上述的新疆出土玉器,与内地发现的玉器相比,有三个待研究的问题:一是新疆是玉之故乡,但是发现的玉器很少;二是玉器的年代,从流水乡古墓分析只有 3000 年左右,园沙、高昌回鹘佛寺是汉至宋,时代较晚;三是玉器种类比较简单,制作一般,精美者不多。为什么造成这种情况,有待研究。

近年来,我国古玉专家杨伯达教授提出了"和田玉产于昆仑而玉文化中心位于中原"的观点,认为"新疆地区出土玉器和文献资料可证,西域诸国也曾有自己的玉器制造业和本地的玉文化,但其带有分散的、孤立的、低层位的弱点,未超出地方性玉文化的性质。但其强势在于控制玉石资源,作为贡品或商品输往中原,与中央政权修好,互通有无。""和田玉虽然产于昆仑山北坡,出于其谷地河流及其戈壁,但其砣碾中心、文化领地及其活跃舞台却在中原。由于它的质地异常优异,远远超过其他地方玉料而成为比德的载体,亦为历朝帝王所青睐被奉为真玉,终成为帝王玉主流玉料。"

二、齐家文化玉器与和田玉

黄河上游地区的齐家文化

从新疆走出来,首先让我们看看邻近的甘肃和青海,在古文化遗址中有和田玉玉器吗?

考古学家尹达在《新石器时代》一书中为我们指出了方向,他说:新石器时代晚期墓葬中,多为玉片和玉瑗,很可能来自新疆和田一带。这个墓葬就是齐家文化。

齐家文化,得名于甘肃省广河县齐家坪,因为早在 1924 年就在这里发现了铜石并用时代的文化遗存,距今约 4000 年前后。因发现在齐家坪,故被称为齐家文化。齐家文化分布在甘肃、青海、陕西、内蒙、宁夏等地区,其范围大致是:东起泾水、渭河流域,西至湟水流域、青海湖畔,南达白龙江流域,北到内蒙古阿拉善右旗附近。中心地带为甘肃省中西部和青海省东部。这是黄河上游地区新石器时代晚期到青铜时代早期的文化,它是从马家窑文化基础上发展起来的。齐家文化特征主要有三:一是有一群独具特征的陶器;二是出现了红铜器和青铜器;三是有丰富玉器。

齐家文化玉器

齐家文化玉器是中国古玉文化的一朵奇葩。齐家文化玉器以工具类和礼器类居多。工具类有玉斧、玉锛、玉凿、玉铲等。礼器类主要有玉琮、玉璧、玉环、玉璜、玉圭、玉璋、玉钺、玉刀、多璜联璧等。

礼器类玉器,一是数量多,品种齐全。齐家文化玉器中以礼器为主,品种较为齐全,除圭、璋、琮、璧等一般礼器外,还有似琥(虎头形玉雕,即为琥之原型)、羑(一种不规圆、边侧作牙形的璧,亦称"璧羑")的瑞玉,以及瑗、环、璜、钺、戚(玉戚,为舞器)、刀和璇机等。显现出了"三代"礼器的部分规制。二是玉礼器中器形形制巨大,如大玉琮、大玉璧、大玉璋、大玉圭、多孔大玉刀等,尺寸不少都超过已知同类礼器的尺寸。有高和直径超过二三十厘米的玉琮,长达六七十厘米的玉璋、玉圭、多孔玉刀,直径在三四十厘米的玉璧等。

齐家文化早期玉器,品种较为单调,多素面无纹。晚期玉器,出现许多鸟、兽形图案和多孔扁平玉器,玉琮或琮形器上出现兽面纹(饕餮纹)、人面纹和牛、羊、虎、熊等兽首纹浮雕装饰。由于圆雕、透雕、浮雕、浅浮雕、线刻以及嵌绿松石等工艺的运用,使玉器造型和装饰更加美观更加多样性也更加艺术化。并出现了多种兽首琮和兽首琮形器、纵目人面琮、竹节纹琮、弦纹琮等特有的玉器。

齐家玉器的制作,从选材、切割、钻孔、琢磨、抛光,已形成一套完整的玉作工艺,带有明显的作坊生产规模。不同的用玉工艺不尽相同,特别是许多玉礼器由于用材较好,不少采用玉质好、硬度较高的和田玉,器形形制较大,制作精细,通体磨光,无论是素面无纹的还是有装饰纹样的,都显示出浑圆饱满、凝重大气的风格。

齐家文化玉器使用的玉材,主要是甘肃、青海本地的玉,还有新疆和田玉。有的专家估计大约70%是本地玉,30%是和田玉。齐家文化玉器已有相当数量是由新疆和田玉制成。一般说来,礼器类的琮、璧、环、璜、钺、刀、璋等,都选择玉质滋润、色泽纯美的本地玉或和田玉。因此,和田玉的发现与使用当早于齐家文化,而大量用来制作礼器和部分工具,可能始于齐家文化。

除上述以外,据学者研究,在陕西、甘肃地区新石器时代传世玉中,也有和田玉。如后娘娘台的玉璜和一件璧芯料,似是和田白玉,临洮县博物馆有一件片切割痕的枣红皮色白玉子料,也似和田玉。

夏代:二里头文化与玉器

约公元前21世纪,中国开始建立了夏王朝。据《史记·夏本纪》记载:"三危即度,三苗大序,其进黄壤。……贡璆、琳、琅玕。"昆仑美玉,古代称之"琅玕",这就是说,夏时,昆仑山美玉已输入夏王朝了。

考古发掘已证明了这点。1959年,在偃师市翟镇乡二里头村发现了一处大型遗址,这里是公元前19世纪至公元前16世纪中国乃至东亚地区最大的聚落,它拥有目前所知中国最早的宫殿建筑群,最早的青铜礼器群及青铜冶铸作坊,是迄今为止可确认的我国最早的王国都城遗址。经学者研究,二里头遗址应为夏王朝的都城。二里头文化的绝对年代,一般认为"不早于公元前1900年,不晚于公元前1500年,前后延续300多年或将近400年。"同位素碳十四测年数据表明,也在公元前1880年~公元前1520年之间。

二里头文化除陶器和铜器外,还出土了玉器。共有53件玉器,可分为礼器和仪仗、工具和武器、装饰品三大类。其中礼器和仪仗类玉器主要包括璧戚、圭、牙璋、戈、钺、刀等;工具和武器类主要包括铲、凿、镞、纺轮等;装饰品类主要包括柄形器、圆箍形饰、环、鸟首玉饰、坠饰、尖状饰、管等。玉器具有鲜明的时代特征,如大而薄的器形,流行齿状饰和细劲的直线刻纹,高超的镶嵌工艺等。这一时期,圭、牙璋、刀似乎显示了较其他玉器更显著的地位,形成了一组比较固定的玉礼器群,即以璧戚、圭、牙璋、戈、钺、刀等礼器和仪仗用玉来彰显墓主的地位和身份。玉器墓基本上存在于二里头文化的中心遗址——二里头遗址中,其数量仅占二里头文化已发现墓葬总数的 5 %左右。从文化发展来看,从二期至四期玉器墓随葬玉器的数量在逐步增长,器类也在不断丰富。二里头文化玉器是吸收了史前众多考古学文化的诸多因素发展而来的,包括新砦期遗存和王湾三期文化、海岱地区史前文化、陶寺文化、石家河文化等。

这些玉器的玉材还有待研究,从个别玉器初步鉴定看,已有和田玉的存在。如白玉柄形器,经专家鉴定,从质地和特征看就是来源于新疆的和田玉。

2004 年,在二里头还出土了一条绿松石龙,这件龙形器放置于墓主人的身上,是由 2000 余片各种形状的绿松石片组合而成,每片绿松石的大小仅有 0.2~0.9 厘米,厚度仅 0.1 厘米左右。绿松石龙形体长大,龙身长 64.5 厘米,中部最宽处 4 厘米。巨头蜷尾,龙身曲伏有致,形象生动,色彩绚丽。这一大型绿松石龙形器,其用工之巨、制作之精、体量之大,在中国早期龙形象文物中十分罕见,具有极高的历史、艺术与科学价值,堪称国宝。

以上资料表明,齐家文化和夏文化已肯定了昆仑美玉已经向东运输。那么,在更远的年代还有昆仑美玉出现吗?

三、仰韶文化玉器与和田玉

仰韶文化

让我们进入黄河流域的仰韶文化。仰韶文化是黄河中游地区重要的新石器时期时代文化。它距今 7000～5500 年。仰韶文化遗址,于 1921 年在河南渑池县仰韶村发现而得名。仰韶文化以农耕为主,属于母系氏族向父系氏族过渡的社会阶段。以河南、山西、陕西为中心,东抵河南东部的黄河中游地区,南到湖北部分地区,西接甘肃、青海,北至内蒙,遍及整个黄土高原和华北大平原。出土文物均反映出较同一的文化特征,生产工具以较发达的磨制石器为主,常见的有刀、斧、锛、凿、箭头,纺织用的石纺轮等,骨器也相当精致。有较发达的农业,作物为粟和黍。饲养家畜主要是猪,并有狗,也从事狩猎、捕鱼和采集。各种水器如甑、灶、鼎、碗、杯、盆、罐、瓮等日用陶器以细泥红陶和夹砂红褐陶为主,主要呈红色,多用手工制法,用泥条盘成器形,然后将器壁拍平制造。红陶器上常有彩绘的几何形图案或动物形花纹,是仰韶文化的最明显特征,故也称彩陶文化。选址一般在河流两岸经长期侵蚀而形成的阶地上,或在两河汇流处较高而平坦的地方。这里土地肥美,有利于农业、畜牧,取水和交通也很方便。如临潼姜寨的村落遗址,约有 100 多座房屋,分为 5 组围成一圈,四周有壕沟环绕,反映出当时有较严密的氏族公社制度。仰韶文化属于母系氏族公社制繁荣时期的文化。早期盛行集体合葬和同性合葬,几百人埋在一个公共墓地,排列有序。各墓规模和随葬品差别很小,但女子随葬品略多于男子。

仰韶文化遗址已有 1000 多处。已出土有一些玉器,如南阳黄山独山玉

63

玉铲，高塘村双孔玉钺，淅川下王岗绿松石耳坠及项饰，郑州大河村玉璜、玉环，洛阳锉李及偃师玉璜，济源长泉玉璧，南召二郎岗玉璜、玉坠等，出土较多的是陕西省南郑县龙岗寺遗址，共出土随葬玉器 26 件。这些玉器中是否有昆仑美玉呢？

龙岗寺遗址的玉器

龙岗寺位于陕西省新郑县石拱乡爱国村北。它是大巴山支脉梁山伸向汉江的一条山冈，高出汉江约 30 米，与历史文化名城汉中隔江相望。这是一个新石器时代的公共墓地，面积约 7500 平方米。经考古专家发掘，发现老官台文化李家村类型墓葬 7 座，仰韶文化半坡类型墓葬 423 座，经研究，时代上前者早于后者。仰韶文化半坡类型墓葬 423 座，面积 1200 平方米，是一个保存完好的仰韶文化半坡类型氏族公共墓地。有趣的是 423 座墓葬分为 6 层相互叠压埋葬，在其中晚期墓葬中出土了 26 件玉器，这是迄今为止仰韶文化遗址中首次成批出土的玉器。

玉器包括有玉斧 4 件，玉铲 5 件，玉锛 13 件，玉刀 2 件，玉镞 2 件。考古专家认为玉"质地细腻，呈油脂光泽。有一定的透明度，颜色为青绿色和乳白色。"玉斧均是青绿色，有两式，一式器体较扁薄，平面呈不规则多边形，刃部呈舌状，形体较大；一式器体较小，平面呈长方形，刃部呈圆弧状。玉铲均是乳白色，有双面刃和单面刃，刃部无明显使用痕迹。玉锛有青绿色和乳白色，有四式。玉刀为灰白色。玉镞器体非常扁薄，为青绿色和墨绿色。据考古专家研究，这些玉器均为生产工具，与仰韶文化半坡类型的同类石器的器形和制作方法相同。但是，从玉器仍保留制作时的磨痕，而且刃部光

滑并有少量擦痕分析，可能是一种礼仪性的生产工具。这批玉器，是我国古代文明孕育时期的重要标志。

关于这批玉器的时代，从幕葬研究，当属于仰韶文化半坡类型时期。参照距此地 100 余千米的陕西西乡县何家湾遗址的碳同位素年龄，相当于中晚期，其年代距今 6200～6000 年。

玉器中 3 件玉铲和 1 件玉刀，经地质专家鉴定，除 1 件玉铲为蛇纹石玉外，3 件均为透闪石玉。关于这批玉器原料的产地问题，因汉中盆地及其附近地区尚未发现透闪石玉矿，史书也没有记载，专家推测，大部分出自四川汶川，玉质特好的可能出自新疆和田玉。也有专家认为不可能有和田玉。因此，这些玉器中是否有和田玉是一个带有关键性的问题。

龙岗寺出土玉器的玉源追踪

根据龙岗寺出土玉器的鉴定结果，3 件透闪石玉的特点：一是玉的颜色有白色玉 1 件，青绿色玉 2 件。二是透闪石含量为 95% 左右，透闪石为纤维状集合体，呈毛毡状结构，粒度较细，长 0.012～0.06 毫米，宽 0.021～0.006 毫米。三是杂质矿物主要有褐铁矿、碳酸盐矿物，偶见绿泥石。这其中是否有和田玉呢？可以对新疆和田玉与四川汶川龙溪玉的地质特点进行比较。

龙溪玉产于汶川县龙溪乡云台村。它的主要特点：一是变质成因，产于中厚层状透闪石化硅质白云石大理岩中，通常以层面为界，可见有两种以上颜色的条带。矿体与白云石大理岩呈突变关系，而与透闪石片岩呈渐变关系。二是玉的颜色主要为黄绿色或淡绿色，其次为绿、深绿、青灰等色。三是质地不甚滋润，表面光泽较暗。偏光显微镜下，见透闪石纤维状集

合体，晶簇和纤维长 0.01～0.05 毫米，长宽比为 2∶1 或 5∶1。一般为平行消光，有时为斜消光或波状消光。四是质纯者较少，多有杂质，主要是白云石、滑石、偶有石榴子石和榍石。

产于新疆的和田玉主要特点：一是除碧玉外，都是接触交代成因，产于中酸性侵入体与白云石大理岩的接触带上，主要在外接触带的透闪石化白云石中，没有层状结构和透闪石片岩。二是玉色主要有白、青、黄、黑、碧等。三是质地细腻滋润，光泽如脂。偏光显微镜下，多为显微隐晶质，粒状很细，呈毛毡状结构。四是质纯，透闪石一般 95% 以上，杂质矿物少，主要有粗晶状透闪石、白云石、碳酸盐矿物、磁铁矿、黄铁矿等。

从上面比较可知，龙岗寺出土玉器中有白玉存在。质地细腻，呈油脂光泽，透闪石含量为 95% 左右，杂质较少。这些特征与新疆和田玉有共同之处，因此，不能完全排除存在新疆和田玉的可能。当然，这只是一种分析，解开这个谜有待详细的工作。

除了龙岗寺出土玉器外，仰韶文化其他遗址的玉器，也值得深入研究。

龙岗寺出土有透闪石玉，为什么它的产地又难以肯定，要用"存在新疆和田玉的可能"呢？

远古透闪石玉之谜

我国远古时期已出现了大量玉器，专家估计，新石器时代遍布中华大地的文化遗址中已发掘出土的古玉器有 20 余万件，其中一些已识别出来为透闪石玉。

我国用玉有上万年的历史，出土于辽宁省海城市小孤山仙人洞旧石器晚期遗址中有 3 件玉质砍砸器，距今 8200～7000 年前的兴隆文化和查海文化出土了玉器，据专家研究这些

玉器中有的玉材是透闪石玉。也就是说，古人开始使用透闪石玉已有很长的历史。

距今 5000～6000 年的红山文化和良渚文化是我国用玉的第一个高峰时期，据学者 研究，红山文化玉器以蛇纹石玉（岫玉）为主，有少量透闪石玉。良渚文化玉器则是以透闪石玉为主。

古人为什么在那么遥远的时代就能识别透闪石玉，并使用它，这确实表现了中华民族先祖的智慧。

古人也给后人留下一个难题，就是如何去识别那些古人开采的透闪石玉产地。

现在，人们一般多是根据当时新石器时代用玉"就地取材"的原则，结合玉质特点来确定产地。首先看看当地有无透闪石玉矿；其次，了解附近地区是否有透闪石玉矿；最后再与远处透闪石玉矿联系。当然，还要考虑玉材的透闪石玉特点。

比如，东北出土的透闪石玉质古玉器，因为岫岩有透闪石玉矿，性质相近，所以，一般认为产自当地。

良渚文化的玉器中对透闪石玉产地就有不同的认识：其一，认为是当地所产，主要依据是近年来当地发现有透闪石玉矿，但是，目前尚缺乏确切资料；其二，认为来源于东北，主要依据是东北距南方较近，可以经山东运到此地，但这也是一种推测；其三，认为来源于新疆和田玉，但是有的学者认为因为新疆距离遥远，可能性很小。

同样，仰韶文化玉器的玉石来源，人们从"就地取材"的原则出发，首先考虑是当地，但是当地没有发现透闪石玉矿，于是想到了距离较近的四川汶川玉矿，但是有的玉质又不同于汶川龙溪玉，这样才考虑到新疆和田玉。

应该说,透闪石玉产地的确定,难度很大。就是现代开采的不同地区的透闪石玉的鉴别都有一定难度,古玉产地确定难度更大。原因主要有五个方面:其一,因为透闪石玉矿物成分和化学成分基本相同,因此,必须用各种方法去寻找各个产地玉石的特点,也就是其指征性特征或"基因"。这点,还是一个难题,特别是自然界矿床千差万别,同一种玉在不同矿床不一定相同。其二,透闪石玉矿床形成时代距今为上亿年或几亿年,但是,人们发现和开采时间不同,有的是古代,有的是现代,有的古矿已采完消失。因此,要对玉矿床开采年代进行研究,而确定古玉矿开发年代有一定难度。其三,测试方法有常规的有损分析和现代的无损分析,具有多种测定技术和方法。如何选择有效、适用、经济的方法技术,目前尚处于研究阶段。其四,古玉器特别是珍贵玉器进行有损分析涉及保护文物问题,这方面尚有难度。其五,这是一项综合性很强的研究工作,要考古、文物、历史、玉器、玉石、地质等各方面进行联合攻关。

古玉器的原料来源是近年来国际考古学科的前沿课题,我国进行了一定的研究,但是,目前,古玉器产地还存在推测因素。如果要解决古玉器玉材产地问题是一个有待攻克的难题。

和田玉的最初使用年代,除了上述考古学资料外,还有其他方法吗?这就得从史前文化的历史资料寻找答案。

四、黄帝是玉石之路的开拓者

三皇五帝与中华古文明

我国史学界在"夏商周断代工程"研究中取得了辉煌的成果。据2000年11月公布的夏商周断代工程的研究结果《夏商周年表》表明,夏代开始的年份为公元前2070年,而夏桀亡国之年为公元前1600年,也就是说夏代开始距今为4070多年。在夏以前的历史又是如何呢?这就进入了远古传说的"三皇五帝"时代,这是史学界十分关心的问题,也是研究和田玉最初发现和开发时代的重要问题。

世界上任何一个民族最初的历史,总是用"口耳相传"的方法流传下来,多数有着真正的史实渊源。"三皇五帝"的历史,正是中华民族文化的开端。

秦始皇非常崇拜"三皇五帝",他为表示自己地位之崇高无比,曾采用三皇之"皇",五帝之"帝"构成"皇帝"的称号。以后各个朝代皇帝称号也就流传了下来。

古代史学家也相信"三皇五帝"的史实,在我国第一部历史文献《史记》就有五帝的记载。

但是,三皇五帝究竟是谁?说法有多种。

"三皇"大体有5种说法:一是燧人、伏羲、神农;二是伏羲、女娲、神农;三是伏羲、祝融、神农;四是伏羲、神农、共工;五是伏羲、神农、黄帝。最后一种说法由于《尚书》的宣扬而得到推广。

"五帝"至少也有5种说法:一是黄帝、颛顼、帝喾、尧、舜;二是太昊、

67

炎帝、黄帝、少昊、颛顼；三是少昊、颛顼、高辛（帝喾）、尧、舜；四是伏羲、神农、黄帝、尧、舜；五是黄帝、少昊、帝喾、帝挚、帝尧。第一种说法是《史记》中记载的。

在上述说法中，古人有严谨的排序，从时间顺序讲，大体是伏羲（太昊）、神农（炎帝）、黄帝、少昊（挚）、颛顼、帝喾、尧、舜。黄帝排序是"三皇"之末，"五帝"之首，因此，研究黄帝与和田玉的历史渊源非常重要。

关于五帝时期的年代基本有两种说法，一种是公元前5000年到公元前2000年；另一种是公元前3000年到公元前2000年。这个问题史学界正在深入研究。

黄帝是玉石之路的开拓者

近年来，我国学者根据古文献资料，提出黄帝对和田玉的贡献。最近，我国古玉专家杨伯达教授提出黄帝是和田玉玉文化的倡导者及玉石之路的开拓者。他说："黄帝开发和田玉制造工具和兵器，赋予玉以神物，传播和田玉古文化以及开拓与保护向境外运输和田玉的"玉石之路"。黄帝食飨"玉膏"，播玉荣，结璠瑜。供天地鬼神食飨，君子服之，以御不祥。其功赫赫令人感佩！"

司马迁以一个历史学者为黄帝写下了传记，说："黄帝者，少典之子，姓公孙，名曰轩辕。"黄帝为人非凡，生而神灵，机敏聪明，修德拓兵，抚万民，度四方，经过阪泉之野和逐鹿之战，诸侯咸尊轩辕为天子，代神农氏，是为黄帝。黄帝在一生中与和田玉结下不解之缘，为开拓玉石之路作出贡献。

我国古代有西羌、北狄、东北夷、东南越、南蛮等几个大族集团，黄帝出自古羌人群集团，其分布于昆仑山北坡和甘肃、青海、宁夏、

陕西等地区。黄帝是古羌人从事游牧的父族社会领袖，利用昆仑山美玉的优势，制造了工具和兵器，并以玉供神，于是有黄帝"以玉为兵"和"玉神物"之历史记载，开拓了中华民族用玉的先例。

黄帝带上了"玉兵"和"玉神"，率部落由西向东不断迁徙，并在迁徙中发展自己游牧文化和玉文化。其东迁的路线，据历史学者研究，主要是顺北洛水南下，抵达今朝邑一带，东渡黄河；再沿着中条山和太行山边，逐渐向东方迁移，到达中原涿鹿的山湾里。这就是《史记·五帝本纪》所说的黄帝："邑于涿鹿之阿，迁徙往来无常处"。黄帝先后与早已活动在中原地区的以炎帝为首的农耕者和以蚩尤为首的游猎者发生了两次争斗。这就是《史记》中记载的"与炎帝战于阪泉之野……与蚩尤战于涿鹿之野。"阪泉大战和涿鹿大战的两次大战实际上是大规模的部族文化冲突、碰撞和交融。经过这两次部族文化交融，在中原地区出现了以黄帝、炎帝和蚩尤为首的三支华夏先民的大融合，形成了崇奉黄帝为首领、以农耕经济为社会基础、注重礼仪文化的古代华夏民族。礼仪文化中玉文化占重要地位，黄帝把自己从西部带来的和田玉玉文化与其他地区玉文化相交融，形成中华民族的"以玉为兵"和"玉神物"观念。为传播这一观念，需要大量的昆仑美玉。要把昆仑山的美玉不断运到中原，就要开拓一条玉石之路。据杨伯达教授研究，这条从昆仑山北坡到涿鹿之阿的玉石运输线，"是由羌过鬼国、一目国（狄）至东夷、东北夷、淮夷、东越等部及其所控土地，是一跨区域"玉石之路"，至涿鹿之阿之后再往四方，很可能组成了跨区域的"玉石之路网络"。这就是说大体建立在距今6000～5000年轩辕皇帝东征开拓的第

一条跨区域的和田玉之路并建立了向四方延伸交错的网络。"在运输过程中因战争或其他原因,玉石丢失不少。在内蒙巴林右旗出土了一件和田玉子玉,经研究确实就是运输途中丢失的玉料,这可为这条运输线作一个佐证,可惜是其年代尚不能确定。

西王母与和田玉

前面已述,西王母居住在昆仑玉山,是这个母系社会的代表,或者说是这个母族社会首领。由于昆仑山产有较为丰富的优质美玉,生活在这里的人们,当然会首先发现它和使用它。古文献《山海经》记载,西王母蓬发头戴玉胜,这个玉胜就是她的首饰类装饰品。胜是两个三角尖相对的造型,这也证明西王母时代确

已使用了和田玉。学者研究,西王母生活时代距今不下 6000 年。古文献还记载西王母在黄帝时曾献玉,也表明当时母系社会和父系社会可能沟通,沟通的媒介就是昆仑美玉。

在有的古文献中,称女娲是"三皇"之一。女娲补天的故事表明女娲时代已发现了昆仑美玉,这与西王母时代可能相近。

以上表明,从古文献中可以看到和田玉的发现和使用至少也有 6000 年历史,这与考古资料相吻合。玉石之路的开始也有 6000 ~ 5000 年的历史。

玉石之路是一条沟通中、西方的道路,从昆仑向东已有许多资料证明。那么,昆仑向西如何呢?

69

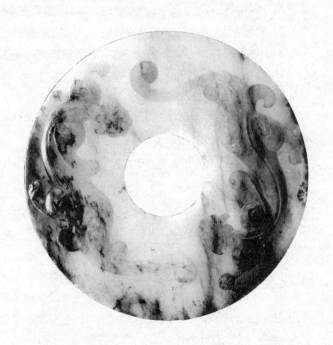

五、茫茫西行路

欧洲与中亚新石器时代玉器之谜

欧洲或西亚、中亚地区已经发现有新石器时代的玉器,据有关资料,英国等欧洲国家的古遗址中有玉斧、玉锛、玉凿等玉器,时代为公元前3200年。这些古玉器的玉材来自何处,现在还没有见到详细的研究资料。

1918年,我国地质事业创始人之一章鸿钊教授在《石雅》中指出:"近时,泰西人士(指法国矿物学家德穆尔)谓玉器出叙利亚者,与今中国玉(指和田玉)正同,又中国古之玉牒,其铭刻颇与巴比伦及亚细利亚之玉牒相似。夫叙利亚、巴比伦、亚细利亚,皆西方古国,且常与中国有往来交通之迹,而古之玉器及铭刻又复相类,则渊源所系,宜若可详。"这就是说,叙利亚、巴比伦、亚细利亚出土的玉器,玉质是和田玉,玉器纹饰特点与中国玉器相同,表明有"往来交通之迹"。

1933年,我国学者姚立华在《西北交通史的研究》中提出:"在巴比伦、叙利亚古址发现之器物所用之玉,及自中亚细亚以至欧洲诸国发现之石器时代所有之玉,皆当为于阗产物。"他指出,在新石器时代,和田玉已经到了西亚、中亚和欧洲,也就是说,那时通向这些地区的玉石之路已经开通。

时间过了90年,这一观点还是一个推断性的认识,应当说,这是一个谜。近年来学者研究,在欧亚草原安德罗诺活文化早期墓葬(公元前1700年~1600年)中多次发现我国商代流行的白玉璧和白玉环,这或许是一个例证。但是,这个谜还有待于人们去解。

史书的记载

我国历史学者注重从史书中去寻找答案。据乌兹别克斯坦史记载，在公元前 2000 年前时，已有新疆碧玉在那里出现。这一史料告诉人们，距今 4000 年前，和田玉已经到了中亚地区。这一时期，也正是和田玉向中原大量运输的时期。

如果说，新疆把和田玉运到中亚或欧洲，那么，欧洲人也把海边的海贝带到了新疆。

1934 年，瑞典考古学家贝格曼参加瑞典探险家斯文·赫定组织的"西北科学考察团"，并受当时民国政府委托，到中国西北地区沿古丝路进行勘察。中国科学家陈宗器等也参加了这次科考活动。他们到达罗布泊荒原后，曾经在 1900 年为斯文·赫定担任过向导并发现了楼兰王国遗址的维吾尔族人奥尔得克向考察队说他发现了一处新的墓葬遗址，并为贝格曼担任了向导。他们在新疆孔雀河下游支流库姆河一带开始搜寻。1934 年 5 月底，他们沿库姆河南行不久发现了一条新的支流，考察队决定沿这条支流继续寻找，并临时将这条无名河命名为"小河"。沿小河南行 65 千米，贝格曼的向导奥尔得克终于发现了这座古墓。小河古墓因此又被称为"奥尔得克古墓群"。他们只进行了粗略的工作，发掘了 12 座墓葬，带回了 200 多件文物。他也将他在小河的发现写成《新疆考古记》，于 1939 年出版。他曾在书中描述了一个棺木中的一个具有欧洲白种人特征的美人："高贵的衣着，中间分缝的黑色长发上戴着一顶装饰有红色带子的尖顶毡帽，双目微合，好像刚刚入睡一般，漂亮的鹰钩鼻，微张的薄唇与露出的牙齿，为后人留下一个永恒的微笑。"同时，还发掘出来自大海的海贝，这海贝显然不会来自太平洋，而是与欧洲有关的海洋。这个古墓的时代大致为 3800 多年。

比这个古墓较晚的鄯善县洋海墓地，同样见到了保存好的干尸。死者头带羊皮帽，额头系彩色毛绦带，绦带上缀有三两一组的海贝，在左右耳上戴同样大小的铜、金耳环，颈上戴绿松石项链。

间接的证明

玉石之路的西进是新疆与中西亚和欧洲地区交流的结果，这种交流若从其他方面来认识，或许也有帮助。

近年来，在我国甘肃河西走廊地区四坝文化中发现了与中亚、西亚交流的砷铜制品和小麦。

砷铜制品发现于民乐东灰山、酒泉干骨崖以及新疆哈密五堡、焉不拉克等遗址中。这些制品中如銎斧、带喇叭口的耳环、四羊首权杖头等具有中亚、欧亚草原地区的特征，制作工艺受到这些地区的影响。砷铜制品年代，据同位素测定，四坝文化为公元前 2000 年左右，新疆哈密地区早期为公元前 2000 年到 1000 年初期，西亚为公元前 4000 年前后，它比甘肃和新疆发现的早了一两千年。这表明我国发现的砷铜制品是西方早期砷铜技艺传入影响的结果。

民乐东灰山遗址四坝文化层中发现有不少炭化麦粒。经专家鉴定，这是普通的小麦粒，不是独立的驯化品种，这些麦粒是我国目前发现的年代最早的小麦标本。西亚地区种植小麦、大麦开始在公元前 8000 年到前 4000 年的新石器时代，比东灰山发现的小麦要早四五千年。这也是与西方交流的结果。

在遥远的年代，交通不发达的地区，古人为什么还有如此广泛的联系和交流呢?

六、游牧大迁移

细石器文化

考古研究表明新疆旧石器遗址很少,而新石器遗址很多。新石器遗址以细石器为特点,称为细石器文化,距今 10000～4000 年。分布在全疆各地,从昆仑山前到罗布泊,从天山南北到准噶尔盆地周围和阿尔泰山,已知遗址达 50 多处。比较重要的有哈密市三道岭、七角井,鄯善县迪坎尔、洋海,吐鲁番市阿斯塔那、雅尔湖,托克逊县韦曼布拉克,乌鲁木齐市柴窝堡,木垒县七城子、四道沟,阜康市阜北农场,石河子市 105 团,阿勒泰市克尔木齐,哈巴河县齐德喀仁,疏附县乌帕尔,皮山县克里阳,于田县小普鲁、巴什康苏拉,以及巴楚、焉耆、罗布泊地区、和田河、克里雅河上游、昆仑山山前山地带等。石器特点是形态细小的打制石器,主要有细石叶、石核以及经二次加工使用的刮削器、尖状器、雕刻器、镞、矛等。古人用以进行狩猎、畜牧、采集。大多遗存在荒漠戈壁,许多地点与磨制石器、陶片、金属器物共存。

早在上世纪 30 年代,学者根据新疆、西北、蒙古、东北亚、北美等地区新石器时代早期共同存在的细石叶石器文化的特征,提出了北极圈附近地区世界性文化联系的假说。经过几十年的考古研究,在我国西北、蒙古高原、华北、西伯利亚、北美地区发现了大量这一类型的石器,表明了世界北半球的文化交流存在。与之平行,在西南亚、中亚、欧洲存在有几何形细石器文化,这类文化与细小叶细石器文化的交汇处正是在帕米尔高原。这说明世界性交流在新石器时代早期就已存在。

新疆考古学家和历史学家研究认为，新疆细石器为特征的遗址同青海、甘肃、宁夏、内蒙古、东北北部等省区为同一类型遗址。在地域上连成一片，表明新疆的原始社会时期与这些地区有一定的联系。新疆母系氏族公社的遗址及文物等表明，同陕西、甘肃、青海等地的氏族公社有着显著联系。这就是说，在新石器时代母系社会时期，新疆已与我国西北和东北地区有联系。

新疆细石器文化与世界以及我国北方地区的联系，表明新疆地区古人与我国北方和世界的交流早已存在。因此，玉石之路的出现并不是偶然的，是先人开拓基础上发展的。同时，也说明了古人并不因为距离遥远而互不往来。

各民族大交融

上世纪初期，罗布泊楼兰人的发现为世界震惊。经过几十年的考古发掘，发现新疆这块大地上，距今4000～3000年的时期出现了欧罗巴人种和蒙古人种，以及混合人种，奏响了各民族的大交融的和谐乐章。

新疆是中国文化与印度文化、波斯文化、希腊罗马文化交相混融的所在，这当然与文化的载体——人的具体活动密切相关。文化的交流，是通过人进行展开的，是人类相互交流的成果。不同的人类种族，民族群体，在历史的长河中彼此联系与混融，不仅产生过新的别具特色的居民族体，而且出现了异彩纷呈的各式文化。考古说明，在遥远的过去，在新疆大地上，曾有过欧罗巴人种的活动，也曾经有蒙古人种居住。这些不同的人种，彼此联系、交融、发展，成为新疆大地不可忽视的主人。季羡林教授早就指出："一说到中国的文化交流，首先必然想到新疆。我常常说，世界上四大文化体系唯一

的汇流的地方就是新疆。这四大文化体系是：中国文化体系、印度文化体系、伊斯兰文化体系和欧美文化体系。这四大文化体系是几千年以来世界上各国、各族人民共同创造出来的，是全人类智慧的结晶。"当然，这些交流包括双方在物质和精神方面的生活和文化的内容，交流有赖于人的进行。所以，欧罗巴人种在新疆的存在应是非常正常的。

新疆是世界上出土古尸最多、保存最完好的地区。在吐鲁番阿斯塔那古墓、鄯善县北火焰山中的苏贝希古墓、哈密五堡古墓、罗布泊等地都有大量古尸出土。新疆的古尸均为自然形成的干尸，与埃及的木乃伊不同。木乃伊是非自然形成的干尸，它经过了人工防腐处理。新疆的干尸是在干燥、无菌、高温的特殊环境条件中自然形成的，是大自然的杰作。古尸对人类学、民族学、历史学、考古学以及医学等学科的研究具有重要的价值。

新疆发现的古代的干尸，有欧罗巴人种和蒙古人种，以及混合人种。对于欧罗巴人种，英国《独立报》曾有一篇文章中写道："在中国新疆展出的一具3000年前的干尸，简直就是个地道的塞尔特人，他的身材和五官分明就是一名卡里多尼部落的勇士：六英尺高的个子，头发是淡淡的红棕色还略夹带些灰斑，高高的颧骨，挺拔的鼻梁，厚厚的嘴唇和长长的络腮胡。直到现在，人们还能清晰地看到，他被埋葬的时候身上穿的是一件带有斜纹织物的束腰外衣，脚上还有古代独有的格子样式的绑腿，光看外表就和古代的欧洲人毫无区别。"

近年，德国《科学杂志》发表了一份有关新疆干尸的研究报告，据德国科学家检测，他们的身上全都带有欧洲人的DNA，并有可能就是塞尔特人的遗骸。

73

据史料记载，塞尔特人在北欧地区，当塞尔特文化发展达到了高峰时，影响了欧洲的大部分地区，西至爱尔兰，南到西班牙和意大利，东至波兰、乌克兰以及土耳其中部平原。同时，也深入中亚和新疆地区。

民族的大交融，印证了早期的欧洲文明与东方文明有着千丝万缕的渊源，揭示了东西方文明的交流有着悠久的历史。因此，玉石之路成为东西方运输线并不奇怪，因为欧罗巴人种和蒙古人种就在这块美丽的大地上交融一起。

游牧大迁移

为什么欧洲人到了新疆这块土地？为什么黄帝要东进？为什么古代交通不发达古人还要远距离进行交流？

自然环境是人类赖以生存和发展的物质基础。自然环境对人类的影响在不同的历史发展阶段是不同的。在古代历史上，欧亚大陆的重大历史事件，重要的社会制度变迁，都与游牧民族有关。游牧文明与农耕文明是世界文明史上的两大主要文明，人类历史则主要是这两大文明的历史。

近年，在新疆巴里坤哈萨克自治县石人子乡东黑沟以北发现了我国目前发现的最大的古代游牧文化聚落遗址。在8.75平方千米的范围内，分布着三座大型祭祀高台，140座石围（石头围起来）居住基址，2485块刻有狩猎图、围猎图、生殖崇拜、赛马、搬迁及服饰等岩画的

74

石块。墓葬区发现了10多个古墓。这表明新疆古代发达的游牧文化。

数千年来，众多游牧民族先后生息繁衍在亚欧大陆的广阔草原上，创造和传承了光辉灿烂的游牧文明，推动着世界文明史不断向前发展。

人们研究西方兴起的原因时，肯定大游牧精神所起的巨大作用。历史学者研究表明，欧洲人在远古的时候就向东方发展，雅利安人在几千年前，一部分到了印度高原，一部分到了伊朗，一部分到了中亚。新疆雄伟的高山，肥沃的草原，奔腾的河流，让古代的游牧欧洲人留恋，他们就生息在这里，继续他们的牧业。在新疆古墓中发现的欧罗巴人干尸，有的人脚穿皮靴，手拿牧鞭，再现了游牧人的生活。

强悍进取的游牧精神，是发展根基之一。华夏民族的人文始祖黄帝就是出生于西戎羌族，是游牧民族的首领。或许由于气候的变迁，或许迁移无常的游牧生活，让他们东进，入主中原，并与当地农耕融合，创造了中华民族的农耕文明。

正是游牧民族这种游牧精神，打通了新疆与我国各地以及与中亚、西亚、欧洲的联系，为玉石之路的发展打下了基础。任何事物的发展都有一个发展过程，玉石之路也是如此。如果这一条路在五六千年前已开拓，那什么时间发展到了高峰时期，使和田玉登上中华民族玉器的殿堂，成为全国主要的玉材呢？

七、和田玉登上商代王室殿堂

妇好墓玉器

自夏开始,经过商到西周,是中国历史上的"三代",出现了以王为最高统治的新时期。王及王室占有来自全国的玉和玉器。随着玉石之路的开拓和发展,昆仑山美玉(和田玉)源源不断地进入王室。到了商代晚期,和田玉成为宫廷玉器的主要玉材。从此,我国玉器开辟了以和田玉为主体的新时代。

商代是我国第一个有书写文字的朝代。商代文明不仅以庄重的青铜器闻名,也以众多的玉器著称。为了满足奴隶主特殊的需要,制玉规模不断扩大,制作工艺也达到很高水平,尤其到了商代晚期玉器制作蓬勃发展。商代前期(公元前 1600～1300 年)玉器出土和传世较少,截至目前,出土和传世的商代玉器,绝大多数是商代晚期的,古玉界将商代晚期玉器统称为殷商玉器。殷墟是商王朝后期的王都,据文献记载,自盘庚迁殷至帝辛覆亡,历经 8 代 12 王。据夏商周断代工程所列《夏商周年表》确认盘庚迁殷为公元前 1300 年,武王克商年为公元前 1046 年,共有 200 多年。1928 年我国考古学家首次发掘殷墟,至今已 80 年,其中最为著名的是妇好墓。

著名的妇好墓位于安阳市小屯村的西北地,这里原是一片高出周围农田的岗地。1976 年发现的妇好墓,是 1928 年以来殷墟宫殿宗庙遗址内最重要的考古发现之一,也是殷墟科学发掘以来发现的唯一保存完整的商代王室成员墓葬。因此,被列为 1976 年全国十大考古成果的前列。该墓南北长 5.6 米,东西宽 4 米,深 7.5 米。墓上建有被甲骨卜辞称为"母辛宗"的享堂。墓室有殉人16人，并出土了1928件精美绝伦的随葬品，其中青铜器468件，玉器755件，骨器564件；并出土海贝6800余枚。随葬品不仅数量巨大，种类丰富，而且造型新颖，工艺精湛，堪称国之瑰宝，充分反映了商代高度发达的手工业制造水平。据该墓的地层关系及大部分青铜器上的"妇好"铭文，考古学者认定墓主人为商王武丁的配偶——妇好。妇好墓是目前唯一能与甲骨文联系并断定年代、墓主人及其身份的商代王室成员墓葬。"妇好"之名见于武丁时期甲骨文。妇好墓属殷墟早期，与武丁时代相合，其重要性在于该墓保存得好，年代与墓主身份清楚，是商王朝晚期的一座王后墓。妇好是商王武丁（公元前1250～1192年）的配偶，大约生活于公元前12世纪前半叶。在武丁重整商王朝的时期，是世界上最早的女军事家。据甲骨卜辞记载，妇好曾多次主持各种类型的祭祀和占卜活动，利用神权为商王朝统治服务。此外，妇好还多次受武丁派遣带兵打仗，北讨土方族，东南攻伐夷国，西南打败巴军，为商王朝拓展疆土立下汗马功劳。武丁对她十分宠爱，授予她独立的封邑，并经常向鬼神祈祷她健康长寿。然而，妇好还是先于武丁辞世。

妇好墓虽然墓室不大，但是保存完好，随葬品极为丰富，其出土的不同质料的随葬品中，最能体现殷墟文化发展水平的是青铜器和玉器。468件青铜器以礼器和武器为主，礼器类别较全，有炊器、食器、酒器、水器等，并多成对或成组。妇好铭文中有铭文的铜礼器190件，其中铸"妇好"铭文的共109件，占有铭文铜器的半数以上，且多大型重器和造型新颖别致的器物。墓内的铜器群不仅是精美的艺术品，而且是商王朝礼制的体现。"妇好"铭文的铜器是一个比较完整的礼器群。"司母辛"铭文的铜礼器当是子辈为妇好所作的祭器。其他不同铭文的铜礼器大多是酒器，大型酒器配10觚、10爵。大概是贵族或方国献给这位赫赫有名的王后的祭器。

墓内出土玉器755件，绝大部分完整。按用途可分为礼器、仪仗、工具、生活用具、装饰品和杂器6大类。有琮、璧、璜等礼器，有作仪仗的戈、钺、矛等，有420多件装饰品。装饰品大部分为佩带玉饰，少部分为镶嵌玉饰，另有少数为观赏品。动物、人物玉器大大超过几何形玉器。玉人，或站，或跪，或坐，姿态多样。一大批动物造型的玉雕作品生动传神，工艺水平极高。有神话传说的龙、凤，有兽头鸟身的怪鸟兽，而大量的是仿生的各种动物形象，以野兽、家畜和禽鸟类为多，如虎、熊、象、猴、鹿、马、牛、羊、兔、鹅、鹦鹉等，也有鱼、蛙和昆虫类。玉雕艺人善于抓住不同动物的生态特点和习性，雕琢的动物形象富有生活气息。

妇好墓玉器的玉材是什么，它来自何方？曾引起学者的广泛讨论，众说纷纭。考古学者将出土的6部分玉器约300件，请有关单位进行初步鉴定。鉴定结果认为，大部分是来自新疆的和田玉，只有少数为岫玉和独山玉。和田玉料中又以青玉为主，有少量白玉、黄玉、墨玉。玉材主要是子玉，但是有的带有玉皮和"石根子"，推测可能为接近地面的玉矿，也就是人们所说的山料。地质学者对妇好墓出土的玉器又进行了详细的矿物学和化学成分研究，得出玉器的玉材来源于新疆和田玉的结论。这一事实表明，和田玉确实通过玉石之路大量进入中原王室，成为主要玉材。

由于有了丰富的玉材来源，商代后期是中国古代玉器继新石器时代晚期的又一鼎盛时期。出土地区主要是殷墟，60多年来已出土了2000余件玉器，但是，代表不了当时用玉的规模，因为据侯家庄、武官村北一带王陵区已发掘的11座大型墓地来看，其规模比妇好墓更为宏大，但是由于屡遭盗窃，大量珍宝遗失，数量难计。可以说，商代玉器的成就不亚于当时的青铜器。

商代用玉风气盛行，正如郭沫若先生所说："商代的玉石工艺具有高度水平，奴隶至贵族，无论男女，都要佩戴玉饰；还用玉雕琢各种礼器，如圭、璋、璧、琮之类，以显示自己的高贵身份。"

四川三星堆玉器之谜

享誉世界的三星堆遗址位于四川省广汉市城西南兴镇，是四川境内迄今发现的范围最大、延续时间最长、文化内涵最为丰富的古文化、古城、古国遗址，遗址分布范围达12平方千米。

三星堆遗址最早在1929年就曾发现大批精美玉器。在1986年发掘的两座大型祭祀坑里，出土了1000多件青铜器、金器、玉器、陶器等美妙绝伦的珍贵文物，引起了世界轰动，被誉为"世界第九大奇迹"。三星堆遗址文化距今4800~2800年，延续时间近2000年，即从新石器时代晚期延续至商末周初，有着鲜明的地域特色。

出土文物中以玉器和石器最多，达400多件，约占出土文物的48%。玉器中以成套的璋、戈、璧、瑗、凿为主，其次为琮、匕、锄、戚、珠等。玉器制作精美，磨面光滑，型制较大者又成组成列，特别是有一些国内少见的玉器，如被称为"边璋之王"的玉边璋，其残长达159厘米，厚1.8厘米，宽22厘米，其加工精美，棱角分明，身上刻有纹饰。这么大件的精美玉器，为考古发现中所仅有。玉器器形多与商殷玉器或良渚玉器相似，反映了古代蜀国文化与中原文化的联系和本地传统文化的风格。

这些玉器的玉材是什么？学者选择了具有代表性的10件玉器残片进行了鉴定测试。测试结果，矿物成分主要是透闪石，多数含量达到99%，仅个别含量为65%~95%，次要矿物有阳起石。化学成分与和田玉和妇好墓玉器玉料相近，特别是氧化亚铁含量低，为0.44%~0.79%。因此，经过与和田玉、妇好墓玉器玉料的比较分析，认为墓中玉器玉材可能为来自新疆的和田玉。同时，有的学者把三星堆玉器器形与长江下游马家滨、崧泽、良渚等文化有关玉器相比较，加之交通沿长江运入比新疆方便，提出玉材来源定位于长江中下游，并认为玉材源有多源性可能。其中一件白如凝脂的玉戚，则可能为和田玉。从上可见，玉器玉材的确定是非常复杂的。但是，如果从以上玉材测试分析看，应当说其中是有和田玉的。

三星堆的发现引起世界的震惊，有不少谜团有待研究。1993年欧洲公布了奥地利考古学者的新发现：在古埃及木乃伊头发中发现了一块年代相当于我国商代时期的丝绸，这块丝绸可能是来自四川古蜀国。这说明，交通问题阻挡不了古代人的交往。历史学家认为中国西部基本上都是羌族及其后代的分布地域，它有一个从北往南发展的历史。从昆仑山进入四川并不遥远，而且有通道，所以和田玉传入四川是可能的。

江西新干大墓：和田玉进入江南地区的见证

被誉为"中国长江中下游青铜王国"的江西新干大洋洲商代大墓，是中国20世纪100

个重大考古发现之一。新干大洋洲商代大墓共发掘出土青铜器485件、陶器356件、玉器765件，是长江以南青铜器集中出土数量最多的一处。大墓出土的青铜器数量、品位、纹饰足可与河南安阳的殷墟、四川广汉三星堆出土的青铜器相媲美。新干大墓的发掘，表明商代晚期在赣江、鄱阳湖流域就已有高度发达的青铜文化。

出土的玉器饰品754件（颗），其中有697件（颗）为绿松石镶嵌饰品和穿孔玉珠、玉管等；真正属于大件或完整器者有25种计75件（串）。这些玉件经地质部门鉴定有透闪石玉、绿松石、水晶等，其中透闪石玉占67%。对透闪石玉做了较为详细的玉石学研究，认为从玉石的质地、品级和色泽等方面进行对比，多数特征更接近于新疆的和田玉，有的玉料还完全可以与和田玉中的羊脂玉、青玉和白玉相当。因此，推测出于新疆和田。

新干大墓为商代晚期，即约相当于公元前13世纪到12世纪左右。在距今3000多年前，新疆和田玉又是如何运到江西呢？学者研究认为有两种可能：一是经玉石之路到达中原，以后转运至江南一带；一是从新疆到陕西后，经陕南汉中地区的汉水上游，顺汉水而下，到达江汉平原，然后再顺大江而入赣江流域。后一

条通路是长江中下游地区与陕西先周文化联系的主要纽带。从新干大墓出土的某些"先周式"青铜兵器表明，在商殷时期，位于赣江流域的吴城方国文明不仅受到中原高度发达的青铜器文明的强烈影响，而且与西北的先周文化有交流和来往。

山东、河北：商代时和田玉的进入

1981～1998年先后7次对山东滕州前掌大墓地进行发掘，这个属于商周的贵族墓地，共有各类玉器300多件，有些是成组或成对出现，种类多，琢玉技艺高超。玉器的玉材多样，但是以透闪石玉为主，有些玉器玉质是和田玉。说明和田玉这时已传入山东地区。

河北也有商代玉器的出现，那是在藁城台西贵族墓地和定州北庄子方国墓地。出土玉器近百件，主要品种有柄形器、璇玑、蝉、戈、鸟形饰、人形饰等。玉器的玉材较为复杂，但是确有和田玉的存在。

我国其他地区商代玉器的玉质有待研究，相信也会有和田玉的踪影。

以上资料说明，商代时新疆和田玉已广泛分布在全国各地，在王廷中已是主要玉材。那么，以后年代又如何呢？

78

八、周穆王欢会西王母故事揭秘

盗墓引起的惊天发现

中国王公贵族古墓往往藏着许多奇珍异宝,自古以来,为盗贼所注意,引起了盗墓之风。然而,在历史上有一次盗墓事件,却写入史册。《晋书·武帝纪》卷三,记载了一件事,其年十月"汲郡人不准盗发魏襄王冢,得竹简古篆小书十万余言,藏于秘府。"《晋书·束皙传》中也说:"太康二年,汲家人不准盗发魏襄王墓,或言安釐王冢,得竹书数十车。"

这说的是西晋太康二年,即是公元281年发生的事件。那年十月,汲郡即现在的河南汲县,有一个盗墓大贼叫不准,去盗战国时期魏襄王的墓。

不准为什么要去盗魏襄王墓呢?他是看中了墓中的珍宝。人们知道,魏国是战国初年的强国。它在今山西南部与河南北部和中部一带,都城在安邑,后迁大梁(今河南开封)。赵惠王时是魏国强盛的顶峰时期,于公元前345年开始称王,为七国君主中最先称王者,但是很快就开始走下坡路。魏襄王继承了魏惠王的王位,在位15年,面临激烈的社会矛盾和频繁战争,他采用了成功的策略,使国力有所恢复,在当时的各国竞争中处于不败地位。赵襄王16年,襄王去世。墓中有什么宝物呢?据汉代刘歆著《西京杂记》记载:"魏襄王冢。皆以文石为椁。高八尺许。广狭容四十人。以手扪椁。滑液如新。中有石床石屏风。宛然周正。不见棺柩明器踪迹。但床上有玉唾壶一枚。铜剑二枚。金玉杂具。皆如新物。"

大盗不准进入魏襄王墓,盗窃了什么珍宝,不得而知。但是,他确实看到一大堆写有蝌斗文的竹简,他不知道这是珍贵之宝,只是把竹简翻乱了。

盗墓事件立即惊动了晋武帝司马炎,他感到这是天下的大事,立即下令收集,并先后选派了饱学人士荀勖、和峤、卫桓、束皙、虞挚等多人进行整理,得书16种,75卷。但是,至今流传下来的仅有《穆天子传》。另外有一本《竹书纪年》,据研究不是旧本,系后人拾掇旧方编成。

穆天子西游的故事

《穆天子传》又名《周王传》、《周穆王传》、《周王游行记》。今流传的荀勖本,全书六卷,约六千多字。前五卷记叙周穆王西游的故事,后一卷又名《盛姬录》,记叙周穆王宠姬盛姬病故和安葬经过。

周穆王是周文王灭商以后西周第五位君王,姓姬名满,即位于公元前976年,去世于公元前922年,在位55年。周穆王是一位很有作为的君王,他在位时,西周的西部地区经常受一些游牧部落的攻掠。为保卫西部边防,周穆王曾两次率军西征,大败西戎各部落,俘虏过五个部落首领,打通了前往西域的道路。或许由于西王母之邦和昆仑美玉的吸引,生性喜好旅游的周穆王,于十三年(公元前964年)闰二月从宗周(今洛阳)出发,开始了浩浩荡荡的西游活动。他率七萃之士,驾八骏之乘,伯天为导,造父为御,长驱万里,绝流沙,征昆仑,与西王母欢会于瑶池。他在万里征途中,克服了千难万险,在阳纡山见了水神河伯,在休与山见过性情平和温良的帝台,在昆仑山游览过黄帝的宫殿,在赤乌族接受了赤乌人奉献的美女,在黑水封赏了殷勤接待他的长臂国人。

周穆王西征念念不忘昆仑美玉,在《穆天子传》中多处记叙,如说:周穆王"甲子,北征,舍于珠泽……乃献白玉。""甲戌,至于赤乌……曰'山是唯天下之良山也,珤玉之所

在。'""癸巳,到群玉之山……天子于是攻其玉石,取玉版三乘,玉器服物,载玉万支。"这些说明,周穆王到了昆仑山地区,对玉就特别注意,不是当地献玉,就是亲临产玉的群山,采得许多玉石。

周穆王西征确有其事吗

《周穆王传》成书以来,引起人们极大兴趣,两千多年一直有许多不同的认识,特别是近代以来,国内外研究者颇多。主要围绕两个方面的问题,一是成书的时间;一是书内容的真伪。关于时间问题,清代有人根据其内容与《山海经》、《竹书纪年》多有相符之处,认为是汉代及其以后所著。这一认识,并没有得到公认,相反,大多数学者认为这是先秦著作。关于书的内容的真伪,有的说是小说之类,有的说是历史之类,众说纷纭。但是,从各方面研究,人们趋向于周穆王西游确有其事。

其一,周穆王巡行天下事,史书早有记载。如《左传·昭公十二年》:"昔穆王欲肆其心,周行天下,将皆必有车辙之迹。祭公谋父作《祈招》之诗,以止王心,王以是获没于祗宫。"屈原在《天问》中说:"穆王巧梅,夫何以周流?环理天下,夫何索求?"司马迁在《史记·赵世家》中肯定了其事,说:"缪王(即穆王)使造父御,西巡狩,见西王母,乐之,忘归。而徐偃王反,缪王日驰千里马,攻徐偃王,大破之。"这些都说明,周穆王非常喜爱旅游,所以周行天下,西巡见到了西王母,乐而忘归,以后因徐偃王反,急速返回大破反军。

其二,《周穆王传》采用的编年体,可与正史相印证。所以,我国以后的许多史书都将《周穆王传》当成史书看待。如《隋书》、《旧唐书》、《新唐书》、《宋史》等都列为"起居类"、

"别史类""传记类",属于史书范畴。尽管清代《四库全书总目提要》将其归为"小说家类",但即使是历史小说如《三国演义》等,也有其一定真实性。

其三,书中所载地理如山川、地名、国名,多与事实相符。

其四,根据考古和历史资料,玉石之路早已开通,为西巡创造了有利的条件。

友 谊 之 路

玉石之路何以能够开通,其动力是什么?或许,我们可从《周穆王传》找到答案。

《周穆王传》中写道:"吉子甲午,天子宾于西王母,乃执白圭玄璧以见西王母,好献锦组百纯,组三百纯,西王母再拜受之。""乙丑,天子觞西王线于瑶池之上,西王母为天子谣曰:'白云在天,山陵自出。道里悠悠,山川间之。将子无死,尚能复来。'天子答之曰:'予归东土,和治诸夏。万民平均,吾顾见汝。比及三年,将复而野。'西王母又为天子吟曰:'徂彼西土,爰居其野。虎豹为群,于鹊与处。嘉命不迁,我惟帝女。彼何世民,又将去子。吹笙鼓簧,中心翱翔。世民之子,唯天之望。'天子遂驱升于奄山,乃记于奄山之石。而树之槐,眉曰西王母之山。"

这是周王朝与西王母母系氏族的一场多么友好生动的聚会,这是中华各民族友谊的见证。

周穆王按照周朝的礼节,向西王母献上了白圭、玄璧和丝绸,西王母还之以礼,拜而受之。穆王与西王母欢宴于瑶池之上,按照当地的风俗,他们唱起了友谊之歌。

西王母唱道,白云高高悬在天上,山陵的面影自然显现出来。你我相去,道路悠远,更阻隔着重重的河山。愿你身体健康,长生不死,将来还有再来的一天。

周穆王出于恭敬和喜悦,也唱歌答道,我回到东方的国土,定把诸夏好好地治理。等到万民都平均了,我又可以再来见你。要不了三年的时光,将回到你的郊野。

西王母又回唱了一首,自从我来到西方,就住在西方的旷野。老虎豹子和我同群,乌鸦喜鹊与我共处。我守着这一方土地而不迁移,因为我是华夏古帝的女儿。可怜我的那些善良的人民呀,他们又将和你分别,不能跟着你去。乐师吹奏起笙簧,心魂在音乐中翱翔。万民的君主呀,只有你是上天的瞩望。

宴罢,穆王登上崞嶬山的山顶,在石碑上简单刻写了他见西王母的事迹。题额上还刻了几个大字,叫做"西王母之山"。石碑的两旁又种了几棵槐树,作为与西王母友谊的纪念。

周穆王与西王母的会见,在敦煌壁画中可以见到。后人便留下了有名的诗篇,最著名的是李商隐的诗:"瑶池阿母绮窗开,黄竹歌声动地哀。八骏日行三万里,穆王何事不重来?"

这种民族之间的友谊,早有记载。周武王在灭商以前,就与西域取得了联系,在牧野举行誓师大会时,他开始就说:"远矣西土之人。"武王灭商后,来自西域的莎车各部落带来昆仑美玉前来祝贺。在更早的原始社会时期,作为母系社会部落的首领,西王母曾在黄帝、舜、禹时献玉。

不论民族、国家、群体或个人,在交往中往往带上一些具有象征意义的礼品,以表示友谊。昆仑美玉是西王母之邦的特产,晶莹美丽,有通天和通神的作用,又是友谊与和平的象征,有巨大的价值和深远的涵义。因此,昆仑美玉就充当古时西域与中原交流的媒介,也是东

81

西方交流的媒介。正是这样,玉石之路传颂了各民族的友谊。如唐代大诗人杜甫曾道:"归随汉史千堆宝,少答王朝万匹罗。"元代维吾尔诗人马祖常也说:"采玉河边青石子,收来东国易桑麻。"

周穆王西巡之路

玉石之路的路线,尽管人们可以从考古资料中得到一些踪迹,如从楼兰玉器到齐家文化,再到仰韶文化和殷墟文化,反映了从昆仑山经青海、甘肃、到达陕西、河南的路线,但是,非常粗略。如果从周穆王西巡路线考察,或许能得到一些收获。

经过中外学者的研究,周穆王西巡路线大致是从今河南洛阳出发,越过太行山,沿滹沱河西北行,经河套折向西,经过甘、青边界,到达昆仑山和西王母之邦——帕米尔高原。再往西,有的说是到达了巴基斯坦的瓦罕,或者是中亚锡尔河附近吉尔吉斯斯坦草原(有说是欧洲大平原)。周穆王西巡历时两年,行程约两万五千里。其东归路线与西巡路线不同。

这一路线,与细石器文化分布大体一致,也与春秋战国时文献中的玉石运输线相一致。如《管子》一书提出了"禺氏之玉","禺氏"即月氏之音译,他们分布在河西走廊一带,昆仑美玉那时要经过他们之手。可见,从昆仑山到内地的首要站是到达甘青交界地区,这与远古时齐家文化所处地区相符。《史记·赵世家》中,记载了公元前283年苏厉给赵惠文王的一封信,说如秦国出兵:"逾勾注,斩常山而守之,代马胡犬不东下,昆山之玉不出,此三宝亦非

一所巳。"这就是说,如果秦国出兵控制了山西到河北的恒山、雁门关一带,则昆山之玉赵王就得不到了。这一路线,是河西走廊经河套地区到山西、河北一带,这与周穆王所经过路线是相同的。

这条周穆王的西巡之路与后来的丝绸之路有不同之处,后者是经过甘肃省到达陕西。为什么发生变化,有待研究,当然,不同时期由于环境和人文因素的变化,路线是可以不同的。

西周和田玉器

从公元前1046年武王建立周王朝开始,到周幽王十一年(公元前771年)是我国历史上的西周时期,这是一个强大的王朝。截止到现在,已发现了2000多座西周墓葬,主要分布在陕西、河南、山西及其周边地区。在大部分墓都发现了的玉器,总计多达上万件,如加上传世玉,西周玉器的总量很大。这些玉器初步鉴定看,多是透闪石玉,其中又多是来源于新疆的和田玉。如陕西周原遗址出土的玉器,鉴定多为和田玉;长安丰镐张家坡墓地出土的42件玉器经鉴定绝大多数为透闪石玉,其中不少是新疆和田玉;河南三门峡虢国墓地的两座国君墓及国君夫人墓、太子墓所出玉器90%以上为透闪石玉,其中大多为和田玉。山西晋侯墓和山东济阳刘台子遗址出土的玉器也有和田玉。这些和田玉玉器的发现,表明西周时期玉石之路已经有了很大发展,特别是经过周穆王西巡更加畅通。

从商代到西周,玉石之路已有很大发展,那么,新疆古代玉文化又如何呢?

九、尼雅遗址的玉文化

中国庞贝城——尼雅遗址

1901年,英籍匈牙利探险家斯坦因,怀着寻找"东方庞贝"的梦想,根据《大唐西域记》的线索,来到了尼雅绿洲的民丰县。他在集市上见到了写有古怪文字的木简,并在当地居民的带领下,进入了保存有这些木简的神秘遗址。当他看到这个消失千年的尼雅古城,似乎看到了古代罗马斯巴达克时期的庞贝城。庞贝城在公元79年,由于火山爆发而湮没,18世纪开始的百年挖掘才重新见到已经被湮没的这座城市的面貌。他以后又对尼雅进行了考察,共发掘废址53处,掘获佉卢文木简721件,汉文木简、木牍数件,以及武器、乐器、毛织物、丝织品、家具、建筑物件、工艺品和稷、粟等粮食作物。考察成果公布后,轰动了世界。

从上个世纪50年代开始,我国考古学者就开始对这个遗址进行考察,特别是80年代末开始中日联合进行了近十年的考古挖掘,取得了丰硕的成果。其中以出土的"五星出东方利中国"织锦和"五侯合婚,千秋万岁,宜子孙"织锦最为罕见珍贵。这些重大发现被评为1995年中国十大考古发现之一。

"尼雅",维吾尔语是"遥远"的意思。尼雅遗址位于尼雅河末端已被黄沙埋没的一片古绿洲上。古遗址以佛塔为中心,呈带状南北延伸25千米,东西布展5~7千米。在这块区域内,散布着规模不等、残存程度不一的众多房屋遗址、场院、墓地、佛塔、佛寺、田地、果园、畜圈、渠系、池塘、陶窑

83

和冶炼遗址等。发现的各类遗址已多达 70 处以上,采集到的遗物达 300 余种,主要有铜镞、玛瑙珠、五铢钱、铜镜、陶罐、毛织品残片,捕鼠器和大量红黑夹砂陶片等,充分表明了尼雅古国的文明。在文物中有西亚的玻璃制品,希腊风格的艺术品,印度的棉织物,黄河流域的锦绢、铜镜、漆器,反映了这是一个华夏、印度、希腊、波斯几大世界古文明的交汇处。

文物中的木简,展现了汉文、佉卢文、粟特文、婆罗迷文等多种文字,其中又以汉文和佉卢文木简数量最多。佉卢文起源于公元前四世纪,是印度西部土著民族的一种语言,在公元二至三世纪流行于西域精绝、楼兰等国,成为精绝国正式官方文字。但是七八百年后这种文字绝迹,世界上再没有使用过。

这个梦幻般残留于瀚海荒漠中的古代文明遗址,经众多学者考证,就是《汉书·西域传》中记载的有"户 480、口 3360、胜兵 500人"的"精绝国"故地。精绝国是古西域 36 国之一,西汉神爵二年后属西域都护管辖,东汉时为鄯善所并。精绝国于公元 3 世纪左右消失,此后,在可记载的历史中留下了 1600 多年的空缺,也留下了诸多历史谜团。精绝国为什么突然消失了? 原因有多种说法,有的说是生态环境恶化,如尼雅河下游干枯;也有的说战乱,由于强大部落"SUPIS"人入侵等。

木简上的玉文化

我国考古学者在尼雅遗址中出土了 55 枚木简,其中 8 枚用汉字纪录了当时用玉的情况。如果说魏襄王墓中发现的《穆天子传》竹简展现了中华各民族交往的友谊,而尼雅遗址发现的木简,则展示了古西域用昆仑美玉相互致问谱写的玉文化。

这 8 枚木简是这样的:

王母谨以琅玕一致问王。

臣承德叩头,谨以玫瑰一,再拜问致大王。

休乌宋耶谨以琅玕一, 致问小大子九健持。

君华谨以琅玕一,致问且末夫人。

大子美夫人叩头,谨以琅玕一,致问夫人春君。

苏且谨以黄琅玕一,致问春君。

谨以琅玕一,致问春君,请勿相忘。

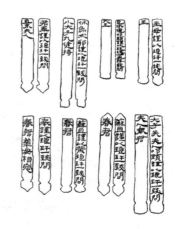

上图是《流沙坠简》中的八枚"木扎"正背两面摹本 (据史树青,《谈新疆民丰尼雅遗址》,1962 年)。

以上木简,除一枚是玫瑰以外,致问之物都是琅玕。所致问之人有王、大王、小大子、且末夫人、夫人春君及春君。学者研究指出,"王"是指国王,"大王"是指太王,"小大子"是指少太子,"且末夫人" 是指且末之女于精绝国者。也就是说,是王母、臣、太子夫人等用琅玕向王、太王、少太子等致以问候,表示尊敬或"请勿相忘"的友谊。

琅玕即昆仑美玉,也就是今天所说和田玉。精绝国处在产玉的昆仑山前,古于阗国、楼兰国、且末国均产玉,这里又是古玉石之路的必经之地,因此,玉非常丰富。从木简分析,那时该地也有用玉的习俗,表明玉文化也已深入到了西域,这点是新疆历史文献和考古发掘中少见的。

关于木简的时代有东汉明帝永平四年以前和以后的两种说法。根据历史和字体分析,专家认为永平四年(公元 61 年)以前可能性较大,因为这时精绝国还没有被楼兰国所并,才有王、大王等提法。同时,字体"隶书精妙",当为汉末人所写。再与长沙发掘的西汉后期刘骄出土的"被绛囡"木扎相比较,字体相近。

关于木简,学者根据"被绛囡"木扎比较,形式相同,用途一样,是系在致送礼物的箱囡之上的标签。

一个未解之谜

尼雅遗址有玉文化的表现,那么,墓中有玉器吗?

1995 年中日联合第七次尼雅考察发掘了古墓。当打开第 3 号棺盖时,人们都被棺中的景象惊呆了。只见一对夫妻合盖一床锦被安详地躺着,锦被上写着"王侯合婚,千秋万岁,宜子孙"的小篆汉字和纹样。男子身穿锦袍、锦裤、丝绸短袄、绸衣、绣鞋,头戴绸面丝绸风帽,身旁有锦袄、强弓箭囊。腰带上配刀鞘,束发锦袋和箭囊中有箭杆和簇。女子身穿锦袍和绣鞋,锦袍上展现有虎、蛇、狮、鹿、豹、马、孔雀等大花图案。并且耳戴有串珠和金叶,以及红色料珠项链。身旁有化妆品、梳、陶罐、首饰和铜镜。打开第 8 号棺木,棺中躺着一位男子,棺木上层有一只色彩艳丽的锦袋,上面写着篆书文字:"五星出于东方利中国。"这是出于《汉书·天文志》:"五星分天之中,积于东方利中国"。这些都反映了西域与中原的交往和文化影响。

这些棺中虽然有首饰,但是并没有和田玉的玉器。既然,当时人们以玉为礼品,为什么没有玉葬品呢? 其实,在新疆目前发掘的古墓中,绝大多数没有发现和田玉玉器,这是一个未解之谜。

85

十、玉门关之谜

玉 门 关

说起玉石之路，人们会想到玉门关。提起玉门关，人们马上会想到唐代大诗人李白和王之涣的那些脍炙人口的有关玉门关的诗句：

"明月出天山，苍茫云海间。长风几万里，吹度玉门关。"（李白）

"黄河远上白云间，一片孤城万仞山。羌笛何须怨杨柳，春风不度玉门关。"（王之涣）

诗句展现了古代辽阔的边塞风光，引发起人们对这座古老而富有神奇传说的关塞的向往。

玉门关，俗称小方盘城，位于敦煌市区西北 90 千米处的一个沙石岗上，是我国古代通往西域的重要关隘。玉门关遗址，呈方形，四周城墙保存完整，其建筑结构为黄胶土夯筑，西北两墙各有一门，因墙土剥落形状像土洞，北门下部现已堵塞。现残存面积 630 多平方米，城墙东西长 24.5 米，南北宽 26.4 米。残城墙高 9.7 米，上宽 3 米，下宽 5 米。城内东南角有一条宽 83 厘米的马道，靠东墙向南转上直达顶部。周围现存营垒、炮台、古塔之类遗迹。登上古堡远眺，它的北面，有北山横亘天际，山前有疏勒河流过。残存的汉长城由北向南，连贯阳关。

这个玉门关，它始建于汉武帝元鼎年间，西汉王朝为抗击匈奴，经营西域，在河西走廊设置了武威、张掖、酒泉、敦煌四郡，同时建立阳关和玉门关。西汉时设玉门关为玉门都尉治所。据《汉书·地理志》记载，敦煌郡"有阳关、玉门关，皆为郡尉治。"以后，随着形势和交通的改变，甘肃境内又出现了两座玉门关,即东汉永平十七年(74年),今安西县双塔堡和五代宋初嘉峪关市石关峡。虽然,人们对于汉代玉门关的故址莫衷一是,但是,人们宁愿把这仅存的古堡视为玉门关的遗迹。明清以后,汉代玉门关与阳关合称"两关遗迹",列敦煌八景之一,目前仍是旅游点之一。千百年来,多少人千里迢迢来到这里瞻拜,登上古堡,遥望大漠,追忆祖先的光辉业绩。

玉门关,这个令人们向往的古址,却给人们留下谜团。

一个问题是小方盘城是否就是汉代玉门关故址,目前还有争论。有的说肯定是这里;有的又说不是,这样一个小地方能否为有名的关隘。不过,多数学者趋向于认同这里就是汉代玉门关故址。

一个问题是玉门或玉门关在甘肃境内不止一处,历史上有变迁,这些变化更是众说纷纭。有的说西汉时玉门关到东汉时就废弃,有的说它以后在发挥作用。后一观点的学者说:伴随着中西交通的发展及其路线的变化,关址有过几次改徙。发现自东汉明帝永平十七年(74年),玉门关从敦煌西北故址东迁后,直到五代宋初,在新关址设立使用的同时,敦煌西北的故址并未废弃,仍在中西交通中发挥着重要作用。

玉门关的由来

1907年,斯坦因在关城北面不远的烽燧遗址中挖掘出很多汉简,从汉简内容判断,此城为玉门关。1944年,我国考古学家夏鼐、阎文儒先生也在此挖掘出多枚汉简,其中有一汉简文字清晰,墨书"酒泉玉门都尉……"等字,证实了此处为玉门关。敦煌莫高窟藏经洞出土的唐代《沙洲府图经》记载玉门关,"周回一百二十

步,高三丈"与小方盘城的周长、高度十分相似。清代道光年间木刻本《敦煌县志》图考小方盘城下注为"汉玉门关"。

为什么取名玉门关呢?斯坦因于1929年12月在美国哈佛大学洛威尔学院对他三次中亚考古作过为期10天的演讲,他提出"玉门之得名始于和阗的美玉"一说。

1979年及此前旧版《辞海》的注解是:"玉门关,汉武帝置,因西域输入玉石取道于此得名。"

对这一命名,有的学者提出不同的认识,认为"玉门"一词系根据《周易》哲学及天文星野学说而决定的,借用西汉以前旧有成词。《周易》有"西北之卦……为玉为金"之言,又有"金性刚坚""玉质温润"之说,"金"之坚刚,用之以抗威诛逆;玉质温润,用以示仁而泽外。"金关""玉门"二名互匹,兼示性质功能之别。

看来玉门关的命名原因,说法不一。但是,不论何种说法都与美玉有关。

一些历史事实已得到人们共识:一是玉门关确实是我国历史上通往西域的一个重要关隘;二是昆仑美玉在汉代以前早已进入中原,玉门关也是美玉运输通道;三是汉代也非常喜爱昆仑美玉,《史记》载:"汉使穷河源,河源出于阗,其山多玉石,采来,天子案古图书,名河所出山曰昆仑云。"这就是说,张骞通西域时,派人到于阗国玉河采玉,用来制作皇帝的玉玺。考古也证明了这点,陕西省咸阳市韩家湾乡狼家沟出土了一件"皇后玉玺",这是汉高祖吕后之玺,就是昆仑美玉制成的。所以说,汉代建立一个通过玉石之乡的关口是有可能的。

汉代玉器与和田玉

西汉统一的多民族封建国家的建立和发

87

展,使中国古代文化步入了一个黄金时代。张骞通西域的成功,进一步开拓了玉石之路,使得昆仑美玉源源不断地进入汉王朝;同时,玉器工艺有新的发展,使得中国玉器进入了历史上第三个高峰时期。

考古发掘的汉墓有上万座,上自王侯,下到刑徒,其中出土了大量的玉器。北从陕西到河北、山东,南到江苏、广东,分布广泛,玉器种类繁多。按功能可分为礼玉、装饰品、葬玉及陈列艺术品四类。特别是葬玉有很大发展,出土的"金缕玉衣"就是证明。汉代的皇帝、贵族生前死后所用玉器中,玉材多是和田玉,尤其是白玉大量出现。如陕西省咸阳市汉元帝渭陵出土的白玉仙人奔马、白玉玉熊、白玉玉鹰、青白玉辟邪,玉质细腻、滋润,是和田玉玉器中的佳品。

88

玉德篇

　　几千年来，爱玉是中华民族的文化特色之一。玉是中华民族道德精神的象征。人们以玉为美，以玉为荣，以玉为贵，玉成为人们生活习俗的一部分，古人说："君子无故玉不去身。""黄金有价玉无价"。爱玉的奥秘是什么？是玉之美，还是蕴藏的神秘精神力量？管子、孔子等先哲比德于玉的玉德说，解开了这个谜。原来玉与道德、文化结下了不解之缘，有着丰富的内容，在历史上演出了许多可歌可泣的故事。

一、管仲的玉"九德"说

管仲其人

我国历史上第一位提出玉德说的是管仲,管仲是什么样的人呢?

管仲(? ~公元前 645)名夷吾,字仲。周王同族姬姓之后,生于颍上(颍水之滨),是我国春秋时期伟大的政治家、军事家、思想家和经济学家。他青年时曾经商、从军,又三次为小官,都被辞。齐襄公时,与挚友鲍叔牙同为齐国公室侍臣。周庄王十二年(前 685),在齐国内乱中,助公子纠同公子小白(齐桓公)争夺君位失败。虽一度为齐桓公所忌恨,但经鲍叔牙力荐,终因有经世之才,被桓公重用为卿,主持国政,辅佐桓公励精图治,推行旨在富国强兵的改革。政治上革新西周以来的"国""野"制度,破除等级依附关系,集政权、军权于国君及大贵族手中。军事上"作内政而寄军令",实行兵民合一,军政合一。经济上革新赋税制度,充实国家财力,保障三军供给,使齐成为物质基础雄厚、军事实力最强之国。以"尊王攘夷"为号召,佐桓公北攻山戎,南征楚国,扶助王室,救邢存卫,主持会盟,使齐桓公成为春秋时第一个霸主。因有殊勋于齐,被桓公尊为仲父。著有《管子》一书,共 86篇,今存 76 篇。他辅佐齐桓公励志改革、富国强兵、九合诸侯、一匡天下的丰功伟业和他的民为邦本、礼法并用、通商惠贾、开放务实的深邃思想,赢得了世人的讴歌和后人的礼赞。孔子称之以"仁",梁启超誉之为"中国之最大的政治家""学术思想界一巨子"。

春秋战国是我国历史上的社会大变革的时代,群雄逐鹿,百家争鸣。在这个大时代中诞生了许多杰出的思想家。在这些思想家中,管仲不仅有一套完整的思想体系，而且身居要职，辅佐齐桓公数十年，把理论用于实践取得了成功。而一些思想家却没有如此的机遇，如孔子只是在56岁的时候才做了宰相，为期仅仅3个月，还来不及实现宏伟的政治理想和施展自己的治国才华；孟子的遭遇也是如此；荀子只是做到兰陵县令，治一县而未治国；老子更是一位抱着出世思想的纯学者；墨子是一位平民思想家，谈不到参与政治的机会；韩非满怀希望辅佐明主，欲成就一番事业，可是还没有发挥作用就被秦始皇所杀。

管子的道德思想

管子能提出玉德，首先在于他的道德思想。

管子道德说的基础是人本思想。他第一个系统阐释了以人为本的思想体系，说："夫霸王之所始也，以人为本。本理则国固，本乱则国危"。又说："心安是国安也，心治是国治也。治也者心也，安也者心也。"指出国家长治久安的根本是以人为本，取得"民"和"民心"，指出："政之所兴，在顺民心；政之所废，在逆民心"。

人本思想是"仁"。"仁"的含义，《说文》说："亲也，从人二，"即是说仁字的原意是人与人之间的亲密关系，这与孔子对仁字的诠释"仁者爱人"非常接近。关于人的发展问题，他指出："一年之计，莫如树谷；十年之计，莫如树木；终身之计，莫如树人。"

管仲认为，一定的道德观念是与人们一定的经济生活水平相应的，这就是他的著名论点："仓廪实而知礼节，衣食足而知荣辱"。"凡治国之道，必先富民，民富则易治也，民贫则难治也。"后来，孟子所主张的"仁政"，可以说就是在管仲这一思想基础上发展起来的。

管仲提出了道德的内容，说："守国之度，在饰四维。"这"四维"，就是他说的"礼""义""廉""耻"。他进一步解释说："礼不逾节，义不自进，廉不蔽恶，耻不从枉。"即是说有礼，人们的行为就不会超越应遵守的规范；有义，就会遵礼而行，不会妄自求进；有廉，就不会掩饰自己的过错；有耻，就不会趋从坏人。在他看来，"不逾节则上位安，不自进则民无巧诈，不蔽恶则行自全，不从枉则邪事不生"。因此，他把整饬礼、义、廉、耻"四维"看做是巩固国家的准则。什么是"礼"呢？他说："上下有义，贵贱有分，长幼有等，贫富有度。凡此八者，礼之经也。"除礼之外，管仲也非常重视"信""德""惠"等传统的伦理道德观念。

管仲与和田玉

管仲对昆仑美玉非常重视，认为它十分珍贵。在他的著作《管子》中多次提到。

如说："玉出于禺氏之旁山。""北用禺氏之玉"。禺氏即古代的月氏之音译，昆仑山美玉是经他们转手运出去的。

禺氏之玉十分珍贵，是当时七种币的一种。用白玉制成的"白璧"，"而辟千金"，可收到"以寡为多，以狭为广"的效果。"珠玉为上币"，不仅反映了玉的贵重，为上层所用，而且反映了玉有深刻的文化内涵。

《管子》一书记载："天子藏珠玉，诸侯藏金石，大夫畜狗马，百姓藏布帛"，反映了当时玉是何等的珍贵。

管仲的玉"九德"说

管仲是我国春秋早期第一个以德比玉，提出玉有"九德"，就是说用玉的性质与德相比的人。他在《管子·水地》一书中，说："夫玉之

所以贵者,九德出焉。夫玉温润以泽,仁也;邻以理者,知也;坚而不蹙,义也;廉而不刿,行也;鲜而不垢,洁也;折而不挠,勇也;瑕适皆见,精也;茂华光泽,并通而不相陵,容也;叩之,其声清搏彻远,纯而不杀,辞也。是以人主贵之,藏以为室,刻以为符瑞,九德出焉。"

这就是说,玉所以贵重,是因为它表现出九种品德。温润而有光泽,代表仁;清澈而有纹理,代表智;坚硬而不弯曲,代表义;清正而不伤人,代表品节;鲜艳而不垢污,代表纯洁;可折而不可屈,代表勇;玉的瑕疵与优良质地都表现在外面,代表诚实;华美与光泽相互渗透而不互相侵犯,代表宽容;敲击起来,其声音清扬远闻,纯而不乱,代表有条理。所以君主总是把玉看得很贵重,收藏它作为宝贝,制造它成为符瑞。

二、孔子的玉"十一德"说

孔子和他的道德思想

孔子（前551～前479），名丘，字仲尼，鲁国陬邑人（今山东曲阜市鄹城）人。中国春秋末期伟大的思想家和教育家，儒家学派的创始人。

孔子的先祖是宋国的贵族，因宋国内乱而逃到鲁国，世为鲁人。他早年丧父，家境衰落，十五岁即"志于学"，乡人赞他"博学"。约在二十岁之后，孔子做过两次小官，一次是做委吏（管粮仓的会计），一次是做乘田（管牛羊）。

孔子"三十而立"，并开始授徒讲学。颜路、子路、伯牛、冉有、子贡、颜渊等，是较早的一批弟子。昭公二十五年鲁国内乱，孔子34岁时离鲁至齐。齐景公向孔子问政，但是齐政权操在大夫陈氏手里，景公虽悦孔子言而不能用。孔子在齐不得志，遂又返鲁，"退而修诗书礼乐，弟子弥众"，从远方来求学的，几乎遍及各诸侯国。其时鲁政权操在季氏手中，孔子不满这种状况，不愿出仕。以后由于政局变化，孔子51岁时在鲁国任中都（今山东汶上县）宰，后升为小司空（主管工程），52岁任大司寇（主管司法）。后来，又以襄礼的资格参加齐鲁两国的"夹谷大会"，取得很大成功。56岁时，孔子"由大司寇行摄相事"，参与治理国政三个月，把国家治理得井井有条。

以后，由于"齐人闻而惧"，认为"孔子为政必霸"，设计离间，加之国内三桓势力极力排斥孔子，孔子知道自己的治国大计无法实施，55岁时怀着沉重的心情，率领众弟子离开了鲁国，开始了周游列国的十四年的生涯。先后去过宋、卫、陈、蔡、齐、楚等国。孔子周游列国历经艰险，宣传了他的政治主张和思想，但因种种原因，政治主张未被采纳。

公元前 484 年，孔子 68 岁，回到鲁国。鲁人尊以"国老"，初鲁哀公与季康子常以政事相询，但终不被重用。孔子晚年致力于整理文献和继续从事教育。鲁哀公十六年（前 479 年）孔子 73 岁时卒，葬于鲁城北泗水之上。

孔子建立的儒家学说在中国长期得到推崇，被称为"圣人"。也引起西方的重视，被列为世界"100 个历史上最有影响的人物"中第五位，美国尊孔子为世界十大思想家之首。

孔子一生的主要言行，经其弟子和再传弟子整理编成《论语》一书，成为后世儒家学派的经典。

孔子的道德学说是其思想的重要组成部分，具有鲜明特色，其道德学说开创了先秦儒家道德文化。"仁"是孔子学说的核心概念，孔子的仁学奠定了儒家学说的理论基础，也是孔子为人所规定的各种道德品质的总称，是人所应具有的理想人格，每个人都应该努力追求达到的人生的一种精神境界。

"仁"是一个内容丰富的道德范畴，孔子为社会中的个人规定了许多需要遵循的道德品质规范。最基本的道德品质有"恭、宽、信、敏、惠"等五个方面，孔子说："能行五者于天下为仁矣。"恭即庄重、谦逊；宽即宽厚、宽容；信即诚实、诚信；敏即勤敏；惠即施恩惠于别人。此外，孔子在道德说中还讲了许多方面，如强调了"敬、忠"；"刚、毅、木、讷"。敬是指一种临事庄重、认真的态度；忠是指忠诚、忠实；刚是刚强；毅是果决、坚毅；木是质朴；讷是不轻易言语。还有好学善思，以及"直""智""义""勇"和"温""良""俭""让"等内容。

玉"十一德"

孔子在西周"比德如玉"的基础上提出了玉"十一德"说。

这见于《礼记·聘义》所记载："子贡问于孔子曰：'敢问君子贵玉而贱珉者，何也？为玉之寡而珉之多与？'孔子曰：'非为珉之多，故贱之，玉之寡，故贵之也。夫昔者，君子比德于玉焉。温润而泽，仁也；缜密以栗，知也；廉而不刿，义也；垂之如坠，礼也；叩之其声清越以长，其终诎然，乐也；瑕不掩瑜，瑜不掩瑕，忠也；孚尹旁达，信也；气如长虹，天也；精神贯于山川，地也；圭璋特达，德也；天下莫不贵者，道也。诗曰言念君子，温其如玉，故君子贵之也'"。

孔子是回答弟子子贡的问题而论说玉德的。首先，他说明了玉贵重的原因，不是玉数量少，而主要是玉的"人化"，玉具有人的道德品质，反映了人们对理想的追求，这是玉德说的根本问题，这也是自古以来"黄金有价玉无价"的原因。其次，孔子说，"比德如玉"的观点以往就提出来了，他又在后面总结说："诗曰言念君子，温其如玉，故君子贵之也"。

春秋时期，诸子对"比德如玉"的玉文化认识并不一致，孔子坚持自己的观点，明确提出了玉与礼的关系，说："礼云礼云，玉帛云乎哉？"所以，孔子提出玉十一德不是偶然的，而是有他的道德思想基础和对德比于玉的深刻认识。

孔子提出玉的"十一"德，包括有仁、知、义、礼、乐、忠、信、天、地、德、道。其中八种是以玉的性质来体现，两种以玉器特点来体现，一种以天下人以玉为贵来体现。在玉的性质中，包括了玉的质地、光泽、硬度、韧度、声音、色彩、产状等，非常全面。玉器以玉佩和圭璋为代

95

表,显示君子和君王贵用玉。孔子以玉作为道德的载体,赋予玉许多美德,将玉进一步道德化,形成了具有中国特色的玉德学说。

孔子的玉"十一德"是:温润有光泽,代表仁爱;坚硬而致密的质地,代表理智;玉有棱角而不伤人,代表正义;佩带悬挂时有下坠的样子,代表谦逊有礼;敲击时它发出的声音清扬悠长,临了又绝然而止,代表清乐;优良部分不遮掩瑕疵,代表忠;色彩外露而不隐瞒,代表诚信;它的光耀如同长虹,代表天;玉产自于大地山川,代表地;圭璋不凭借他物而单独送达君王,代表德;天下人都把玉看得很珍贵,代表道。

孔子的"十一德"比管子"九德"有所发展,更加全面,使儒家学说精神全面得以反映,成为中国人民爱玉的精神支柱。

荀子"七德"说

荀子(约公元前 313 ~ 前 238 年),战国末期的儒学大师。名况,字子卿,又称孙卿。赵国郇(今山西临猗县)人。约在齐闵王末年,荀子曾到过齐,后离齐去楚。到齐襄王时,荀子又至齐,"三为祭酒",表明他在稷下已是一位资历很深的首领人物。楚考烈王八年(前 255),楚相春申君以荀子为兰陵(今山东莒南)令。后又离楚至赵,赵以荀子为上卿。不久又返楚。秦昭王时,荀子赴秦,见到昭王和范雎。楚考烈王二十五年,春申君死,荀子废居兰陵。荀子学识渊博,继承了儒家学说,并有所发展,还能吸收一些别家之长,故在儒家中自成一派。《荀子》经西汉刘向编定,共有三十二篇。

荀子提出了玉有"七德"。在其《法行篇》中记载了子贡与孔子的讨论,说:"夫玉者,君子比德焉。温润而泽,仁也;栗而理,知也;坚刚而不屈,义也;廉而不刿,行也;折而不挠,勇也;瑕适并见,情也;叩之,其声清扬而远闻,其止辍然,辞也。故虽有珉之雕雕,不若玉之章章。《诗》曰:"言念君子,温其如玉。"此之谓也。"荀子是把孔子与管子的玉德加以提炼而成。但是,在道德中用的是管子的,如仁、知、义、行、勇、情、辞,都是来自管子的"九德"。

96

三、许慎的玉"五德"说

许慎和他的《说文解字》

许慎(公元 54～149 年),字叔重,汝南召陵(今河南省郾城)人。是我国著名的经学家、古文字学家。

许慎从小好学,博学多才。公元 75 年,被汝南的郡守选拔为郡功曹,协助郡守办理全郡公务,由于他勤于政事,廉洁奉公和良好的品德又被推举为孝廉之士。公元 83 年,被召入京城,分配到太尉府,任职太尉府南阁祭酒。并以著名的经学大师贾逵为师,从此学业大进。

东汉时期,正是我国古文经与今文经争论激烈的时代,今文指隶书,古文指先秦六国的古文。为了驳斥今文经学家曲解文字篡改经艺的说法,许慎立志要写作《说文解字》。公元 100 年(汉和帝永元 12 年),许慎就完成了《说文解字》的初稿。公元 121 年,许慎耗费了三十余年的心血,终于将《说文解字》一书撰成。它是我国乃至世界上第一部字典,对研究我国古文字学、古代汉语以及古代社会的政治、经济、文化状况具有重要的价值。《说文解字》不愧为我国丰富的文化遗产中的瑰宝。

玉"五德"说

许慎在研究以往玉德说的基础上,结合汉代玉的发展,提出了玉的"五德"说。

他在《说文解字》中释:"玉,石之美。有五德:润泽以温,仁之方也;鳃理自外,可以知中,义之方也;其声舒扬,专以远闻,智之方也;不挠而折,勇之方也;锐廉而不忮,洁之方也。"

他是我国第一个对玉下了定义的人,明确了"玉,石之美",玉是石中最美的,把玉和石分开。玉的美有物质性和精神性两个方面。从物质性讲,他提出了五个方面,一是质地细腻滋润,具有脂肪一样的光泽;二是玉质地里外如一,从外面可知里面;三是打击玉时可发出悦耳的声音,舒畅而清扬,远远可以听到;四是玉质地坚硬,韧性很好,并有一定脆性;五是玉的断口有棱角,但不是很锋利。这包括了玉的质地、光泽、声音、硬度、韧性等诸方面。

在精神即玉德方面,提出了仁、义、智、勇、洁五个方面,与孔子玉德相比有较大调整。一是只保留了"仁";二是在"义"方面有不同的比拟,他是以鳃理自外,可以知中来比拟的,而孔子用这一性质比拟"忠","义"是用"廉而不刿"来比拟的;三是增加了"勇"和"洁",这取自于管子和荀子。

刘向的玉"六美"

许慎提出"玉,石之美",或许受到了刘向玉"六美"说的影响。

刘向(约前77~前6)又名刘更生,字子政。西汉经学家、目录学家、文学家。沛(今属江苏沛县)人。宣帝时,为谏议大夫。元帝时,任宗正。因反对宦官弘恭、石显曾被两次下狱,免为庶人。成帝即位后,得进用,任光禄大夫,改名为"向",官至中垒校尉。曾校阅皇家藏书,撰成《别录》,为我国最早的目录学著作。所作《九叹》等辞赋三十三篇,绝大部分已亡佚。今存《新序》、《说苑》、《列女传》等书。又有《五经通义》,亦佚,清马国翰《玉函山房辑佚书》辑存一卷。

刘向在《说苑·杂言》中说:"玉有六美,君子贵之:望之温润,近之栗理,声近徐而闻远,折而不挠,阙而不荏,廉而不列,有瑕必示之于外,是以贵之。望之温润者,君子比德焉;近于栗理者,君子比智焉;声近徐而闻远者,君子比义焉;折而不挠,阙而不荏者,君子比勇焉;廉而不列者,君子比仁焉;有瑕必见于外者,君子比情焉。"

这玉"六美"说是在荀子"七德"说基础上提出的,他只是将荀子"辞"德的内容移入"义"德,又将原来的"义"德内容并入"勇"德,以省去了"辞"德。

《说文解字》中的玉

许慎的《说文解字》全书收集了10516字(包括重字1163个),其中"玉"部字共140个,除上述玉五德外,对玉的产地、类别、色泽、声音、纹饰、制作、作用等方面,都进行了较为详细的描述,反映了古人对玉已经有了较为全面的认识。

玉的产地,有珣、璠、玙、琨、璊等字,反映玉的不同产地。

玉的类别,表示玉名有17个,美玉有13个(如琳、璿、瑜、瑾、璠、琨、瑶等),似玉21个(如珬、玕、琅等),次玉7个(如瑼、玖、珣等),非玉12个,反映出古人对玉的种类有较详细划分,分出了美玉、似玉、次玉等,并提出了不属于玉的非玉类。

玉的色泽,表示颜色有6字,如璊、莹等。表示光泽有7字。

玉有声音,收录了7字,如玎、玎、玲、玱、瑝、琐等。

玉器的纹饰,有9字,如璪、珇、琰、瑮等。

玉器制作,有琱、琢、理等。

玉器用途,有璧、琮、璋、环、瑗、瑚、琥、璜 等。

玉器饰品,有25字,如環、瑶、瓒、瑱、珩、珺、玦等。

玉的灵性,把灵归为玉部,说灵巫是巫以玉事,表明古时玉是巫用以通神的媒介。

99

四、黄金有价玉无价

玉无价探密

中国自古以来有"黄金有价玉无价"之说。黄金那么贵重为什么有价而玉无价呢？这是一个值得探索的问题。

2000多年前，孔子的弟子就提出了以玉寡而贵的疑问。"物稀而贵"确实是一个普遍现象。黄金在地壳中是十分稀少的，当它富集成矿藏时，储量达到 20 吨就是大型矿床，储量 100 吨就是超大型矿床；而金矿开采品位是很低的，一般每吨矿石中含 3 克金时就有开采价值，有的甚至每吨矿石中含 1 克金，也有开采价值。如此看来，黄金比玉还稀少。为什么黄金如此稀少却是有价，而玉却是无价呢？这个问题，孔子在 2000 多年前就作了答复，就是"比德于玉"。玉不仅是物质的，而且具有精神、意识方面的价值。这正如郭宝钧所说：古时，"抽译玉之属性，赋以哲学思想而道德化；排列玉之形制，赋以阴阳思想而宗教化；比较玉之尺度，赋以爵位等级而政治化。"正是在玉中注入了道德、政治、宗教等因素，从而为我国爱玉、崇玉、敬玉提供了精神支柱，爱玉也成为中华民族文化特色之一。精神是无价的，因而，作为精神的象征物——玉也是无价的。

道德因素又源于玉德说。

管子、孔子、许慎玉德说之比较

玉德说从春秋到东汉，虽有多种说法，但是以管子、孔子、许慎三人最有代表性，兹比较如下表。

玉 的 特 征		玉 德		
玉的主要特征	玉的具体特征	管子	孔子	许慎
质感	温润以泽	仁	仁	仁
	缜密以栗		知	
	邻以理者	知		
坚韧性和硬度	坚而不蹙	义		
	谦而不刿	行	义	
	折而不挠	勇		勇
	锐谦而不忮			洁
玉质	瑕适皆见	精		
	瑕不掩瑜，瑜不掩瑕		忠	义
	鳃理自外，可以知中			
	茂华光泽，并通而不相陵	容		
	鲜而不垢	洁		
	气如长虹		天	
	孚尹旁达		信	
产状	精神贯于山川		地	
玉声	叩之，其声清搏彻远，纯而不杀	辞		
	叩之，其声清越以长，其终诎然		乐	
	叩之，其声舒扬，专以远闻			智
玉器	垂之如坠		礼	
	圭璋特达		德	
	天下莫不贵者		道	

101

从以上对比可以看到，一是以道德论，共提出了十五德，其中，三者共同的有"仁""义""智"（知）"勇"四德，两者共同的有"洁"德，三者都不相同者有"辞""精""行""忠""德""道""乐""信""天""地"等十德。二是以玉性论，三者共同的有"温润以泽"代表仁；两者共同的有"折而不挠"代表勇。其他不尽相同，如同为玉声，有"辞""乐""智"等三种比拟；瑕不掩瑜，瑜不掩瑕有"忠""义"两种比拟；廉而不刿，有"行""义"两种比拟。三是同为一德，玉性的比拟不同，如同为"义"德，玉性比拟有"坚而不蹙""廉而不刿""瑕不掩瑜，瑜不掩瑕"等。

玉德首德：仁

在所有玉道德论中都是以"温润以泽"比拟"仁"德，而且是放在第一位。为什么呢？

从管子和孔子的思想体系讲，仁是核心。管子的人本思想，强调了以人为本，"心安是国安也，心治是国治。""政之所兴，在顺民心；政之所废，在逆民心"。仁字的原意是人与人之间的亲密关系，所以，管子的人本思想中心也是仁。孔子创立的儒家学说，其基础就是仁学。那么究竟什么是仁呢？孔子的学生樊迟曾经问过他的老师。老师只回答了两个字："爱人。"真正爱他人就是仁。孔子说："仁者人也，亲亲为上。""汎爱众而亲仁。"仁学是儒家为人们所规定的各种道德品质的总称。孟子曾说："为天下得人者谓之仁。""以德行仁者王。"这些都反映了仁是古代善政的标准，就是说要实行仁政。

从玉性讲，"温润以泽"是玉的基本标准，或者说是玉之美的基本要求。"温润以泽"内容包括有：柔和如脂的光泽，细腻滋润的质地，微透明的质感，这是玉外部的综合特征，也是人们说的质感。这种质感，玉器界称为"质地"，即指"玉"所独有的特性。我国古人常常用"凝脂""羊脂""割肪"和"蒸栗"这些具体的物质形象来说明"玉"的这种质感。

玉的温润特点，成为我国古人的人格追求。《诗》中说："念其君子，温其如玉。""终温且惠，淑慎其身。"就是说玉之德犹如人的温柔敦厚的品德。这一温润特点又发展为美学的追求。如文学作品中有"文温以丽"之说，绘画中有"用笔华润"之说等。

玉德："忠""义""信""智"（知）"勇"

在玉德说中多以玉的质地细腻致密、硬度大、韧性强、质地表里一致等，来代表道德中的"忠""义""信""智""勇"等，这是我国道德的重要方面。

忠，就是忠心耿耿、忠实、忠诚、忠厚，这是人的重要品德。岳飞的"精忠报国"，反映了对国家的忠诚。鲁迅的"俯首甘为孺子牛"，反映了对人民的忠诚。今天，忠于祖国、忠于人民，也是人生的追求。

义，就是正义、道义、情谊、义务、公益。孔子说："义者宜也"，又说："君子喻于义，小人喻于利。""义"就是"宜"，也就是说，君子走的始终是一条适宜的正路；而小人则一心看重私利，在一己私利驱使下很容易走上邪路。孔子又说："君子之于天下也，无也，无莫也，义之与比。"什么叫做"义之于比"？就是用"义"为比照，作为法则。这就是说，君子对于天下事，不刻意强求，不无故反对，没有薄没有厚，没有远没有近，没有亲没有疏，一切按道义行事。道义，就是行事的原则和标准。我国有："杀身成仁，舍生取义""义不容辞""义正辞严""义无反顾"等词语，就是对正义事业的追求。今天，尽义务是人的美德，为公益事业进行义演、义务劳动。义又是情谊，知恩必报。相反，忘恩负义则为人们所不齿。

信，就是诚信、信用、信誉、信任、信仰。孔子说；"与朋友交而不信乎？"就是说，与人交往要有信誉，要守信。今天，信誉是人生之本，是经营之本，有信则立，无信则败。

智，也是知，就是知识、知觉、知道。孔子说："知之为知之。不知为不知，是知也。"孔子的学生樊迟曾问，什么叫"知（智）"？孔子回答了两个字："知人。"就是说了解他人就是有智慧。

勇，就是勇敢、勇气、勇猛。孔子说："勇者不惧。"就是说果敢，勇往直前。对于勇敢，孔子是有前提的。子路曾问孔子："君子尚勇乎"？君子应不应该崇尚勇敢呢？孔子回答说："君子义

以为上。君子有勇而无义为乱,小人有勇而无义为盗。"这就是说,君子崇尚勇敢并没有错,但这种勇敢是有约制的,有前提的,这个前提就是"义"。有了义字当先的勇敢,才是真正的勇敢。否则,一个君子会以勇犯乱,一个小人会因为勇敢而沦为盗贼。

在道德中,孔子特别注重仁、知、勇。有人曾经问子路,你的老师孔子是个什么样的人?子路没有回答。孔子后来对子路说,你为什么不这样回答呢:"其为人也,发愤忘食,乐以忘忧,不知老之将至云尔。"就是说,当我发愤用功的时候,我可以忘了吃饭;当我快乐欢喜的时候,我会忘了忧愁。在这样一个行所当行,乐所当乐的过程中,不知道我的生命已经垂垂老矣。

如何做到这些呢?孔子说了三条:一是"仁者不忧",就是说,一个人有了一种仁义的大胸怀,他的内心无比仁厚、宽和,所以可以忽略很多细节不计较,可以不纠缠于小的得失。只有这样的人,才能真正做到内心安静、坦然。二是"知(智)者不惑",就是说,在繁杂的世界中,当我们很明白如何取舍,那么那些烦恼也就没有了。三是"勇者不惧",就是说,当你的内心足够勇敢,足够开阔,你就有了一种勇往直前的力量,自然就不再害怕了。所以,有了内心的仁、知、勇,就少了忧、惑、惧,从而达到"其为人也,发愤忘食,乐以忘忧,不知老之将至云尔。"所以,这三德是玉德中重要的方面,许慎的"五德"说中强调此三德。

103

五、玉德之玉揭秘

玉德之玉三种观点剖析

玉德之玉是什么,现代科学的发展有可能做出分析。近百年来,我国地质界和文物考古界有三种认识。

一是和田玉和翡翠说。最早见于20世纪初我国地质界的创始人章鸿钊的《石雅》中,他说:"上古之玉,繁颐难详,求之于今,其足当管子九德说文五德之称而无愧者,盖有二焉。一即通称之玉,东方谓之软玉,泰西谓之拉夫拉德(Nephrite);一即翡翠,东方谓之硬玉,泰西谓之桀特以德(Jadeite)。通称之玉,今属角闪石类,缜密而温润,有白者质与透闪石为近,绿者与阳起石为近,新锡兰谓之绿玉者是也。今尚产和阗以北葱岭一带最为有名。"显然,章鸿钊之说与德穆尔(即章氏所称之泰西)1863年提出的玉说有关,他将中国和田玉与翡翠制成的玉器的玉质进行了矿物学研究,提出玉分为两类,即Nephrite和Jadeite,前者是和田玉,后者是翡翠。以后,传入东方,日本学者将其译为"软玉"和"硬玉"。

一是多玉说,包括有软玉、蛇纹石玉、独山玉。如有的学者提出:"结合近年来对于殷墟五号墓出土玉器的工艺质料鉴定结果,可以认为我国自古迄今所通称的玉,基本上包括软玉、鲍文玉和糟化石在内。它们的物理特征,都是基本上符合'五德'的。"这里指的软玉即和田玉,鲍文玉即蛇纹石玉(岫玉),糟化石即独山玉。和田玉、蛇纹石玉、独山玉是我国重要的玉石品种,因此,这一观点把玉石通称为古人的玉德之玉。

一是和田玉说。学者研究认为具有五德特点之玉是和田玉。

要研究三种认识,须从我国玉文化发展历史和古人玉德说入手。

玉德玉的特点

玉德之玉的特点,我们可以从管子、孔子、许慎提出的玉德之玉入手。

一是玉的质地特点。质地是玉的综合性质,是一种最具有个性的外部特征。玉德中"温润以泽",或"温润而泽","润泽以温",就是指肉眼所能看到的一种"玉"的外部个性特征的综合感觉或者称为质感。其内容包括有:柔和的光泽;细腻滋润的质地;微透明;柔和的色彩。我国古人则常常用"凝脂""羊脂""割肪"和"蒸栗"这些具体的物质形象来说明"玉"的这种质感。

二是玉的坚韧度。"坚韧"就是抵抗外力击打的能力,这是"玉"的又一显著个性特征。我国古人在长期使用实践中,认识到了"玉"这种极其坚韧的特性,坚韧程度的具体描述是:"锐廉而不忮""折而不挠"和"不挠而折"。就是说,玉在外力打击下"不易碎"。

三是玉的硬度。硬度是辨玉的基本方法。古人谓之"坚而不蹙",就是硬度的表现。古人认为:玉是"利刀刮不动"(《新增格古要论》),"辨玉者以金铁不入者为真"(《清秘藏》),"坚美者玉,不坚美者石"(《玉说》),"坚硬不可刀削"(《玉纪》)。这就是说,玉的硬度是刀刻不动(刀的摩氏硬度为5.5)。这是"玉"和"石"重要的区别之一。

四是玉性。工艺界有的把玉性称为玉缺陷的表现。古人称玉的特点是:"瑕不掩瑜,瑜不掩瑕","鳃理自外,可以知中","瑕适皆见"。一般说来,美玉应是完美无瑕,但是玉是大自然的杰作,难免有某些缺陷,如杂质、裂隙等。

有的玉虽然外有皮,如糖玉、玉皮等,其内部玉质可以了解。

五是玉的声音。"玉声"是玉德之一,也是"玉"最具有个性的一种特征。章鸿钊先生认为:"古人妙辨玉声,自昔即以玉为乐品,其说至精,此尤他国所无,虽科学家亦未尝涉此。""玉声"是指敲击"玉"器物所发出的声音,就如孔子和管子所说的"扣之"。"玉声"是我国最古老的区别"玉"与"石"的方法之一。在我国目前的珠宝鉴定中,仍然是最简便实用的一种鉴定方法。在相同的条件下,同样力度的轻轻敲击,不同玉(石)所发出的声音是不同的。

玉德说之玉

根据以上特点,管子、孔子、许慎提出的玉德之玉应该是昆仑产出的美玉,即今之和田玉。

一是从玉文化发展史分析,我国早就使用透闪石玉、蛇纹石玉、独山玉等玉石,其中透闪石使用较早,特别是在红山文化、良渚文化中达到了高潮。但是随着时光流逝,东北出产的透闪石玉逐渐为西北出产的和田玉取代,到了商殷时代,和田玉已成为我国宫廷的主要玉材。春秋战国到东汉时期,管子、孔子、许慎等"以德比玉"之玉应该是当时在宫廷和社会上流行的和田玉。从商殷妇好墓出土玉器分析看,虽然有蛇纹石玉、独山玉,但是主要是和田玉。至于翡翠虽在汉代时命名,但流行于我国宫廷是清代中期,而从春秋战国到东汉时期并没有到达宫廷。所以,玉德说之玉不可能是指翡翠。

二是从玉的特点分析,蛇纹石玉硬度较小,摩氏硬度一般在5以下,用刀可以划动,而且打击时易碎,这些特点与玉德说之玉特点不同。独山玉硬度较大,但是质地不均匀,颜色混杂,也没有和田玉那样的"温润以泽"。因此,这两种玉没有玉德说之玉的全面特征。

三是从和田玉分析,其质地细腻滋润,有柔和的油脂光泽,质地较纯,杂质不多,硬度为6.5～7,刀刻不动,韧性极大,是玉石中最大的,打击时发出特殊的声音,完全符合上述玉德说之玉的要求。

关于玉石的定义在国际上不尽统一,总体讲是一个较大范围,包括了翠类(翡翠)、玉类(透闪石玉、蛇纹石玉等)、晶石类(水晶、萤石等)、彩石类(绿松石、青金石、孔雀石、玉髓、大理石等)。但是,玉的分类,按照德穆尔意见,只包括透闪石玉和辉石玉。因此,玉和玉石的涵义是有区别的。考古界常用"狭义的"和"广义的"两种标准来区分,前者指德穆尔指出的两种玉,后者包括所有玉石在内。

六、"玉"字拾趣

甲骨文中的"玉"字

汉字是世界上最古老的文字之一，其"因形示义"，属于表意文字系统。汉字又是世界上最具特殊性的一种文字，由于它的表意性，它与文化有着不可分割的联系，每一个字都代表了一定历史阶段的社会发展状况，反映了特定的社会生活的某一侧面。我国最古老的文字是殷墟甲骨文。"玉"字的写法基本上是三横一竖，似今"丰"字，还有更为复杂的别体字，字形似今"羊"字。玉字在卜辞中多处出现，表示以玉为祭品或祭法。东汉许慎在《说文解字》中，将玉形似"王"解释为："象三玉之连，丨其贯也。"为什么古人以三横一竖来代表玉，从文字的形体结构来说，是一具独立的象形字。上千年来多数学者解译为象串玉之形。

在甲骨文中还有玉衍生出来的字，如"礼""巫""珏"等字，都是指玉器具体形态。如"礼"字是会意字，表现古人在鼓乐声中以玉来祭享天地鬼神之状。《说文》中说"珏，二玉相合为珏"，就是说是两串玉并列之形。"巫"像两玉交叉之形，"以玉事神，从玉。"这些都说明古代以玉作为祭器，卜辞玉字作为象形文字，其造型是以客观存在的玉质器物形体作为根据，反映了古代用玉事神祭祀之盛。

"玉"字词知多少

汉语词汇里的同根词，恐怕没有哪一个能够与玉相比。仅《汉语大词典》里以玉为词根的词、词组就多达 1268 个，这是一个庞大的以玉为词根的词汇类聚。虽然以某一个实词为词根派生出一系列词的现象在汉语中并不少见，但几乎没有其他任何词语类聚有以"玉"为词根的同根词那么发达。有的学者对包含玉的一千多个词、词组进行了研究，认为玉的人文意义大体上有以下五个方面：

一是事物质地如玉或与玉有关。比如玉斗（用玉制造的酒斗）、玉印（玉制的印）、玉珠（圆形的玉石）、玉勺（玉制的勺子）、玉工（雕琢玉石的人）、玉车（用玉装饰的帝王之车）、玉角（玉饰的号角）、玉觖（佩玉的一种）、玉几（玉饰的矮桌）、玉枕（玉制或玉的枕头）、玉匣（玉饰的匣子）等。从词命名的角度看，是以事物的质地命名的。

二是用玉为词根，赋予事物以美好名称。该类词占了含玉词的很大一部分。这些词是人们通过联想来命名的。比如玉柱（石柱的美称）、玉面（容貌的美称）、玉庭（庭院的美称）、玉食（食物的美称）、玉笙（笙的美称）、玉唾（对唾液的美称）等。因为玉为美的代表，所以人们非常爱玉，形成了对玉的美化心理。这是按照美的事物能够引起人们情感愉悦的规律，以美好的方式对事物加以命名。由于中华民族在历史发展进程中对玉的追求绵延了一代又一代，因此，这方面词语更多。

三是因讳饰而以玉命名。这类词占整个含玉的词语的比例较小，大概有数十个。比如"玉衣"，用以指帝王、后妃、王侯的玉制的葬服。"玉女登梯"，却是唐代所设的酷刑。"玉骨"，是死者的骸骨。"玉锁"，用以比喻羁身之物，像人戴的木枷。这种用玉于讳饰语词的方法，应归结于中国传统文化里边特有的避讳现象。

四是以玉赋以想往神仙境界的美好。如玉銮（仙佛或天子所驾的车）、玉峦（神仙居住的

山）、玉窦（神仙的洞府）、玉树（神话中的仙树）、玉液（道家的仙液）、玉童（即仙童）等，无不显示了神仙天堂的纯洁美好与富丽堂皇。

五是对女性的容貌、身材、肢体等赋予玉的含义，以示赞美、欣赏和钦羡。在整个以玉为词根的词汇中，用玉来描写女性的词语较多，约占总数的十分之一。如玉甲（指女性指甲的美丽）、玉尖（女性纤白的手指）、玉颜、玉容（美丽的容貌）、玉齿（形容女性牙齿的美丽）、香销玉殒（女子的死）、玉臂（形容女子白嫩的手臂）、玉体（美女的身体）等。此外，也有用很少词语以玉描绘男性体型外貌美好的，如玉郎、玉季、玉裕等。

其实，在中华民族文化史中，由于对玉有爱好，在文字和词语中"玉化"现象非常普遍。有的复合词是一实多名，如雪，被"玉化"为：玉雪、玉花、玉沙、玉英、玉翼、玉屑、玉絮、玉蕊等；有的是一名多实，如"玉龙"用以指剑、笛、雪、泉水、瀑布、桥等；"玉镜"可指明静的水面、明月、纯正清明的精神风格等。有的可玉化为成语，如玉润珠圆，玉洁冰清，玉液琼浆等。

人们围绕"玉"来进行语言艺术的创造活动，采用各种常见的修辞方式。一是比喻：应用最多，如"玉笋"是指玉一般的笋，再派生出喻女子的手指，或秀丽的耸立着的山峰，或济济辈出的人才。"玉虹"是指玉一般的虹，再派生出喻水流、瀑布、石拱桥、带状的光、宝剑。这些都是以一个喻体来喻多个本体，与此相反，又有多个喻体喻同一事物。二是借代：这类也较多，如玉笛，由笛子借代笛声；玉尊、玉觞，用以借代酒；玉兔、玉蟾、玉蟾蜍，用以借代月亮。三是拟人：如玉妃，是将雪拟人化。玉友，是将酒拟人化。四是对偶："玉"常与"金""琼""珠""冰""兰""花""香"等相照应而构成对偶句。五

是对比："玉"常与"瓦""石"相对比而构成对比语句。其他还有映衬、反复等修辞方式。

玉化已普及到天地山川，花草动物，人物品德，可谓无所不到。如喻人有：玉人、玉郎、玉女、玉童、玉姝、玉婴、玉体、玉肌、玉肤、玉色、玉姿、玉容、玉面、玉颜、玉娇、玉发、玉臂、玉额、玉度、玉嫔、玉手、玉掌、玉腕、玉步、玉心、玉纤、玉骨、玉尖、玉足、玉笋、玉音、玉声、玉筋等。喻人的文章有；玉文、玉札、玉碣、玉字、玉章、玉韵等。喻房屋有：玉楼、玉府、玉房、玉邸、玉观、玉堂、玉坛、玉阶、玉窗、玉棁等。喻人的食物有：玉食、玉膳、玉馔、玉液、玉浆、玉酒、玉酿、玉醅等。喻器物有：玉舟、玉轴、玉杖、玉屏、玉座、玉席、玉灯、玉笔等。喻山有：玉嶂、玉峰、玉垫、玉岩等。喻水有：玉河、玉波、玉镜、玉海、玉泉、玉溪、玉池、玉渊、玉流、玉露、玉水等。喻动物有；玉马、玉鸟、玉羽、玉蝶等。喻植物有：玉花、玉树、玉竹、玉林、玉叶、玉芽、玉蕾、玉纤、玉线等。

围绕玉文化进行创造性的修辞活动的结果，使文学语言更美观、更庄重、更雅致、更形象了。如玉关（门闩），玉牖（窗户），玉瓶（瓷瓶），玉席（席子），玉梳（梳子），玉梭（梭子），玉砧（捣衣石），玉屑（米粉）等，这些寻常事物被"玉化"就变了模样。再如流泪，被"玉化"为"盈盈玉泪应偷滴"，"长垂双玉啼"，"抛珠滚玉只偷潜"，却显示另一种美。有的语言被"玉化"成为礼貌语言，如"玉音""玉照""玉成"之类，至今仍然有生命力。由于大量词语的"玉化"，也使语言更丰富了，如表达"月亮"就有20多个词语，如玉团、玉宫、玉轮、玉盘、玉环、玉镜、玉鉴、玉爹、玉窟、玉壶、玉弓、玉玲、玉廉钩、玉娇、玉魄、玉兔、玉蜍、玉蟾蜍、玉蟾宫、珍魄、珠轮、佩环、琼蟾等。

人的玉名知多少

人取名字往往是从美丽、吉祥、道德等多方面出发，这样就与玉有关。我国人民群众中与玉有关的名字有多少，没有人统计。但是，据《中国名人大辞典》，其中人玉部名人达1700个。

人名中如玉芹、玉珍、玉敏、玉华、玉栋、玉成、小玉、香玉、光玉、承玉、紫玉等，举不胜举。战国伟大诗人屈原的弟子有宋玉，中国古代四大美人之一有杨玉环，古代中国英雄有梁红玉，神话故事有吹箫引凤中秦穆公的女儿弄玉，当代画家有黄永玉和潘玉良、国画大师齐白石（石实际上就是白玉，他又叫齐璜，王字旁一个黄字，璜就是古代玉佩的一种，叫玉璜。）

我国古典文学中用玉命名的很多，如《红楼梦》据有的学者统计，全书用"玉"字近5700个，其中人名用"玉"字达5360处，贾宝玉出现最多，为3652处，黛玉出现1323处，妙玉出现140处。人名用玉的有12个，为宝玉、甄宝玉、黛玉、妙玉、红玉、茗玉、玉钏、玉官、玉爱、蒋玉函、宋玉、小玉。用玉部很多，如贾府玉字辈有珍、琏、珠、环、瑞等。

玉 的 成 语

爱玉是中华民族文化特色之一，玉有着丰富的精神内容，它象征高贵、纯洁、友谊、吉祥、平和、美丽。人们以玉为美，以玉为荣，以玉为贵，玉成为生活的一部分。因此，在中国语言文字中有较多的成语与玉有关，显示玉是权势、财富、道德、美丽、和平的象征，具有重要文化蕴涵。

玉是权势的象征：如古代皇帝讲的话称为"金口玉言"，表示每句话不能改变；皇廷制定

109

的法律是"金科玉律",神圣不可侵犯;皇宫殿宇是"堆金砌玉",代表皇室的财富极多;"玉振金声",代表古代神乐;"金枝玉叶",代表皇族的后代或出身高贵的公子小姐。

玉是财富的象征:如"完璧归赵"所示美玉价值连城;"金玉满堂"表示财富很多,黄金和美玉摆满全屋,以后又用以说明人很有才能,学识丰富;"锦衣玉食",表示有华丽的衣服和精美的食品,形容奢侈豪华的生活。

玉是美丽的象征:如"亭亭玉立",表示身长而美丽;"美如冠玉",比喻男性美貌;"冰肌玉骨",形容纯洁美丽的女子;"粉妆玉琢",形容小孩的白净可爱。

玉是道德的象征:如"冰清玉洁",表示操行清白,品格高尚,清明公正;"璞玉浑金",表示人品质朴纯洁;"宁为玉碎,不为瓦全",表示宁愿为正义牺牲,不愿苟全性命;"一片冰心在玉壶",表示淡泊名利不热衷功名的品格;"金玉良言",表示非常宝贵的劝告。

玉是人才的象征:如"金友玉昆",表示一门兄弟才德俱美;"珠联璧合",表示人才济济;"怀瑾握玉",表示具有纯洁优美的品德;"昆山片玉",表示谦虚或众美中杰出者;"玉不琢不成器",表示一个人要想成才、对社会有益,也要像制玉器那样经过磨砺,要长期地刻苦学习、提高文化素养、掌握专业技能,才能成为建设社会的栋梁之材;"抛砖引玉",表示引出别人高见或佳作;"不吝金玉",表示欢迎批评指正。

玉象征和平:如"化干戈为玉帛,"表示和平友好,以防止"玉石俱焚"。

"宝"字与玉

人们以宝为珍,古代"宝"字又从何而来呢?

在甲骨文中,"宝"字有几种写法,基本结构一般可以分为上中下三部分或上下两部分,上边为宝盖,中间是"贝"字或"玉"字,下边是"玉"字或"贝"字,还有把"贝"字简化与"玉"字连为一体。

商代青铜器的铭文中也出现有"宝"字,其结构是上边宝盖把下边的字符完全抱住,里面字符分为左右结构,在连上下是"玉""贝",右边是"缶"字。西周的青铜器的铭文中"宝"字更为常见,结构与商代基本相同,只是出现了左右位置互相掉换和减笔的情况。

东汉许慎的《说文解字》中,对"宝"字的含义是;"珍也。从宀从王从贝,缶声,古人宝省贝。"从"宝"字的造字结构分析,它是会意加形声。"珍"的含义是:"宝了,从玉。"

在繁体字中宝字由"宀""王""尔"(或"缶")"贝"组成。现代简化宝字由"宀""玉"组成。

以上"宝"字结构分析表明,其与玉和贝有关。其实,古代多以玉为宝,如《国语·鲁语上》:"以其宝来奔。"韦昭注:"宝,玉也"。在春秋战国时代和秦代,曾把"昆山之玉"列为国之三宝。

110

七、玉与诗

《诗经》中的玉文化

英国李约瑟教授在《中国科学技术史》中指出:"对玉的爱好可以说是中国文化特色之一,3000多年以来,它的质地、形状和颜色一直启发着雕刻家、画家和诗人们的灵感。"正是这样,中国的诗与玉结下了不解之缘。

《诗经》是我国古代第一部诗歌总集。《诗经》原称为《诗》或《诗三百》,自从汉儒尊《诗》为经,后人递相沿袭,遂以《诗经》称之。《诗经》编成于春秋时代,其中包括西周初年(前十一世纪)到春秋中期(前七世纪)大约五百年间的诗歌创作,大部分是闾巷歌谣,也有一部分出自于士大夫之手。

《诗经》共收诗歌305篇。按音乐分为"风""雅""颂"三部分。《风》指十五个诸侯国的民间歌曲,共160首。《雅》诗是周朝的乐歌,诗反映的社会生活面更为广泛,共105篇,其中大雅31篇,小雅74篇。《颂》诗共有40篇,包括《周颂》31篇,《鲁颂》4篇,《商颂》5篇。大体上是祭歌、赞美诗,是用于宗庙祭祀的乐章。《诗经》是中国诗史的源头,它积淀了丰厚的上古文化内涵,具有不朽的诗史意义。开创了中国诗歌关怀现世、注重民生疾苦、再现普通民众思想情感的诗歌之路;它的赋、比、兴手法更是后世诗歌艺术表现的基本法则。

《诗经》最早以文学形式反映玉文化,其描写范围之广泛,内容之丰富,文字之优美,都是开创性的。它不仅传播了玉文化,而且生动地反映了时代的精神,展现了中华民族的优秀文化。

《诗经》内容丰富,兹举例如下:

一是以玉比喻美和美德。

美学大师宗白华先生说:"中国向来把'玉'作为美的理想。玉的美,即'绚烂之极归于平淡'的美,可以说,一切艺术的美,以至于人格的美,都趋向玉的美:内部有光彩,但是含蓄的光彩,这种光彩极绚烂,又极平淡。"

由于人们将玉的美作为美的理想,所以将人的品德也比喻为"如玉"。《诗经》中有:"言念君子,温其如玉。"《秦风·小戎》),"彼其之子,美如玉。"(《魏风·汾沮洳》),"生刍一束,其人如玉。"(《小雅·白驹》),"白茅纯束,有女如玉。"(国风·召南)。这些"如玉"是对"君子于玉比德"的写照,表现为对"美如玉"人格的高度赞誉。其中特别强调"温其如玉",这是取玉之温润而泽,光彩含蕴,以喻人之性情温和,文质相称,表现了儒家温、良、恭、俭、让的道德观念。

112

玉是如此宝贵,玉在情人眼里是那样的"宝爱"。如有:"王欲玉汝,是用大谏。"(《大雅·民劳》),朱熹《诗集传》:"玉,宝爱之意。言王欲以汝为宝爱之。"

玉是如此的高尚,诗中也用以歌颂王的圣德。如说;"追琢其章,金玉其相。勉勉我王,纲纪四方。"(《大雅·棫朴》,这是颂美文王圣德。《毛诗正义》:"文王圣德,其文如雕琢矣,其质如金玉矣。"就是说,文王具有文质双全、表里如一的圣德,故能纲纪严明,统治四方。

二是以美玉作为社会交际礼物和爱情的信物。

既然玉器贵重,品位高雅,特别是社会上流行佩玉习俗,因而人们在礼尚往来中将其作为重要礼品。在王公贵族之间以玉彼此相赠,形成了一种赠遗之风。如《诗经》中有:"锡尔介圭,以作尔宝。往迈王舅,南土是保。"(《大雅·嵩高》),这说的是周宣王之舅氏申伯出封于谢,在行将辞别时,宣王以"介圭"相赠。"介圭"是大圭,按礼此与天子所执镇圭同类,表示赠送礼品规格之高。"我送舅氏,悠悠我思。何以赠之?琼瑰玉佩。"(《秦风·渭阳》),这就是说:"我送舅氏的时候,其思念之情是隔不断的,拿什么送他呢?琼瑰玉佩是最美丽的了。"这说的是秦康公之舅父晋公子重耳,因遭骊姬之难未返,当他临行之际,康公送至渭阳,并特以"琼瑰玉佩"相赠,以表敬重和惜别之情。

男女相恋时,以玉作为彼此互赠的定情信物。如说:"彼留之子,贻我佩玖。"(《王风·丘中有麻》),"投我以木瓜,报之以琼琚。""投我以木桃,报之以琼瑶。""投我以木李,报之以琼玖。"《卫风·木瓜》:"知子之来之,杂佩以赠之。"(《郑风·女曰鸡鸣》),诗中所写的"佩玖""琼琚""琼瑶""琼玖""杂佩",均指佩玉而言。以其作为信物,都有感情寄托,以结永生之好之意。也正如《邶风·静女》诗中所言:"匪汝之为美,美人之贻",人之情义无价,是最可宝贵的了。

三是反映当时的佩玉之风。

佩玉是爱玉、敬玉、崇玉的表现。周代佩玉已是一种十分流行的社会时尚,在《诗经》中有大量真实而生动的描述:"将翱将翔,佩玉琼琚。""将翱将翔,佩玉将将。"(《郑风·有女同车》),"七笑之磋,佩玉之傩。"(《卫风·竹竿》),"佩玉将将,寿考不忘。"(《秦风·终南》),这就是说,当人们特别是美女行动起来时,佩玉随人左右摆动相撞,便发出了"将将"的悦耳之声,并像跳"傩"舞一般,进退很有节度,显得优美大方。

当时佩玉由各色各样的珠玉组成,可以用

于官服，也可是头饰、耳饰，或是刀饰，或是绶带。《诗经》中有具体细致的写照："服其命服，朱芾斯皇，有瑲葱珩。"（《小雅·采芑》），说的是周朝三命官员的服饰，黄朱的蔽膝（芾）闪射"煌煌"（皇）之光，葱绿的佩玉（珩）发出"瑲瑲"（瑲）之声。"君子偕老，副笄六珈。"（《鄘风·君子偕老》），说的是簪上嵌有六颗美玉。"有匪君子，充耳琇莹，会弁如星。"（《卫风·淇奥》），说的是耳悬挂有"琇莹"，所戴的皮冠上，缀有如星闪烁的玉粒。"维玉及瑶，鞞琫容刀。"（《大雅·公刘》），说的是刀鞘用玉装饰。"青青子佩，悠悠我思。"（《郑风·子衿》），说的是古代学子的佩玉绶带。

四是反映周代用玉于礼仪情景。

"济济辟王，左右奉璋。奉璋峨峨，髦士攸宜。"（大雅·棫朴》），描写周文王与诸侯臣侍，举行朝聘时捧持玉璋施礼的情景。玉璋状如长板，形如半圭，王及公、侯、伯等爵爷所执之圭璧，长短不等，其制不一，这是由所持人物的身分、地位等的不同而决定的。

"乃生男子，载寝之床，载衣之裳，载弄之璋。"《小雅·斯干》），这里所写也是另一种礼仪用玉，"弄璋"，生男之谓。这是指将玉璋摆在男婴面前，看他玩弄的一种礼俗。初生男孩未等长成，便使之"弄璋"，是取其吉祥征兆之意，表明了家长望子成龙的一种心态，即希望小孩长大成人后，能像捧持圭璋的王公贵族那样，身居高位，光宗耀祖。

"靡神不举，靡爱斯牲。圭璧即卒，宁莫我听？"（《大雅·江汉》），说周宣王时天降旱灾饥馑，为了祈求雨水，没有神灵不曾祭奠，没有牺牲不曾奉献，可即使是礼神的圭璧都已用尽，天地神灵也不肯听我一言，给我回报。总之是说圭璧和牺牲都供天神，也还是无济于事，旱灾依旧。

五是玉为重器国宝，作为交往奉献之珍。

"受小球大球，为下国缀旒，何天之休。"（《商颂·长发》），这是颂美商之先王的祭歌。指商之成汤征服了诸小部落后的纳贡行为，"球"即是"玉"，"小玉"是尺二寸圭，"大玉"则长三尺。"

"憬彼淮夷，来献其琛。元龟象齿，大辂南金。"（《鲁颂·泮水》），这里是写鲁侯征服淮夷之后，淮夷来朝进贡献宝的情景。所谓"琛"即珍宝之总谓。进献物有玉帛、元龟、象牙、大辂之车和南国之金。

六是对玉特点和玉艺的描写。

据统计，《诗经》中单是"玉"字就有17见之多。此外尚有五光十色、异彩纷呈的别名之玉，或者玉属形制有异用途不同的各类器物，例如、"珪""璧""琼""玖""琚""瑶""瑰"、"瑱""瑗""莹""璋""珣""珈""珩""璃""璋""磋""瓒''等文字符号的迭现，不可胜计。仅此就充分表明了商周时代玉器品种的丰富多彩，人们的崇玉意识和风习时尚。

"它山之石，可以攻玉。"（《小雅·鹤鸣》），"追琢其章，金玉其相。"（《大雅·棫朴》），"有匪君子，如切如磋，如琢如磨。"（《卫风·淇奥》），"白圭之玷，尚可磨也。"（《大雅·抑》），充分说明古人治玉的实践经验，在《诗经》中被全面地概括为"切、磋、琢、磨"等一系列制作方法和工艺程序。原诗"如切如磋，如琢如磨"，是用不断完善的制玉成器，比喻人的修身磨炼，从而使人如玉那样具有美好的文采和纯正的素质。由此得知，每制成一件精美玉器，都必须经过四道工序。"白圭之玷，尚可磨也。"就是说白玉上有了疵点污痕，可以通过刮垢磨光，使之露出美玉原貌。

113

古代诗歌的玉文化

在《诗经》之后，我国历代诗人以玉为诗写了许多不朽的诗篇。他们或以玉形容自然美景，或展现人的风采和心情，或谱写人间美德，或高歌爱情。

一是展示女子的美丽。

"凤凰新管萧史吹，朱鸟春窗玉女窥。"（南北朝庾信：《杨柳歌》）

"自怜碧玉亲教舞，不惜珊瑚持与人。谁怜越女颜如玉，贫贱江头自浣纱。"（唐代王维：《洛阳女儿行》）

"马嵬坡下泥土中，不见玉颜空死处。""玉容寂寞泪阑干，梨花一枝春带雨。"（唐代白居易：《长恨歌》）

"玉闺青门里，日落香车入。"（王维：《早春行》）

"玉颊啼红梦初醒，着见春鸾镜中影。"（唐代戴叔伦：《早春曲》）

"金莲小步移，玉藕香腮枕。"（元代张可久：《普天乐·别怀》）

二是显示人的美德。

"怀瑾握瑜兮，穷不知所示。"（屈原：《怀沙》）

"胸中明玉石，仕途困风沙。"（北宋黄庭坚：《黄颖州挽词》）

三是展现人的心情。

"吹萧人去玉楼空，肠断与谁同倚。"（李清照：《孤雁儿》）

"我欲乘风归去，又恐琼楼玉宇，高处不胜寒。"（苏轼：《水调歌头》）

"洛阳亲友如相问，一片冰心在玉壶。"（王昌龄：《芙蓉楼送辛渐》）

四是描写自然风景。

"碧玉妆成一树高，万条垂下绿丝绦。"（唐代贺知章：《咏柳》）

"并抽新笋叶渐绿，迥出空林双碧玉。"（唐代李颀：《双笋歌送李回兼呈刘四》）

"时时出向城西曲，晋祠流水如碧玉。"（唐代李白：《忆旧游寄谯郡元参军》

"零叶翻红万树霜，玉莲开蕊暖泉香。"（杜牧：《华清宫》）

"看来都是梅花树，个个春风玉佩环。"（元代王冕：《素梅四十》）

"飞起玉龙三百万，搅得周天寒彻。"（毛泽东：《念奴娇.昆仑》）

五是咏物。

"玉瓶泻尊中，玉液黄金脂。"（白居易《效陶潜体》）

"天容玉色谁敢画，老师古寺昼闭房。"（苏轼：《赠写御容妙善师》）

"江畔玉楼多美酒，仲宣怀土莫凄凄。"（韦庄：《江上逢故人》）

"钗头玉茗妙天下，琼花一树真虚名。"（陆游：《眉州郡燕大醉中间道驰出城》）

"著意登楼瞻玉兔，何人张幕遮银阙。"（辛弃疾：《中秋》）

"梦中哦七言，玉丹已入怀。"（苏轼：《春雨》）

"玉殿朝初退，金门马不嘶。"（杨万里：《月下闻笛》）

"金舆不返倾城色，玉殿犹分下苑波。"（李商隐：《曲江》）

"玉斧修成宝月团，月边仍有女乘鸾。"（王安石：《题画扇》）

"指点楼南玩新月，玉钩素手两纤纤。"（白居易：《三月三日》）

"玉阶生白露，夜久侵罗袜。"（李白：《玉阶

怨》)

"玉林瑶雪满寒山，上升玄阁游绛烟。"（韦应物：《温泉行》）

六是描写采玉情景。

"采玉采玉须水碧，琢作步摇徒好色。老夫饥寒尤为愁，兰溪水气无清白。"（李贺：《老夫采玉歌》）

在中国古典小说中多处有诗，其中不少涉及玉。

曹雪芹的《红楼梦》中，写到海棠诗社咏白海棠诗句时，全用了玉作为比喻。有："玉是精神难比洁，雪为肌骨易销魂。"（探春）"出浴太真冰作影，捧心西子玉为魂。"（贾宝玉），"半卷湘帘半掩门，碾冰为土玉为盆。"（林黛玉），"淡极始知花更艳，愁多焉得玉无痕。"（薛宝钗），"神仙昨日降都门，种得蓝田玉一盆。"（史湘云）。

王实甫的《西厢记》中有："待月西厢下，还风户半开，拂墙花影动，疑是玉人来。"

昆仑美玉的诗词

昆仑美玉为世人所爱、所敬、所仰，诗人留下了赞美的诗篇。

公元前 4 世纪，战国时期的楚国以其自身独特的文化基础，加上北方文化的影响，孕育出了伟大的诗人屈原。屈原以及宋玉等人创造了一种新的诗体——楚辞。楚辞吸收了神话的浪漫主义精神，开辟了中国文学浪漫主义的创作道路。屈原对昆仑山非常崇敬，他说："登昆仑兮四望，心飞扬兮浩荡"。他更梦想到昆仑食玉，与日月齐光。"被明月兮佩宝璐，世溷浊兮莫余知。吾方高驰而不顾，驾青虬兮骖白螭。吾与重华游兮瑶之圃，登昆仑兮食玉英。与天地兮同寿，与日月兮齐光"。

《楚辞》中还多处写到昆仑之美玉，并以玉为美。如"厌白玉以为面兮，怀琬琰以为心。"（《七谏·自悲》）把内心和外表都比作玉。"光明齐于日月兮，文采耀于玉石。"（九叹·怨思）），称学问如玉一样的光耀。"端余行其如玉兮，述皇舆之踵迹。"（九叹·离世），惆怅自己如玉的才能得不到施展。

清代乾隆皇帝酷爱昆仑山美玉，不仅使中国玉器制作在那个时代达到了顶峰，而且喜爱写诗。关于玉的诗有 800 多首，多为玉器而作。如咏嵌宝石玉碗："酪浆煮牛乳，玉碗拟羊脂。御殿威仪赞，赐茶恩惠施。子雍曾有誉，鸿渐未容知。论彼虽清矣，方斯不中之。巨材实艰致，良匠命精追。读史浮大白，戒甘我弗为。"咏"竹溪六逸图"玉笔筒："玉工祛俗样，六逸绘传唐。二客似相识，四人则久忘。山林恣游侠，诗酒乐相羊。五字咏玉器，八仙异杜章。"

元代维吾尔族诗人马祖常，记述了昆仑山玉贸易的情景："波斯老贾渡流沙，夜听驼铃识途赊。采玉河边青石子，收来东国易桑麻。"

清代肖雄曾亲到新疆目睹采玉之景，他在新疆《土产》中咏，"玉拟羊脂温且腴，昆岗气脉本来殊。六城人拥双河畔，入水非求寸尺珠。"

八、宁为玉碎,不为瓦全

玉碎的故事

由王刚、沈傲君等主演的 35 集电视连续剧《玉碎》,2006 年在全国观众中引起强烈的反响。

《玉碎》以"九一八"事变前后的天津为背景,以玉器古董商人赵如圭一家为中心,讲述了中国城市平民奋起抗日的故事。该剧以平民抗日为切入点,视角独特。赵如圭家族古玩世家的身份赋予了抗日主题丰富深刻的文化内涵,增添了历史的厚重感。剧情以"玉"为线索,每一次"玉"的得与失、全与碎,都是对人物命运的一次深刻展现和提升。

主人公赵如圭是一位做生意精明而又不失信义、处事狡诡但又颇具爱国情感的天津商人,由于他善于经营,生财有道,将父亲传下来的玉器古董店"恒雅斋"搞得红红火火,特别是当他以深厚的玉器古董学问赢得前清皇帝溥仪的信任,频频收购了从皇宫带出来的国宝级的玉器古董之后,他成为令人又羡慕又嫉妒的人物。

剧情围绕赵如圭的玉器铺展开,写出了"一忍""二痛""三恨""四怒"的历程。

"一忍":为了在那个危机四伏的动乱年代过上合家平安的日子,更为了将手里的玉器古董财富保存下去,他欲发挥玉的"温""容"特点,忍辱负重,以柔克刚,采取了一系列"化"的办法。先是将大女儿叠玉嫁给了颇有势力的青帮头目陆雄飞,又亲自主持了小女儿洗玉跟市政府的日文翻译、与日本驻军关系密切的李穿石的订婚仪式,同时还结交了东北军团长金一戈，可谓用心良苦。但是"9·18"事件的爆发，打破了赵家往日的平静。天津卫各种势力间的矛盾更加激化，赵如圭在南开中学读书的二女儿怀玉与郭大器一起，全身心投身于爱国抗日的斗争。

"二痛"："天津事变"爆发，日本军队的炮火炸死了赵如圭的老娘，终将赵如圭也投入国仇家恨的漩涡之中。面对国家危亡的残酷现实，怀玉指责父亲"卖了一辈子玉却不懂得'宁为玉碎，不为瓦全'的道理"。当汉奸便衣队发起暴乱之后，她与郭大器并肩投入到镇压汉奸便衣队的巷战中浴血拼杀。

"三恨"：赵如圭本来倚重的陆雄飞和李穿石，都想趁乱染指赵如圭的家产。二人明争暗斗，"一担挑"成了死敌。为报私仇，李穿石不但向日本人出卖了陆雄飞，也把打入汉奸便衣队的郭大器出卖给了日本驻屯军特务小野，沦为地地道道的汉奸。赵如圭怒不可遏，决心毁弃三女儿与李穿石的婚约。赵如圭的亲哥哥赵如璋一向嫉妒弟弟生意，日子比自己红火，关键时刻也跳出来添乱……这种种因素终于将原打算"刀架在脖子上，只要不割出血来就不吭声"的赵如圭推到了与日本人生死对峙的处境。

四怒：身为青帮头目的陆雄飞在儿子被便衣队杀害之后，一抛江湖痞气，血性重现，壮烈地死在抗击汉奸便衣队的战场上。在经历了这一切之后，赵如圭面对日本侵略者，终于发扬了"宁为玉碎、不为瓦全"的中国古训，最后一刻终于一声怒吼，不顾自己的生命，宁愿将国宝级的玉器'望天吼'摔个粉碎，也不愿将其拱手让给侵略者，表现了中华民族的崇高气节。

宁为玉碎，不为瓦全

"宁为玉碎，不为瓦全"，这则成语来源于《北齐书·元景安传》。"初永（元景安父）兄祚袭爵陈留王，祚卒，子景皓嗣。天保（齐文宣帝高洋年号）时，诸元帝世近者多被诛戮，疏宗如景安之徒，议欲请姓高氏，景皓（元景安堂兄）曰：'岂得弃本宗，逐他姓？大丈夫宁可玉碎，不能瓦全。'景安遂以此言白显祖（指高洋），乃收景皓诛之，家属徙彭城，由是景安独赐姓高氏。"

"宁可玉碎，不能瓦全"，就是说，宁可做玉器被打碎，不愿做陶器完整保全。比喻宁愿保持高尚的气节死去，而不愿屈辱地活着。

这则成语的故事是这样的：

公元550年，北朝东魏的孝静帝被迫将帝位让给专横不可一世的丞相高洋。从此，北齐代替了东魏。高洋心狠手辣，次年又毒死了孝静帝及其三个儿子。

高洋当皇帝第10年6月的一天，出现了日食。他担心这是一个不祥之兆：自己篡夺的皇位快保不住了。于是，把一个亲信召来问道："西汉末年王莽夺了刘家的天下，为什么后来光武帝刘秀又能把天下夺回来？"那亲信说不清这是什么道理，随便回答说："陛下，这要怪王莽自己了。因为他没有把刘氏宗室人员斩尽杀绝。"残忍的高洋竟相信了那亲信的话，马上又开了杀戒：把东魏宗室近亲44家共700多人全部处死，连婴儿也无一幸免。

消息传开后，东魏宗室的远房宗族也非常恐慌，生怕什么时候高洋的屠刀会砍到他们头上。他们赶紧聚集起来商量对策。有个名叫元景安的县令说，眼下要保命的唯一办法，是请求高洋准许他们脱离元氏，改姓高氏。

117

元景安的堂兄景皓，坚决反对这种做法。他气愤地说："怎么能用抛弃本宗、改为他姓的办法来保命呢？大丈夫宁可做玉器被打碎，不愿做陶器得保全。我宁愿死而保持气节，不愿为了活命而忍受屈辱！"

元景安为了保全自己的性命，卑鄙地把景皓的话报告了高洋。高洋立即逮捕了景皓，并将他处死。元景安因告密有功，高洋赐他姓高，并且升了官。

但是，残酷的屠杀不能挽救北齐摇摇欲坠的政权。三个月后，高洋因病死去。再过18年，北齐王朝也寿终正寝了。

屈原的气节

我国人民发扬"宁为玉碎，不为瓦全"的精神，在历史上出现了许多人物，已载入史册。这种气节也体现在我国的杰出的政治家和爱国诗人屈原身上。屈原是我国第一位伟大的爱国主义诗人，主要作品有《离骚》、《天问》、《九歌》、《九章》等，是我国积极浪漫主义诗歌传统的奠基人。1953年，屈原与波兰的哥白尼、英国的莎士比亚、意大利的但丁一起被列为世界"四大文化名人"。《隋书·地理志》载，屈原于农历五月五投江自尽。中国民间五月五端午节包粽子、赛龙舟的习俗就源于人们对屈原的纪念。

屈原（约前340～约前277）是战国末期楚国人，名平，字原，丹阳（今湖北秭归）人。祖先封于屈，遂以屈为氏。屈原二十多岁时受到楚怀王的高度信任，官为左徒，"入则与王图议国事，以出号令；出则接遇宾客，应对诸侯"，是楚国内政外交的核心人物。屈原对外采取联齐抗秦，对内实行改革，受到旧贵族势力的反对，上官大夫在怀王面前进谗，说屈原把他为怀王制定的政令都说成是自己的功劳，于是怀王"怒而疏屈平"。屈原被免去左徒之职后，转任三闾大夫，掌管王族昭、屈、景三姓事务，负责宗庙祭祀和贵族子弟的教育。

这以后，楚国的内政外交发生一系列问题。先是秦使张仪入楚，以财物贿赂佞臣靳尚和怀王宠妃郑袖等人，用欺骗手法破坏了楚齐联盟。怀王发现上当后，大举发兵攻秦。可是，丹阳、蓝田战役相继失败，并丧失汉中之地。在此危难之际，屈原受命使齐修复旧盟，但是，由于怀王外交上举措失当，楚国接连遭到秦、齐、韩、魏的围攻，陷入困境。大约在怀王二十五年左右，屈原一度被流放到汉北一带，这是他第一次被放逐。

怀王三十年，秦人诱骗怀王会于武关。屈原曾极力劝阻，但是怀王的小儿子子兰等却力主怀王入秦，结果怀王被扣不得返回，三年后死于秦。在怀王被扣后，顷襄王接位，子兰任令尹（相当于宰相），楚秦邦交一度断绝。顷襄王在接位的第七年，竟然与秦结为婚姻，以求暂时苟安。由于屈原反对他们的可耻立场，并指斥子兰对怀王的屈辱而死负有责任，子兰又指使上官大夫在顷襄王面前造谣诋毁屈原，大约于顷襄王十三年前后，屈原再次被流放到沅、湘一带。

屈原在长期的流放跋涉中，精神和生活上所受的摧残和痛苦是可想而知的。一天他正在江畔行吟，遇到一个打渔的隐者，隐者见他面色憔悴形容枯槁，就劝他"不要拘泥""随和一些"，和权贵们同流合污。屈原道："宁赴湘流葬于江鱼之腹中，安能以皓皓之白，而蒙世俗之尘埃乎？"（意思是：我宁肯跳进江水中去，葬身在鱼肚里，哪能使自己洁白的品质蒙受世俗的灰尘？）这正是宁为玉碎，不为瓦全的高尚气节,他宁可死去,也不背叛自己的正确志向。顷襄王二十一年(公元前 278 年)夏历五月五日,他决定以身报国,跳入了汨罗江,时年 62 岁。

屈原的一生是忠贞爱国的一生,为国家振兴而奋斗的一生,是经历迫害含冤悲苦的一生。他热爱祖国,关心民生,坚持真理,反对邪恶。他为追求美好的理想而不惜献身的伟大精神和高尚品格,为我国世代人民所敬仰。

九、化干戈为玉帛：和为贵

化干戈为玉帛

"化干戈为玉帛"是中国古代的一个成语。意思是用玉帛把战争转化为和平。

干和戈，都是古战场上尤其是春秋战国时期的常用武器。干，即盾，用以抵挡戈、矛、戟、剑等的锐刺和利刃，是一种防护装备。戈是格斗兵器，它不同于矛，不能挺刺，而以横啄勾拉进行搏杀。攻战时，盾则抵刺，戈能横扫击敌，因此，将干戈喻为战争。玉帛，为什么象征和平呢？这同先秦时期通行的礼制有关，当时有一种交际礼仪，叫做赘礼。古代，诸侯贵族间的往来通问修好称为聘，见面时彼此都要赠送礼物，所送的礼物，便专名为赘。赠送礼物时有一套礼仪，即是赘礼。赘中最隆重的礼品，要数玉帛。聘问时所送的玉，是圭、璧一类。圭、璧属于瑞玉，古人十分重视，因为在会见场合，这类玉器能够表明诸侯身份、等级，是礼的体现。赠送瑞玉，正是以示敬重。帛是丝织物，显示财富。古代还有束帛加璧的赏赐，乃是一种非常贵重和荣耀的奖赏。先秦时期，如果两国敌对，互不遣使，自然谈不上什么通问修好，没了赘礼，只有干戈相见。

春秋战国时期，围绕战争与和平问题开会结盟很多，如《春秋》记盟105起、记会156例，《左传》记盟160起，著名的合纵连横、完璧归赵都是家喻户晓的军事外交典故。在结盟中玉帛起了重要的媒介作用。

春秋战国时期，韩、赵两国发生战争，双方都派使者到魏国借兵，但魏文侯一口拒绝了。两国使者没有完成任务，怏怏而归。当他们回国后，才知道魏文侯已分别派使者前来调停,劝告双方平息战火。韩、赵两国国君感激魏文侯化干戈为玉帛的情谊,都来向魏文侯致谢。韩、赵两国力量相仿,都不可能单独打败对方,因此都想借助强国魏国的力量。在这种情形下,魏国的行动直接关系到韩赵之战的胜负。魏文侯没有去介入两国之争,以第三者公平的立场加以调停,战争变成了和平,从而使魏国取得了三国关系中的主导地位。

春秋晚期,晋楚两国,争夺霸主,连年征战,不但两国百姓苦不堪言,也给周围的弱小国家带来深重的灾难。这些国家都迫切希望晋楚两国能够结盟和好,停息战争。后来,宋国先后两次从中斡旋,促成了弭兵之约,为史书赞道。所谓弭兵,也正是化干戈为玉帛了。

玉德:"容"与和为贵

管仲在玉九德中提出:"茂华光泽,并通而不相陵,容也",说的是玉华美与光泽相互渗透而不互相侵犯,代表宽容。容德是管仲人本思想的体现,又是孔子仁德学说的重要内容。

孔子的玉德说,以"仁"为基本内核,仁是爱人。他提出的"和为贵"首见于《论语·学而》,其完整的文本是:子曰:"礼之用,和为贵。先王之道,斯为美;小大由之。有所不行,知和而和,不以礼节之,亦不可行也。"

孔子在论"和"的精神、"和"的价值时,继承了前贤"和实生物,同则不继""相成相济"的思想,并有新的发挥和升华。孔子讲"和",是先讲个人心性之"和",然后再往外推,由己及人,从小到大,渐次推到人际之"和"、家国之"和"、人类之"和"、天人之"和"。要达到"和",就要修身养性,要求人们"居处恭,执事敬,与人忠","惠而不费,劳而不怨,欲而不贪,泰而不骄,威而不

猛","己所不欲,勿施于人","己欲立而立人,己欲达而达人","修己以安人","修己以安百姓"。这些新的论述,既符合当时中国是一个低水平的农业社会的实际,又切合当时中国人重血缘宗法的文化传统,因而从根源上为"和"的实现、为社会的和谐稳定找到了一条切实有效的路径。

"和"是人生的追求、人类的目标,但"和"的实现,要"以礼节之"。也就是说,制礼,守礼,是"致中和"的条件,只有"克己复礼",才能"天下归仁"。否则,和稀泥,不讲原则,放弃斗争,那就成了小人之"和",是不道德的。孔子认为,拉帮结派、党同伐异的小人之"和"的实质是"同"而不是"和",他明确地说:"乡愿,德之贼也。"另一方面,孔子认为,制礼、守礼的目的,是为了实现人与人之间"和"的状态,达到"和"的境界。所以,在孔子的和谐思想中,"礼"与"和"是相辅相成、相互为用的。

孔子讲"和",还提到了:"君子中庸",以后由其弟子子思在《中庸》中发展为中庸之道。他对孔子的中庸思想作了进一步的发挥,其最经典的语句就是:"喜怒哀乐之未发,谓之中;发而皆中节,谓之和。中也者,天下之大本也;和也者,天下之达道也。致中和,天地位焉,万物育焉"。这就是说,中是天下的本根状态,和是天下的最终归宿,达到中和是一切运动变化的根本目的,天地各得其所,万物顺利生长。

孔子还提出了:"和而不同"的思想,在《论语》中说:"君子和而不同,小人同而不和"。这是"和为贵"思想的另一体现,在"和"当中允许存在不同,要百家争鸣和百花齐放,这是民主意识的重要方面。

所以，在孔子的思想体系中，和是一种精神，一种追求，一种状态，一种境界，一种政治智慧。今天，在构建社会主义和谐社会的进程中，孔子的和谐思想值得我们挖掘、借鉴和弘扬。

玉器：一团和气

明代时期，宫廷内部斗争激烈。在明景泰八年（公元1457年），代宗皇帝朱祁钰的兄长朱祁镇纠合官僚发动了政变，夺取了弟弟朱祁钰的皇位，并杀害了当时的兵部尚书于谦。天顺八年，朱祁镇去世，由儿子朱见深继承皇位，建为成化。朱见深在实际生活中深感宫廷内部斗争的可怕，为了维护团结，他恢复了明代宗的尊号，并平反了于谦等人冤案。同时，他还特意画了一幅《一团和气》图，并在画中题跋："合三人以为一，达一心而为二，忘彼此之是非，蔼一团之和气。"这幅图画得到民间的欢迎，并有玉匠把这幅画制作成玉器敬献给了皇帝，受到了嘉奖。

这样，《一团和气》画在明代时期非常流行。画面中有位好好先生，头戴乌纱，笑容可掬，亲和友善。同时，《一团和气》图的玉器佩饰，也非常流行，用以象征和睦友好吉祥。

122

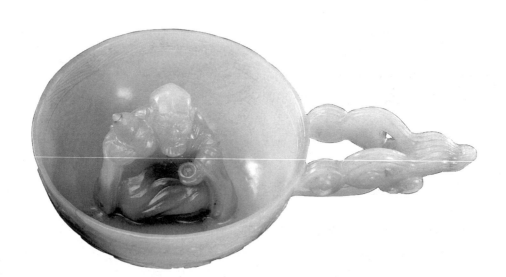

十、拾玉镯的故事

玉　镯

　　玉手镯或玉手串在新石器时代已有发现,在历代都有,明清时代达到了顶峰。

　　玉手串是由多个小珠、管等串饰用丝绳之类串成一周,以供人佩戴。玉手镯多琢成圆环状独立个体,一般成对佩戴。玉手镯在唐代已非常普遍,佛教题材的绘画和壁画中,常见有仕女、飞天、菩萨等戴有玉手镯,反映了当时的流行风尚。唐宋时期的玉手镯以圆柱体或扁圆体素面为主。明清时期,较注重在手镯上雕琢纹饰,其中又以龙纹最常见,如双首二龙戏珠状。也有的是绳纹或绞丝纹等。玉材有和田玉、岫玉、独山玉、翡翠、玛瑙等。古代以和田玉羊脂玉最为珍贵,翡翠从清代传入我国后,翡翠玉镯开始流行。

　　从《诗经》中可以知道,古代男女相恋,常送以玉佩饰,以象征忠贞的爱情。玉手镯是妇女重要的佩饰之一,以代表美丽、高贵、吉祥、爱情,因此,常作为爱情的信物。正是如此,我国戏曲中以玉手镯作为线索,谱写了许多动人的故事。

　　《拾玉镯》是戏曲中重要传统剧目,又名《买雄鸡》或《孙家庄》。1953年中国戏曲研究院参考桂剧本,加以修改。1957年杜近芳在世界青年联欢节演出获奖。徽剧、湘剧、汉剧、河北梆子、桂剧均有此剧目。

《拾玉镯》的故事

　　在孙家庄有一个姑娘叫孙玉姣,不幸爹爹去世,饲养雄鸡为生。她天生丽质,聪明伶俐。她妈妈心性好善,有一天,春光明媚,日暖风和,一早就往普陀寺听经去了,孙玉姣出来喂鸡,并坐在门外刺绣手帕。这时,恰巧陕西世袭指挥傅朋出来散步从其门前路过,见到孙玉姣生得十分美貌,貌似嫦娥,便一见钟情。他借买鸡之名与孙玉姣答话,说:"小生傅朋,就在后街居住,闻得你家惯养雄鸡,特来买鸡一用。"孙玉姣回答说:"雄鸡倒有,只是我母亲不在家中,使我难做交易。"这时,孙玉姣搬椅欲进门,傅朋发觉正立在门口,急让开路。孙玉姣进门,关门后又开门对望,眉目传情有意于傅朋。傅朋猛然间想起了袖中一对玉镯,这是他母亲赠给的,于是展衣袖故意把玉镯失落于地,想她若拾去,这婚姻可成。

孙玉姣开门望看,四下无人,忽然踏着玉镯,数度犹豫,踢动镯子使之近门中,故意遗落手帕盖上,终于拾起玉镯戴在臂上。傅朋十分高兴,又出现在门前,孙玉姣叫他把玉镯拿去,傅说"送与大姐",就回家去禀母亲央媒说合。

这事恰巧被邻居刘婆看见,心想他们两人倒是彼此有意,可惜"中间无人事不成",玉姣那个姑娘也跟她挺好的,这件事情偏偏又叫撞上了,要是不管,怪对不起姑娘的。于是来到了孙家敲门。孙玉姣见是刘婆妈,将玉镯藏在右臂袖中才开门。刘婆借问孙玉姣梳头之名,查看玉镯,问这样漂亮的头是谁梳的,孙玉姣说是自己梳的。刘婆突然说:"哟!你瞧这朵花怎么戴歪了?",孙玉姣问:"在哪里?",并以左手整头,刘婆说"那边!"孙玉姣急以右手整头,露出镯子。刘婆问是什么,孙玉姣急藏右手掩饰,说"没有什么。"最后才说出是一只玉镯。刘婆一看这玉手镯,是上等白玉制成,就问玉镯是哪里来的,孙玉姣害着,百般掩盖,说是在门首习做针线活时无意拾来的。这样,刘婆只

得把他们之间丢拾玉镯的过程全部学了一遍,要孙玉姣说真话。孙玉姣只得跪下大哭,承认刘婆学的是真的。刘婆搀起孙玉姣说:"哎呀,宝贝呀!别害怕,妈妈我跟你闹着玩哪!你放心吧,你们这档子事全包在妈妈我的身上了。"孙玉姣说:"多谢妈妈!"刘婆说:"他给了你这只镯子,你有什么心爱的东西,拿出来交给妈妈我给他送去,叫他到你们家来提亲,你们这件事情不就成了吗?"孙玉姣说:"我家贫寒,哪有什么稀罕的东西送与他呀?"刘婆说:"是啊,贫寒人家,哪有什么稀罕东西。姑娘,刚才你们在门口儿见面的时候,你绣的那是什么呀?"孙玉姣说:"是一方手帕。"刘婆拿起手帕一看说:"绣得真细呀!就拿这个送给他就挺好。"孙玉姣说:"就依妈妈。"刘婆临走时,孙玉姣问几天回音,刘婆开始说,半个月,又说七天,孙玉姣说还多。最后改为三天,孙玉姣才高兴地同意了,反映了她的迫切心情。后来,两人终喜结良缘。

《双凤奇案》的故事

《拾玉镯》故事在民间流传,有不同的版本,但是,都是以玉手镯为主线。同时,《拾玉镯》故事已被改编成电视剧。1998年改编为二十集电视连续剧《双凤奇案》,其中加入了《朱砂井》剧情,使得剧情有所发展。

明代正德年间,陕西宝鸡府凤翔县。世袭指挥秦昆鹏的母亲给孙玉凤送去一只玉镯,孙玉凤回赠一幅荷花图,两家定亲。秦昆鹏到尤家订绣荷花图,遇到胡大楞调戏尤彩凤,便打抱不平,不慎失落玉镯一只。胡媒婆见尤彩凤拾到玉镯,上门为他们撮合,尤彩凤允亲,回赠一方绣花手绢作定情表记。尤彩凤的舅父母褚生和贾氏夜宿尤家,双双被害,贾氏人头也不

知去向。

尚朝奉夜拾包袱,见是女人头颅,丢入朱砂井中,他害怕伙计孙玉秀报官,将他推入井中害死,第二天到县衙告状,谎说孙玉秀偷银窃物后逃走。县令钱树青受书吏任义操纵,判孙玉秀的父亲孙国安赔偿,孙国安不服,被押进监牢。孙玉凤见父亲被押,上堂辩理,钱树青说她无理取闹,将她押在狱中。

尤母发现兄弟、弟媳被杀,急速报官。钱树青见尤彩凤有秦昆鹏的玉镯,又赠绣花手绢,硬说他们通奸杀人,二人不招,就严刑拷打,尤

彩凤受刑不过,屈打成招;秦昆鹏受刑昏迷,任义在假供状上按上秦昆鹏的手印,秦昆鹏被诬与尤彩凤通奸杀人而判斩。女牢中,尤彩凤细说原委,秦昆鹏的未婚妻孙玉凤见此案有冤,决心伸冤。她不畏强权,不怕艰险,女扮男装到府衙、刑部申诉,与县令、知府、总督针锋相对。面对贪官徇私舞弊,孙玉凤冒死拦皇太后銮驾告状,最后真相终于大白于天下,孙玉凤与秦昆鹏破镜重圆。全剧的故事情节曲折多变,真情与爱情感人泪下。

王玉 · 玉宝篇

从夏开始直到清代,近四千年的时间,学者称之为"王玉(帝王玉)"时期。历代帝王都以玉为珍宝,和田玉成为王玉和民玉的中流砥柱。国家之宝,皇帝之玺,王室之珍,家传之宝,都离不开和田玉。和田玉的自然美,经过名工巧匠的碾琢,几千年来留下了难以计数的精美绝伦的玉器。这些被誉为"东方艺术"的瑰宝,延续时间之长,器形之众,工艺之精,影响之深,是世界上任何国家的玉器所不能媲美的。现在,和田玉及其玉器,仍是国家之珍宝,登上了北京奥运会的殿堂,为收藏家和大众所珍爱。

一、商纣王鹿台衣玉自焚之谜

殷纣王衣玉自焚

从夏代开始,在中国历史上出现了以王为最高统治者的新时期,其家族称为王室。王及王室占有了大量来自全国的玉料或玉器,学者把夏到清代的这一时期称为王玉时期。随着玉石之路的开通,昆仑美玉不断进入王室,成为宫廷玉器的主要原料,也成为王及王室最重要的珍宝。王朝统治者嗜玉如命,在政治、经济、文化、生活中都离不开玉,制定了许多制度,制作了无数的精美玉器,为世间留下了众多的国宝。

夏王朝经历了400多年,留下了多少玉宝,至今是一个未解之谜。

商王朝经历了500年,人们从出土玉器中可以看到那时王室对玉的拥有和珍爱,也可以从史料中看到王对玉的敬崇。

人们从史书或小说都知道殷纣王的故事。他是中国商代最后一位君主,也是中国历史上一位有名的暴君。可是,有一件怪事发生在他身上,就是他在临死的时候,堆了许多玉在身边一起自焚。《史记·殷本纪》中曾记载了这件事,说纣王"登鹿台,衣其宝玉衣,赴火而死"。《封神演义》(又称《封神榜》)也写了这件事。但是,为什么他衣玉自焚呢?这是一个待解之谜。

纣是商帝乙的少子,名辛。原来是一个相当聪敏,又有勇力的人。他早年曾经亲自带兵和东夷进行一场长期的战争。他很有军事才能,在作战中百战百胜,最后平定了东夷,把商朝的文化传播到淮水和长江流域一带。在这件事上,商纣是起了一定作用的。但是在长期战争中,消耗也大,加重了商朝人民的负担,人民的痛苦越来越深了。纣和夏桀一样,只知道自己享乐,根本不管人民的死活。他没完没了地建造宫殿,在他的别都朝歌(今河南淇县)造了一个富丽堂皇的"鹿台",把搜刮得来的金银珍宝都贮藏在里面。他又造了一个极大的仓库,叫做"钜桥",把剥削来的粮食堆积起来。他把酒倒在池里,把肉挂得像树林一样,称为酒池肉林。他和宠妃妲己过着穷奢极欲的生活,终日歌舞。他横征暴敛,行为暴虐,不听谏阻,一意孤行,用"炮烙之刑"残害人民。凡是诸侯背叛他或者百姓反对他,他就把人捉起来放在烧红的铜柱上烤死。他还用其他酷刑残害向他进谏的忠臣,如用挖心酷刑处死向他进谏的叔叔比干,逼得向他进谏的哥哥微子逃亡,另一哥哥箕子虽然装疯也没能免遭囚禁。这样,使得朝中大臣、贵族以及诸侯和周边方国对他都离心离德,百姓怨声载道。周武王在经过长期准备之后,看到殷纣王已到了众叛亲离的地步,于是发兵东进。两军大战于牧野(今河南淇县西南),纣军中有很多临时武装起来的平民和奴隶,他们早已恨透了纣王,于是在阵前倒戈,带领周军反攻,很快就攻进朝歌,纣军彻底崩溃。纣王见大势已去,跑到鹿台,穿上玉衣,抱着心爱的玉器自焚而死,商王朝也随之灭亡。

为什么他衣玉自焚呢?或许纣与商代其他君王一样,对玉非常崇拜。的确,他在位时,千方百计收集天下珍宝玉器藏于宫廷,"作琼室,立玉门";临死时,舍不得这些玉宝,便与其一起焚烧。焚毁了多少玉呢?据《逸周书》记载说:"商王纣取天智玉琰五,环身厚以自焚。凡厥有庶告,焚玉四千。"这就是说有四千件玉器。后来有人说,天智玉没有烧毁,被周武王取走了。当然,他为什么要与玉一起焚烧,除了对玉的崇拜外,或许还藏有其他秘密,这有待人们去解。

妇好:中国最早的玉器收藏家

商代王君和王室非常爱玉,又特别喜爱昆仑美玉,到底商代制作了多少玉器,又有多少用昆仑美玉制成的玉器,也是一个难解之谜。

据《逸周书》记载:"凡武王俘商旧玉亿有百万。"就是说,周武王来商后,打开商代的藏宝库,收到玉器上亿件,这是一个天文数字,引起历代学者进行考证。到了清代,经过王念孙的研究,他在《读书杂志》中校对为:"凡武王俘商旧宝玉万四千。"也就是说,周武王得到了宝玉14000件,这也是天下的一个奇迹。但是,这些玉器又到哪里去了,也是难解之题。

商代的玉器,如果从出土玉器中观察,也是难以说清。如仅就商代后期的殷墟而言,考古工作者也认为"难以考查"。在殷墟,新中国成立后考古发现最大的玉器墓是妇好墓,有玉器755件。再加上新中国成立后其他墓出土的玉器,不完全统计,约有1200件以上。如果加上新中国成立前发掘的,其数量自然更多。但是,由于盗墓非常严重,玉器被盗窃了多少也不得而知。比如,在候家庄、武官村北一带王陵区就有十一座大墓,有的墓规模比妇好墓宏大,可见,被盗窃的玉器可能比发掘出土的玉器更多。此外,全国还有一些地区有商代玉器出土,表明商代玉器是很多的,玉料用量特别是和田玉的用量也会是很多的。

商代玉器之多,还可从当时的制玉业发展进行考察。商代是奴隶社会,奴隶被投入到社会生产和生活各个领域。随着农业的发展,手工业内部有详细的分工,制玉业已从石器制作中分离出来成为一个独立的部门。同时,由于青铜工具在制玉工艺中的应用,促使制玉工艺有了显著的提高。这样,使得玉器不仅种类多,而且工艺精良。以妇好墓为例,可见王室玉器之多。出土的755件玉器分类,就有礼器、仪仗、工具、用具、装饰品、艺术品、杂器等七类,其中装饰品426件,约占全部出土玉器的57%;礼器175件,约占23%;仪仗54件和工具74件,合计128件,约占17%。一墓之中有这样多形形色色的玉器,所以有专家说,妇好是我国历史上最早的玉器收藏家。

商代王室玉宝

商代玉器工艺有很大的发展,玉器的成就不亚于当时的青铜器。据杨伯达教授研究,这一时期琢玉艺术是以象征主义为特点,就是说,玉器的碾琢上往往以某种既成的形式来表现某种特定的观念,形象往往介于"似与不似之间",并有较明显的可识性,其整体的艺术效果是带有不同程度的装饰性,而距离现实生活的形象不是贴近的,在构成形象时玉人掌握着较大的随意性。

杨伯达教授总结殷商玉器艺术有七大特点:一是玉材以和田玉为主,玉材优越,做工精良。二是相材施艺,据料赋形。因和田玉珍贵难得,一般要根据玉材外形设计相应的玉件,尤其是子玉设计制作非常成功,艺术创作的传统,延续到今。三是以象征手法夸大头部,强调五官,尤其是擅长夸张眼部,以传神示意为宗旨,使得玉件性格鲜明,神采灼然。四是不仅以夸张手法使器物造型充满量感,而且在线处理上把几个几何形体的拼合与线处理巧妙结合,独具特色。五是俏色玉器成功。六是玉器纹饰大多与同期青铜器纹饰相似,并有自己的特点。七是玉器艺术出现了模式化、定型化和统一的时代风格,处在同一王室玉器模式之中。

殷商时期琢玉艺术绚丽多彩,出现了许多代表佳作。专家提出珍贵的玉器有:腰佩宽柄玉人、梳短辫玉人、短须玉人、两性玉人、方头玉蟠龙、青玉卷尾龙、玉虎、玉象、玉熊、玉鹿、玉马、玉鸮、玉鹅、玉凤、玉鹦鹉、玉双鹦鹉、玉簋、玉斧、玉瑗、玉瑗铜内戈、玉琮、玉龙与怪鸟、圆箍形饰等。

考古学家在玉器归类中列入艺术品类的有:玉龙、玉虎、怪鸟等。

殷商玉器多以和田玉为原料,当时开采是河流中的子玉。子玉一般为椭圆卵形,个体通常不大,玉质优良。琢玉艺人利用子玉的特点,琢出了许多佳品,丰富了殷商王室的玉宝。

龙,是中华民族的象征,是几千年来人们崇拜的偶像。在古文献中,龙是一种神通广大、无所不能、至高无上的神灵。先民们根据什么把它想象创作出来,目前仍是一个待解之谜。有说是源于图腾崇拜,有说是某种自然现象的敬仰,有说是巫术或动物神化等。龙对中华民族传统文化影响极其深远。在古神话中,英雄伟人借以上天达地。在奴隶社会,它是祭祀的神物,具有特殊的意义和社会功能。在封建社会,它又是帝王权位的象征。因此,龙是玉器的重要题材。最早的玉龙出现在距今5000年的红山文化中,是在内蒙古自治区翁牛旗三星他拉出土的,是用岫玉琢成的。以和田玉为玉材的玉龙首次发现在妇好墓中。其特征显著,头部都有钝角,多数体有蟠卷。其中最为精致的一件是圆雕玉龙,以青玉为材,龙头较大,并微昂,张口露齿,臣字大眼,两角粗短,身尾蟠向右侧,两短足前屈,通体饰菱形兼三角形纹。整体造型显得沉稳、威严,浑厚端庄,较红山文化玉龙更为完善,是一件极出色的艺术珍品。

玉凤在妇好墓中只有一件,也是目前所见

131

的最早的玉凤艺术形象。它侧身回首状，略呈"C"字形。冠、喙似鸡，冠有三个柱相连，短翅长尾，尾羽分作两股相叉，翅上有阴线翎纹。姿态非常生动，显示了艺人的精湛艺术和创造才能。凤是中华民族先民崇拜的图腾。《诗经》中说"天命玄鸟，后生子契，降而生商，宅殷土茫茫。"说的是一个传说故事：殷始祖契的母亲简狄，一天在河中沐浴时吞食了玄鸟卵，因而得孕生下子契。契因为佐大禹治水有功被封于商，始有殷人。凤鸟是殷人的图腾形象，经历了一个演化过程，这个过程就是从玄鸟演化为凤的过程。也是氏族、部落不断联合、融合的过程，凤造型有鸡冠、鹤足、孔雀羽尾等，就是这个过程的生动反映。以后，凤被称为"百鸟之王"。

龙凤是中华民族的传统图腾崇拜形象。由于上古时的龙氏族（夏人的祖先）和凤氏族（商人的祖先）在古华夏民族形成中起了重要作用。

他们从对立到谐好，在妇好墓中共同出土，显示了那时已是龙凤和谐，后世发展为"龙飞凤舞"和"龙凤呈祥"，成为中华民族和谐美好的象征。

在妇好墓玉器佳品中有数件玉人物像，大多是圆雕头像或全身像。其中除一件裸体玉人为直立式外，多为跪坐式。玉人面部特征都是高颧骨、大眼睛，显出了蒙古人的特点。发式以短发为主，并有多种发式。衣式有两种，均似缝制而成。玉人形象有奴隶主和奴隶，有成人和儿童。特别是一件站立的裸体玉人，头梳两个发髻，一面为男性，另一面为女性，均似儿童，是罕见的艺术品。带柄器玉人也是难得的精品，那讲究的衣冠，威严倨傲的神态，精雕细刻的做工，实在非同一般。这件玉人有说是奴隶主的形象，有说是墓主人妇好的形象。

动物玉器是装饰品的主要组成部分，用以作为佩带或插嵌的饰物。动物形象造型优美，姿态生动。名类众多，计有虎、象、熊、鹿、猴、马、兔、牛、狗、羊头、蝠形、鸟、鹤、鹰、鸱鸮、鹦鹉、雁、鸽、燕雏、鹅、鸭、鱼、蛙、龟、鳖、螳螂、蝉、蚕、螺蛳等，也有一些怪鸟、怪兽的形象。这些玉器的造型艺术有扁体和圆雕体，各有特色。圆雕品中占一定比例的是玉鸮和怪兽、怪鸟。

如有两只玉鸮，一大一小，均为淡绿色。形体突出了钩喙和竖立的双耳，约占去了体高的三分之一。其次有一双粗壮有力的脚爪，与下垂的宽尾，恰好形成了鸮体的三个支点。其余身躯为一双巨大的翅膀所覆盖。两只玉鸮造型相似，但是雕琢方法有所不同，大鸮的周身为卷云纹，背部中央为蝉纹。小鸮仅在两翼有简单的卷云纹。

怪兽、怪鸟是超越于珍禽异兽之外的神化般动物。有兽首鸟身，或鸟首兽身，还有集中多种动物形象于一体的。这与当时信奉鬼神有关，也与艺人的浪漫情趣有关。如有两只怪鸟，均为钩喙，似为禽类，但是一只头上生角，一只下长四足。有一件怪兽作伏卧状，头部似虎，尾部似蛇。有两只玉虎，身躯一长一短，短虎比例适中，长虎则根据玉材长度，任其身材超过正常身材的二至三倍，反映了猛虎捕食的生动形象。有两只小象，用高度的概括和适当的夸张手法，使小象显得娇憨可爱，成为一件罕见的珍品。

殷商玉器中有俏色玉器的出现，标志着古人玉雕技术上的突破。在安阳市小屯北地出土了一件俏色玉鳖，鳖作探首伸足半龟缩状，巧妙地利用了和田玉俏色玉的特点，以黑色玉为背甲，其他部位为青白色，这是我国所见最早的一件俏色玉的成功作品。

二、王权与玉

六　瑞

随着夏王朝的建立,等级制度也随之发展,玉器走向政治化,成为权力的象征。到了周代,制定了详细的制度,如《周礼》中有关玉的规定达上百条之多,它涉及政治、经济、军事、法律、外交诸领域,遍及祭祀、庙制、朝聘、盟会、婚丧、车服、宫室、器物、音乐等方面,它可代表天地鬼神、王权象征、国家财政、人格化身。在严格的封建制度中,君臣次序、贵贱等级、长幼辈分、地位高下都可通过玉来表现,可以说,社会里政治都与玉有密切的关联。

封建王朝的统治主要是依靠神治和人治。周代建立的"六器"与"六瑞"用玉制度是中国历史上独特的政治用玉,是世界上其他国家所没有的用玉制度。

"六瑞"就是官爵的证明,由天子按职级颁布发放,藉以表示朝廷命官和各方国诸侯的大小尊卑。因为当时还没有印玺,所以就用玉器代表,这玉器称之为"瑞"。每逢朝会或祭祀时,诸侯臣子都要执自己的"瑞"以朝见天子,天子也要拿出自己的"瑞"。"瑞"的等级非常严格,有明确规定。《周礼》中说:"以工作六瑞,以等邦国:王执镇圭、公执桓圭、侯执信圭、伯执躬圭、子执谷璧、男执蒲璧。"就是说,天子执的是镇圭,公、侯、伯分别执的是桓圭、信圭、躬圭。执圭者封土封疆,有国有民,有国者才有生杀大权。子执的是谷璧,男执的是薄璧,执璧者无国,也没有生杀大权。所以说,"瑞"也相当于任命证书,又相当于官衔标志。

镇圭、桓圭、信圭、躬圭,是天子和公、侯、伯三等高级职官的凭信之物,也可以说是不同阶级和职权的标志，所以也称之为"命圭"，是任命之圭或天命之圭的意思。圭的大小和型制都有规定。《周礼》中说："镇圭尺有二寸，天子守之。命圭九寸，谓之桓圭，公守之。命圭七寸，谓之信圭，侯守之。命圭五寸，谓之躬圭，伯守之。"

镇圭为王所使用，有安镇天下、威震四方的意思。镇圭的长度规定为一尺二寸，用五彩丝绳缠绕五道。上部削为尖首，像高山之形，比喻其为天下至尊，世间万物皆俯首其脚下；中间有一个圆洞，表示天子为政不偏不倚，方正于天下。天子除手执镇圭而外，腰间还有一圭，长三尺，中间部位稍薄，首为锥头形。天子在重大的国事场合之时，手执镇圭，腰插大圭，以突出其地位。

桓圭由公执持。规定长度九寸，用三色丝绳缠绕三道。桓圭的器形为上锋四棱，上尖下直，喻意是匡辅王室的栋梁之才，佐天子而治天下。所以，执桓圭者为一人之下、万人之上。

信圭用于侯爵执握，上端呈钝解，肩部两解琢成直立人身状，寓为忠勇正直。

躬圭由伯爵执握，上端为圆形，形如人弓曲，表示恭顺之意。

谷璧和蒲璧，是子爵和男爵的瑞信玉器，作用和四圭完全相同。谷璧和蒲璧的形制和六器中的苍璧相同，也没有尺寸规定，但是必须以谷纹和薄纹为饰，并以二色丝绳缠绕两道为准。谷纹饰用稻谷之形，寓意五谷丰登；蒲纹饰用蒲草之形，寓意欣欣向荣。这就是说，有了粮食和蒲席，人民有饭吃有觉睡，天下才会太平。

玉圭最早出土于山东龙山文化，商代也有出土，可以石斧或石锛演化而来。人们仍以留恋和崇拜的心理来看待先祖的遗物，因此，圭可以作为通神的礼器，又是君臣显赫的标志。

后世之人又仿圭的形意制作碑石和神灵牌位，也是一脉相承。

《周礼》规定了圭的其他用途，如谷圭七寸，天子以聘女。大璋九寸，诸侯以聘女。

用"瑞"的制度延续到了明朝。据《续文献通考》记载："明皇帝服衮冕用圭长一尺二寸，皮弁同。东宫服衮冕用圭长九寸五分，皮弁同。亲王服衮冕用圭长九寸二分五厘，皮弁同。世子服衮冕用圭长九寸，皮弁同。郡王圭同世子。郡王以下俱不得用圭。"这里虽然是改为服饰器，但是，等级差别仍是非常森严的。

天子的玉节

西周和春秋的分封制度，承认诸侯为封国的国君，并在其封疆的领域之内世代掌管统治大权。但诸侯必须定期向天子述职朝贡，按时上交贡赋和服役。按《周礼》的规定，凡属天子的国土和分属于诸侯的领地都称为邦国。这样，在国家与诸侯之间、诸侯与诸侯之间，都有正常的活动交往。以至于邦国与邦国之间，凡使臣往来，都必须出示一种凭据，既作为身份的证明，又作为意愿的表示，这种凭信就叫节。按《周礼》的说法："守邦国者用玉节。"这个邦国指的是天子的领土，是整个国家的范畴。也就是说天子之节是玉制，称为玉节，代表的是国家的意愿。至于在诸侯领地或地方城市的范围内，则规定使用角制之节。

天子的玉节主要是指珍圭、谷圭、琬圭、琰圭、牙璋五种瑞信玉器。牙璋是专用于调兵遣将，相当于后世的虎符。其余四种圭形玉器多为天子对诸侯及臣下处理国事时使用，如珍圭是国王的瑞节。"珍"，古时有"镇"的意思，表示安镇四方，专用于代表天子实行安抚赈救之事。琬圭造型没有棱角，呈浑圆状，用以治理德行、亲善和好，是表示和平的象征，常用此表达化干戈为玉帛的愿望，用以作为馈赠邦国及诸侯的礼品。琰圭的形制却正与琬圭相反，其左右两角棱有锋，锐利逼人，用以向犯上的臣下做兴师问罪之举，是天子派臣征伐诛讨用，有上方宝剑的作用。谷圭则是表达善意。

官帽和官袍

古代的官帽和官袍有等级之分，其上的玉饰是不同的。周代国家典章制度中规定了不同官员的礼仪佩饰，是权力的象征和等级的标志，也属于玉的政治化。以后，至清代，多个朝代都是以玉饰来作为官场礼仪的标志。周王朝宫廷上层用饰玉在品种范围上有一定的限制，其主要规定的品种有"全佩""冠冕""玉镇""玉笄""佩玉"等。

周代规定"全佩"是国君天子的专用佩戴之物。全佩是由多件玉器组成的一整套佩饰，它的形制也有规定。

古代官员之帽叫冠冕，冠冕的前后都悬挂有玉珠串，称为旒。旒所串的玉珠分为青、赤、黄、白、黑五种玉色，还要用五色丝线串起来。自天子算起往下排列，共有五种冠冕，主要以旒的多寡来区分。天子有十二旒，用玉珠288粒。诸侯及卿大夫为九旒，用玉珠216粒。上大夫为七旒，用玉珠168粒。下大夫为五旒，用玉珠120粒。士为三旒，用玉珠72粒。

"玉镇"是指和冕旒配合使用的耳饰，表示作为人臣只服从于王命，而不听任何不利于国君法度的内容。"玉笄"用以冠帽固冠用的，使用时将其穿过冕帽和发髻，下面再用丝绳系好，这样冠帽就会牢牢地戴在头上而不会掉下来了。

此外，古代官袍上的玉板是官爵等级的标志。据有关文献记载，唐代五品以上，皆用金带，到三品则兼金玉带。宋代规定，三品以上服玉带，四品服金带。明代规定皇帝、公、侯、驸马和一品文武官员都以玉板作为装饰标志。

君子无故玉不去身

佩用玉器是指专用于人身装饰的玉器。中国古代佩玉的品种相当繁多，如璧、环、璜、扳指、带钩、刚卯、翁仲、司南佩等。如按照人体各不同部位的用途划分，则有发饰、耳饰、项饰、臂饰、腕饰、首饰、腰佩饰等。现一般把人身之装饰统称为首饰。孔子讲过："古之君子必佩玉。"君子应包括上自天子、公、侯下至达官贵人的社会上层人物。由于佩玉本身就是等级的标志，所以对佩玉的玉材选用和色彩的配用有严格的规定。如按照《礼记》的记载，天子以白玉为佩，用黑色的丝带相贯；公侯以山玄玉为佩，用红色的丝绳穿系；大夫用水青色的玉为佩，必用纯色的丝绳穿挂；士于用瑜玉之佩，需用杂色丝绳组系；士用美石作佩，应用赤黄色的丝绳相贯。

官员佩玉的风气从春秋战国以后逐渐淡化，但是到了明朝又流行起来，官员上朝必须佩玉，行走时，玉佩发出声响，好像一曲美妙的协奏曲。但是，也会带来灾祸。据说，明世宗的时候，有一天早朝时，一位大臣兴高采烈地向皇帝献宝，由于走得很快，他的身体向前刹不住，不小心撞在了皇帝身上，而且，身上戴的玉佩还与皇帝的玉佩缠绕在一起，两个人一时分不开。殿上官员吓得不知如何是好，幸好有一位机灵的太监上前给解开了。这位大臣扑通一声跪在皇帝面前，吓得全身发抖，因为他知道冒犯君威是杀身之祸。皇帝望着这位大臣身上悬挂的玉佩，不禁哑然失笑，就赦免了他，并下令以后官员上朝必须用红纱带把玉佩套上,只有祈天大典时才可以解开。

《礼记》中还说:"古之君子必佩玉,右徵角,左宫羽。""进则揖之,退则扬之"这就是说,佩玉行走时,向前一步则身体前倾,再抬脚时则身体后仰,连贯行走,就形成不停顿的前倾后仰动作。这样一来就必然牵动身上佩戴的玉饰,使之发生互相碰撞,发出有节奏的音响。这声音非常优美,竟有如乐曲中的徵角宫羽之音,奇妙无比。同时,佩鸣之声还有另一层重要的含义,即以此向天帝人君表示自己绝无非份之心,是向统治者表示尽忠尽节的一种形式。

古时佩玉也有讲究,也要掌握好分寸尺度。《礼记》中讲了一具例子。故事的大意是:

石骆仲死了,他没有嫡亲的儿子,只有庶子六人,这就要通过占卜来确定谁可以代替嫡子的继承权。掌卜的人说:"谁沐浴佩玉,谁就可能在占卜中获得吉兆。"于是乎有五个人都进行了沐浴并佩戴了玉饰。可是石析子却说:"哪有在服亲丧期间沐浴佩玉的规矩呢?"只有他没有沐浴也没有佩玉。经过用龟甲占卜,果然是石析子获得了吉兆,得到了继承权。其实,这并不是龟的灵验,而是关于执行礼制方面的问题。在六位庶子当中,有五个人相信沐浴佩玉能得吉兆,其实这是不合礼仪的规范。只有石祈子能知礼并切实地按礼办事,因此也只有他能享受合法的继承权。

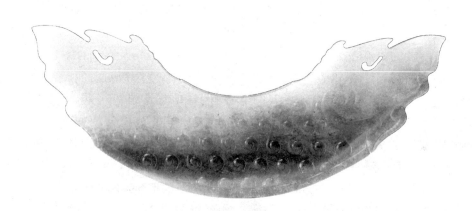

三、千古之谜和氏璧

和氏璧的来历

这一故事首先来源于《韩非子》一书,在《韩非子·和氏篇》中说了和氏璧的来历。

春秋时期,有一个楚国人名叫卞和,一次偶然的机会他在一座山下发现了一块玉璞,为了表示自己对君主的忠心,他把这块玉璞献给了楚厉王。玉璞是一种天然玉料,如果不经切割,外表看来和普通的石块没什么区别。楚厉王找来相玉家进行鉴定,玉工认为这就是一块普通的石块,没有什么价值。厉王非常生气,认为卞和有意欺骗他,就下令砍掉卞和的左脚,并把卞和驱逐出楚国。

楚厉王死后,楚武王继位,卞和赶回楚国,又把这块玉璞献给了楚武王,玉工仍鉴定为石头,武王又以欺君之罪砍掉了卞和的右脚。

又过了几十年,武王之子文王继位。这时的卞和又想把玉璞献给楚文王,无奈自己已是风烛残年,又被砍掉了双脚,行动很不方便,眼看自己的愿望无法实现,卞和便怀抱玉璞来到楚山下痛哭三天三夜不止,眼泪都流尽了,眼睛直往外滴血。这件事传到了楚文王那里,文王派人问卞和:"天下被砍足的人很多,你为何哭得如此悲伤呢?"卞和答道:"我并不是因为被砍掉双脚而痛哭,而是因为明明是宝玉却被误认为石头,忠贞之士被当作欺君之臣,我是为大王哭泣,他是非颠倒,黑白不分啊!"文王听后,命人把卞和带到宫殿,并使玉工当面剖开玉璞,果然得到一块无瑕的美玉。为了嘉奖卞和的忠君之心,文王将此玉命名为"和氏之璧",并把它奉为国宝而珍藏起来。

关于《韩非子》一书中的和氏璧记载，也有的表示怀疑，认为这是一个寓言故事，不是真有其事。但是，在中国历史上许多书都有记录，相信和氏璧是真的。如中国第一部史书《史记》中就有记载，秦代时，丞相李斯在上《谏逐客书》中提到："今陛下致昆山之玉，有随、和之宝。"西晋傅咸《玉赋》说："当其潜光荆野，抱璞未理，众视之以为石，独见知于卞子。"唐代大诗人李白《古风》中也说："抱玉入楚国，见疑古所闻。良宝终见弃，徒劳三献君"。

蔺相如"完璧归赵"的故事

蔺相如"完璧归赵"的故事，来源于《史记·廉颇蔺相如列传》。

"和氏璧"发现的消息很快传到了各诸侯国，各诸侯国的国君都想亲眼看看这件宝玉。据《战国策》中记载，公元前333年，楚国吞灭越国，楚威王因相国昭阳灭越有功，将和氏璧赐给了昭阳。一次，昭阳在水渊畔大宴宾客赏璧，是时有人大呼："渊中有大鱼！"众人乃离席临渊观之，回席后和氏璧竟不翼而飞。当时疑为门人张仪所窃，于是对张仪严刑拷打，张仪拒不承认，楚人无奈，只好将张仪释放了。张仪受此凌辱，怀恨在心，便一气之下离楚入魏，再入秦，后来成为秦国的宰相，游说诸国联秦背齐，复以使节身份入楚，瓦解齐楚联盟，尽取楚汉中之地，终于得报了此仇。

和氏璧销声匿迹几十年后，突然有一天在赵国出现了，至于和氏璧是怎样流落到赵国的，已成为历史上的一个谜。赵惠文王时，一个名叫缪贤的宦官从一个人手里购买到这块玉，经玉工鉴定后，方知正是失踪多年的和氏璧。赵王得知后，便将这件珍贵宝玉强夺去了。赵

国得到和氏璧的消息很快传到了秦昭王的耳中，秦昭王对这件稀世之宝非常喜爱，就派人送信给赵王，希望用15座城来换取和氏璧。赵王明知秦国想强取豪夺，但秦国势力强大，怕得罪秦国招来灭国之灾，只好派蔺相如捧璧出使秦国。

蔺相如到了秦国，把和氏璧献给了秦王，秦王看到玉璧，认为果真是名不虚传，非常高兴，将玉璧传给左右嫔妃大臣观看，众人皆呼万岁。蔺相如见秦王根本无意割城给赵国，就走上前去说："璧上有点瑕疵，让我指给大王看看"。秦王将璧递给了蔺相如，蔺相如持璧而立，大怒道："大王您想得此璧，派人送信给赵王。赵王召集群臣商议时，群臣们认为秦国依势欺人，拿十五座城换玉璧只不过是一种空话。可我认为百姓之间交往都不会欺骗，何况秦国是一个大国呢！况且因一璧而得罪秦国，实在不值。赵王采纳了我的建议，为了表示对秦国的尊重，赵王还斋戒五日后，才派我将璧送给您。可大王您在召见我时无礼傲慢，还将璧传给众人看，这是在戏弄我和赵国。我看大王您根本无意割城易璧，就取回此璧。您若再逼我献出玉璧，我的头就和这玉璧一起撞碎在这柱子上。"蔺相如说罢，高举玉璧做出撞击柱子的样子。秦王惟恐玉璧被撞碎，连忙道歉，并召人拿来地图，指出给赵王割去15座城。蔺相如看出这不过是秦王的缓兵之计，就对秦王说："赵王派我送璧之前曾斋戒五日，现在大王您也应斋戒五日，并设九宾之礼，这样我才会献出玉璧来"。秦王见无法强夺，只好同意了。蔺相如回到宾舍，想秦王虽然答应斋戒，但秦王的一举一动表明他根本不可能割城给赵国。于是便派手下人乔装打扮，怀揣玉璧，连夜逃回了赵国。

五日后，秦王在宫廷内设九宾之礼，命人请蔺相如。蔺相如进宫后对秦王说："秦国从缪公以来20余位君主，没有一位是恪守信约的。我担心因您的失约而辜负赵王对我的重托，所以已派人把玉璧送回了赵国。秦国强盛而赵国弱小，如果大王先割十五城给赵国，赵国怎么会留璧而得罪您呢？我知道欺君之罪当杀，我愿下汤锅，您看着办吧。"秦王和众臣听后面面相觑。有的大臣建议将蔺相如囚禁起来，再攻打赵国。秦王想即使杀了蔺相如也得不到玉璧，而且还会使两国的关系恶化，不如厚待蔺相如，自己也可得一个明君的声誉。于是秦王在宫廷内以隆重的礼节款待蔺相如，并将他送回赵国。

和氏璧下落之谜

公元前228年，秦国大军攻占赵国，赵幽王投降，献出了和氏璧。秦王嬴政统一六国，建立了强大的秦王朝，和氏璧最终落到了秦国的宝库之中。但从此以后，和氏璧到哪里去了呢？它又围绕着秦始皇传国玺之说，在历史上引起了激烈的争论。

秦始皇传国玺的玉材有两种说法，一是和氏璧，一是蓝田玉。从汉代迄今2000多年来，争论纷纭，难以统一。持蓝田玉观点者始于汉代，如宋表所撰《世本》中说："鲁昭公始作玺，秦兼六国称皇帝，始取蓝田之玉制玺，玉工孙寿刻之，李斯为大篆书之，形制如龙鱼凤鸟之状，稀世之至宝也。"但是，到了晋代，学者一改汉代学者观点，普遍主张传国玺为和氏璧所琢，刻文也不是汉代学者所说的"受天之命，皇帝寿昌"，而是"受命于天，既寿永昌"。到唐朝时，又有两种观点，如《颜氏家训集解》称："卞和璧，始皇以为传国玺也。"徐令信的《玉玺谱》说："传国玺为秦始皇所刻，其玉出蓝田山。"宋代学者郑文宝撰《传国玺谱》列举了传国玉玺可能存在两种版本的历史说法，但偏向于认为传国玺以和氏璧琢成："国玺者，本卞和所献之璞……；致秦始皇并六国时，独有天下，乃命李斯篆书，诏工人孙寿，用是璧为之。一云用蓝田玉作之。其篆文云：'受命于天，既寿永昌。'"元、明、清代也是两种说法，但以和氏璧为多。到了20世纪初，我国现代地质学的奠基者之一章鸿钊在充分肯定和氏璧说基础上指出"是秦玺，或本有二矣。"目前，持两种观点的学者都有，值得注意的是近年有的学者提出，依据明代《三国演义》等资料，推测秦代制作有和氏璧和蓝田玉为材料的两个玉玺，两者篆文不同，前者"受命于天，既寿永昌"，后者是"受天之命，皇帝寿昌"。用和氏璧琢的玉玺，在秦始皇嬴政三年（公元前219）年视察洞庭湖时丢失于湖内。

这样，关于和氏璧的下落，至少有三种说法。一是说用和氏璧制成了传国的玉玺，历经两汉、魏晋、隋唐以至于五代，大约在后唐清泰三年即公元936年焚于烈火之中，前后历经1158年之久，传了上百位皇帝，从此流失不见。一是说秦始皇玉玺是用蓝田玉制成的，和氏璧没有制成玉玺，推测它被埋在了秦始皇陵墓内，或是藏在项羽的都城彭城（今江苏徐州），或许遗落在项羽败死的垓下（今安徽灵璧）。一是说秦始皇玉玺有和氏璧和蓝田玉为材料的两个，和氏璧琢的玉玺，在秦始皇嬴政三年（公元前219年）视察洞庭湖时丢失于湖内，从此下落不明。

秦始皇传国玺传奇

和氏璧传国玺之说，在我国历史上流传很

久。说是秦始皇命李斯用和氏璧制作皇帝御玺，玺由李斯篆书了"受命于天，既寿永昌"八字，由咸阳玉工孙寿精心制成。秦始皇想让这块玉玺也代代相传，因此称为"传国玺"。从此，随着时代的发展，王朝的变迁，传国玺在中国历史上谱写了一曲轰轰烈烈的壮歌。

公元前207年10月，刘邦率军至灞上，秦王子婴捧玺跪于咸阳道上，秦灭亡，传国玺归刘邦所有。其后，刘邦打败项羽建立汉王朝后，传命玉玺代代相传，号曰："汉传国玺"。

西汉末年，王莽篡权。当时因小皇帝刘婴年幼，传国玺由皇太后代管。王莽让弟弟到长乐宫去要玉玺，皇太后气愤地把传国玺使劲摔到地上，骂道："得这块亡国玺，看你兄弟有什么好下场！"传国玺被摔缺了一角，后来王莽用黄金镶补，但无济于事，还是留下了缺痕。王莽被杀，玺为校尉公宾所得，献给绿林军将领李松。又由李松派人送给尚在南阳的更始帝刘玄。刘玄为赤眉军虏获后，传国玺落入赤眉军拥立为帝的刘盆子手中。后来随着刘盆子的投降，传国玺为东汉光武帝刘秀所得。东汉末年，外戚何进谋诛宦官不成，反为宦官所害。何进部下袁绍领兵入宫诛杀宦官，宫中大乱，汉少帝夜出北宫避难，仓促间未带传国玺，返宫后传国玺杳无下落。随后发生董卓之乱，少帝被杀。董卓拥立汉献帝刘协，并强迫迁都长安。关东各地军阀纷纷起兵讨伐董卓。长沙太守孙坚攻入洛阳。某日辰时，兵士在城南甄宫中一井中捞出一锦囊，内有金锁扣着朱红小匣。孙坚撬开小匣，从中取出一方玉玺，正是传国玉玺。孙坚获玺之后，心生异念，但不久与江夏太守黄祖作战身死。孙坚之妻吴氏扶榇归里，扬州刺史袁术拘留吴氏，强取传国玺。其后，袁术称帝不成，忧郁而亡，广陵太守徐璆又从袁术之

妻手中夺玺，献于曹操，由曹操转交汉献帝。延康元年（公元220年），汉献帝被迫"禅让"，曹丕建魏，改元黄初。乃使人于传国玺肩部刻隶字"大魏受汉传国玺"。魏元帝曹奂咸熙二年（公元265年），司马炎称晋武帝，改元泰始，传国玺归晋。晋怀帝永嘉五年（公元311年），前赵刘聪俘晋怀帝司马炽，玺归前赵。东晋成帝咸和四年（公元329年），后赵石勒灭前赵得玺，更别出心裁，于右侧加刻"天命石氏"。穆帝永和八年（公元352年），石勒为慕容俊灭，濮阳太守戴施入邺（今邯郸东南临漳）得玺，使何融送归东晋。

传国玺归东晋后，经南方宋、齐、梁、陈四朝，公元589年，陈朝灭亡，为隋朝所有。大业十四年（公元618）三月，隋炀帝杨广被杀于江都（今扬州），隋亡。隋炀帝皇后萧氏与其孙杨正道携带传国玺逃往突厥。唐初，太宗李世民因无传国玉玺，乃刻数方"受命宝""定命宝"等玉"玺"，聊以自慰。贞观四年（公元630），李靖率军讨伐突厥，同年，萧后与元德太子背突厥而返归中原。萧后说："此乃传国玉玺。太宗即位，天下归心，理应物归正主。"太宗一听说是传国玉玺，忙接过匣子，正是传国玉玺。唐末，天下大乱，群雄四起。唐天佑四年（公元907），朱全忠废唐哀帝，夺传国玺，建后梁。十六年后，李存勖灭后梁，建后唐，得传国玺。又十三年后，石敬瑭引契丹军至洛阳，末帝李从珂怀抱传国玺登玄武楼自焚，传国玺就此失踪。

陈桥兵变，宋太祖赵匡胤黄袍加身做了大宋皇帝时，仅得后周两方国玺，而无传国玺。传国玺流落何处？遂成千古之谜。

由于历代统治者极力宣扬传国玺是"天命所归"，为封建社会帝王、政客所逐鹿，因此后来均有以假乱真的"传国玺"不断问世。如北

宋绍圣三年（公元 1096 年），咸阳段义于河南乡掘地修舍，获一方"色绿如兰、温润而泽"的玉印，经蔡京等 13 名官员"考证"，奏称哲宗"真秦制传国玺"。清初，故宫交泰殿贮御玺 39 方，其中一方"受命于天、既寿永昌"的玉玺被人称为"传国玺"。公元 1746 年（乾隆 11 年），乾隆皇帝从中钦定 25 方宝玺时，将此方宝玺剔除，可见是赝品。传国玺到底"流落"在哪里？希望总有一天人们能解开传国玺失踪的千古疑案。

和氏璧是什么玉石

和氏璧是什么玉，古人记载很少。最早的《韩非子·和氏篇》一书中指出是"璞"。唐代杜光庭在《录异记》描述和氏璧说："藏星之精，坠入荆山，化而为玉，侧而视之色碧，正而视之色白。"元代陶宗仪在《南村辍耕录》中称："传国玉玺色彩青绿而玄，光彩照人。"

现代地质学发展，学者对和氏璧的玉石种类提出了多种观点，包括有拉长石、绿松石、独山玉、蓝田玉、和田玉等，由于和氏璧没有找到，无法确定玉石种类，众说都只是推测。

拉长石说流传最早和最广。中国著名的地质学家章鸿钊在 20 世纪初著的《石雅》中，根据杜光庭《录异记》的记载"侧而视之色碧，正而视之色白"，首先提出是有色变效应的拉长石（腊长石）和月光石，说："腊长石每积叠薄版而成，光随隙入，时现时伏。必反侧观之，至适当方向，光乃反映成碧，且质似玉而非玉，和氏之璧，或颇似之。其与腊长石性质均相近者，又有月光石一种，亦长石之类。"近 30 多年来，不少宝玉石专家赞同此说，因为拉长石是斜长石族最重要的宝石，它的诱人之处是透过宝石面可以见到彩斑状的颜色。大块拉长石显示的

这种效果最佳，被称为"闪光变彩"，这是由于它的特殊层状结构引起的，变彩主要为绿色、蓝色。同时，人们在卞和所在的湖北地区寻找拉长石，甚至传说已经找到。卞和所在南漳县有关卞和民间传说较多，有"抱璞岩""金镶坪玉印岩""凤凰台""卞和故里（卞和宅）""卞和墓""卞和庙"等，为古今人们所崇敬瞻仰，甚至有"泰山景高，荆山独秀"之说。

绿松石说，也见于章鸿钊的《石雅》中，主要根据产地和绿松石的颜色而提出，说："今绿松石正产竹山县、郧县及郧西县诸处，亦皆在南漳县西与西北，则产地固略符矣。绿松石色常青碧，与《录异记》所谓色常碧者亦合。然则和璧果有异于是乎，斯又敢断言矣。"近年有的专家认为和氏璧产自湖北荆州地界，绿松石是湖北特产的玉石，而且绿松石通常有一层外皮，也赞同是绿松石。

独山玉说是近年来提出的，主要根据是独山玉的主要矿物成分是斜长石，有多种颜色，以色带产出，即一块独山玉正面看是一层白玉，而侧面看则可出现带状分布的白玉、绿玉、紫玉等，正合"侧碧、正白"之记载。同时，卞和生活的时期，楚国的都城位于现在南阳市淅川县，因在楚之前独山玉就已开采，宛城为楚国重镇，卞和又是楚国人，得独山璞玉有可能性。

蓝田玉说，主要是根据传国玉玺由蓝田玉制成提出的。

以上诸说，主要是根据杜光庭在《录异记》的颜色记载提出的，对此，笔者早在 20 多年前曾提出过质疑。杜光庭是唐末五代时期的著名道士，他写的《录异记》属于神仙传记集和宣扬道门灵验的志怪作品。他说的"藏星之精，坠入荆山，化而为玉，侧而视之色碧，正而视之色白。"说和氏璧是天上星星坠落在荆山，化成了

141

玉,才有了两种颜色,这正是志怪作品的特点,以此作为科学依据是值得商榷的。笔者认为判断和氏璧主要应根据《韩非子·和氏篇》的原文记载,是"玉璞","璞是"藏有玉的石头",外面包围的是石头,美玉藏在中间,因此,"王乃使玉人理其璞,而得宝焉。"璞玉在昆仑美玉中有多种,有的是一层薄薄的外皮,称为皮子,有多种颜色,商代时用作俏色玉,可能已认识这种玉了。还有一种皮包得很厚,外面是糖色或者是石头,分别称为"糖玉"和"石包玉"。"石包玉",美玉被包在石头中,这正符合和氏璧所说"玉璞"的特点。相反,拉长石、绿松石等都没有这一特点。加之蔺相如说和氏璧有瑕,这瑕应是指玉而言,春秋战国所说的玉德中已多次提到了和田玉的瑕问题,可见,那时瑕是对和田玉而言。因此,和氏璧可能是和田玉。

其实,古代就有人提出和氏璧是昆仑美玉。如宋代大科学家宋应星在《天工开物》中论述昆仑美玉时曾明确指出:"凡璞藏玉,其外皮曰玉皮,取为砚托之类,其价无几。璞中之玉,有纵横尺余无瑕者,古帝王取以为玺,所谓连城之璧,也不易得。"他认为"所谓连城之璧"是昆仑山"璞中之玉",这也许是我国第一个提出和氏璧是昆仑美玉的人。以后,乾隆皇帝也曾说,清殿中"有受命于天,既寿永昌一玺,不知何时附藏于殿内,把置于正中。按其词虽类古所传秦玺,而篆法拙俗,非李斯虫鸟之旧明甚。独玉宝莹洁如脂肪,方得黍尺四寸四分,厚方得之三,以为良玉不易得,信矣。若论宝,无总非秦玺,即真秦玺,亦何足贵。"可见,乾隆也认为古人以"玉宝莹洁如脂肪",信为秦玺。

和田玉说也遇到质疑:一是和田玉远在昆仑山,那时怎么可能到了楚国? 这一问题,现在的考古成果已经解决了,因为商代时,和田玉已是王玉的主要玉材,而且楚国出土也有。二是春秋战国时,昆仑美玉已为玉工所熟悉,怎么不认识呢? 这确实是一个待研究的问题。和田玉最早开采的是河中子玉,山玉何时开采没有准确的资料,或许是商代或西周,或更早。但是"石包玉"是一种特殊的山玉料,其外表为石质或是很厚的糖皮,问题在于这种玉料在春秋战国时期主要是使用子玉的情况下,玉工是否认识这种特殊之"石包玉"呢,也不得而知,有待深入研究。当然,和田玉说也存在有问题,如卞和在楚国,取玉于荆山,他又如何得到和识别这"璞中之玉"? 秦始皇时,为何把昆山玉与随、和之宝并列? 或许在荆山真有一种现在还没有找到的"璞玉"! 总之,和氏璧是什么玉种也是一个千古之谜。

四、《鸿门宴》与玉器的故事

《鸿门宴》的历史

玉是王权的代表,王公、贵族和君子以佩玉作为荣耀,因此,从周代以来佩玉之风盛行。佩玉是有特殊意义的,这在楚、汉相争的《鸿门宴》中表现得淋漓尽致。

《鸿门宴》的故事出于《史记·项羽本记》,这是一个真实的历史事件。《鸿门宴》是从秦崩溃到汉建立的历史过程中的一个重要片断,是楚、汉相争的一个序曲。通过这一历史事件的叙述,可以看到了刘、项之间为争夺政权而进行的一次尖锐、复杂的斗争,生动地表现了刘邦和项羽两人的形象。

项羽是一个勇而少谋、刚愎自用、沽名钓誉、骄傲自大的人。他有40万的兵力,实力远远超过刘邦,当听到刘邦"欲王关中"的消息后,便怒不可遏,企图一举而消灭刘邦。但是他疏于对项伯的戒备,又被刘邦的假象所迷惑,听不进范增的意见,宴前欲击而未击,宴上可杀而未杀,宴后宜追而未追,从而一再贻误战机,丧失了斗争的主动权。对樊哙表示"宽宏大度",直到最后还欣然接受刘邦的礼物。结果领导集团内部矛盾重重,众叛亲离,在《鸿门宴》上成为失败的英雄。

刘邦也有争王之心,但他自知只有兵10万,实力较小,不是项羽对手。他虚心听取张良、樊哙等人意见,善于策略,不惜委曲求全,利用项羽内部矛盾和项羽本身的弱点,在关键时刻得以逃席,化被动为主动,改变了危险的局面,成为《鸿门宴》中的胜利者。

"宜将剩勇追穷寇,不可沽名学霸王",这是我国伟人毛泽东对这一段历史的总结。他还指出："从前有个项羽，叫做西楚霸王，他就不爱听别人的不同意见。他那里有个范增，给他出过些主意，可是项羽不听范增的话。另外一个人叫刘邦，就是汉高祖，他比较能够采纳不同的意见。""刘邦同项羽打了好几年仗，结果刘邦胜了，项羽败了，不是偶然的。"

那么，在《鸿门宴》中玉器起了什么样的作用呢？

范增举玦

刘邦的军队10万，驻在灞上，还没有能和项羽相见。项羽的军队40万，驻在新丰鸿门。刘邦的左司马曹无伤是一个内奸，派人告诉项羽说："刘邦想要在关中称王，把珍宝全都占有了。"项羽有一个谋士叫范增，项羽称为"亚父"，也劝告项羽："刘邦有天子之气，志在争夺天下，是你的主要劲敌，要赶快攻打，不要失去机会。"项羽听了大怒，下令说"明天早晨犒劳士兵，给我打败刘邦的军队！"

在这个时候，楚国的左尹项伯，是项羽的叔父，一向与张良非常友好，于是连夜骑马跑到刘邦的军营，私下会见张良，把事情全告诉了他，叫张良和他一起离开。张良说我不能不守信义，于是把全部情况告诉了刘邦。刘邦得知了项羽的意图，他自知军力不如项羽，必须避免与项羽立即决战，在他现出"为之奈何"的惊慌之余，听从了张良的计策，使用献殷勤、说假话、称兄弟、攀亲戚等手段，千方百计地拉拢、收买项伯，以便利用项伯成为自己的代言人，分化瓦解项羽的营垒，挫败项羽的进攻计划。项伯果然中了刘邦的计策，他一面提出要沛公往谢项王，一面又先向项王为刘邦疏通，提出"今人有大功而击之，不义也。不如因善遇

之"的主张，企图平息事态。项羽为博得一个"仁慈""义气"的虚名，竟放弃了"旦日"击破刘邦军队的计划，失掉了有利的战机。这样，使一触即发的战争形势，立即转化为鸿门宴上的一场席上交锋。

次日一早，刘邦到了鸿门，向项王谢罪说："我和将军并力攻打秦国，将军在黄河以北作战，我在黄河以南作战，但是我自己没有料到能先进入关中，灭掉秦朝，能够在这里又见到将军。现在有小人的谣言，使您和我发生误会。"这一谢罪，先从互相配合攻秦的老交情说起，以唤起项羽风雨同舟、患难与共的友军感情，恭维了项羽的功勋，也表白了自己的苦劳；接着，又说自己"能先入秦破关"是一件"不自意"的事，暗中说明自己并无"王关中"的企图，又说"得复见将军于此"，渴望见到将军，当然没有大动干戈的必要；然后，他又把项羽恼火的原因，说成是由挑拨离间的"小人之言"造成的误会，以此来融解凝冻的空气，给项羽留有转身的余地。项羽完全被刘邦的甜言蜜语所迷惑，从思想上解除了武装，改变了原定的军事计划，而且轻率地把曹无伤暗送情报的事情泄漏给刘邦。

刘邦谢罪成功，项羽设宴款待刘邦。宴会席上，项王、项伯朝东坐，范增朝南坐，刘邦朝北坐，张良朝西陪侍。有远见的范增却不肯善罢甘休，他认为放虎归山，后患无穷，所以，范增多次向项王使眼色，三次举起他佩带的玉玦暗示项王，"举所佩玉玦以示之者三"，让项羽当机立断，杀掉刘邦。但项羽认为刘邦既已臣服，"默然不应"。可以看出，项羽与范增对刘邦的看法出现了分歧。

范增举"玉玦"是什么含义呢？玉玦是古代的一种圆形玉器，形状同璧周边有一个缺

口。"玦"的本意是有一个缺口。由于"玦"与"决"同音,古人玉玦赋予以"君子能决断则佩玦",是表示决断的意思。《荀子》中曾说:"绝人以玉玦,反绝以环。"就是说古人用玉玦表示与人断绝关系,用玉环表示复交或和好。项羽设鸿门宴的目的是要在鸿门宴上杀掉刘邦。范增看到项羽改变了主意,因此三次出示玉玦,就是敦促项羽下定决心,和刘邦断绝关系,将其杀掉,以除后患。

刘邦献"白璧""玉斗"

范增看透了项羽徒慕虚名而"为人不忍"的弱点,一计未成,再生一计。于是他起身出去召来项庄,说:"君王为人心地不狠,你进去上前敬酒,敬完酒,请求舞剑,趁机把沛公杀死在座位上。否则,你们都将被他俘虏!"项庄进去按范增计策行事,拔剑起舞,而项伯也拔剑起舞,常常用身体像鸟张开翅膀那样掩护刘邦,使得项庄无法刺杀。

在这千钧一发之际,张良至军门见樊哙,对他说:"情况很危急!现在项庄拔剑起舞,他的意图常在沛公身上啊!"樊哙说:"这太危急了,请让我进去,跟他同生死。"于是樊哙拿着剑,持着盾牌,冲入军门,用盾牌撞倒卫士,进入宴厅,瞪着眼睛看着项王,头发直竖起来,眼角都裂开了,气势咄咄逼人。接着,喝了项王赐的酒,吃了赏的一条猪腿,樊哙的勇猛、粗犷,博得了项羽的赞赏。樊哙向项王说:"秦王有虎狼一样的心肠,杀人唯恐不能杀尽,惩罚人唯恐不能用尽酷刑,所以天下人都背叛他。怀王曾和诸将约定:'先打败秦军进入咸阳的人封作王',现在沛公先打败秦军进了咸阳,一点儿东西都不敢动用,封闭了宫室,军队退回到灞上,等待大王到来。特意派遣将领把守函谷关

的原因,是为了防备其他盗贼的出入和意外的变故,这样劳苦功高,没有得到封侯的赏赐,反而听信小人的逸言,想杀有功的人,这只是灭亡了的秦朝的继续罢了。我以为大王不应该采取这种做法!"樊哙的陈词既有奉承,又有责备,刚中有柔,勇中有智,与刘邦的口径如出一辙,说得项羽无话可说,予以赐座。

刘邦看到形势急变,起身上厕所,乘机把樊哙叫了出来。樊哙说:"做大事不必顾及小节,讲大礼不必计较小的谦让。现在人家正好比是菜刀和砧板,我们则好比是鱼肉,告辞干什么呢?"于是就决定离去。刘邦就让张良留下来道歉,把带来的玉璧和玉斗献上。估计刘邦已回军营时,张良进来向项王道歉,说:"沛公禁受不起酒力,不能当面告辞。让我奉上白璧一双,再拜敬献给大王;玉斗一双,再拜献给大将军。"项王就接受了玉璧,把它放在座位上。亚父接过玉斗,放在地上,拔出剑来敲碎了它,说:"唉!竖子不足与谋!夺项王天下者必沛公也。吾属今为之虏矣!"范增已预感到以后项羽斗争的失败。刘邦回到军营,立刻把曹无伤杀了。

这里献玉器中有两个问题:一是刘邦为什么带来玉璧和玉斗;二是为什么宴会上刘邦不能献。

玉在王公中的崇高地位,从夏代时已开始,周代更以《周礼》规定下来,春秋战国时,诸侯会见都以玉器为礼,以表示尊敬。玉璧是古代流行的珍贵玉器,有象征和平友好之意。白玉制作的玉璧价值更是高,白玉无瑕,象征人的品质很好,心地无瑕。刘邦以白玉璧敬送项羽,一是表明对他的尊敬;二是表明自己心地纯洁,是无辜遭人诬陷。刘邦献玉斗给范增,一是对长辈的尊敬,对其计谋的敬畏,希望与

其友好相处，请范增手下留情；二是寓意范增年事已高，可安享晚年，少管闲事。刘邦献玉器所表现出的心态，自然逃不过范增的猜度。针对"项王则受璧，置之坐上"这种麻木而坐失良机的行为，范增极其愤怒，"受玉斗，置之地，拔剑撞而破之"。事实上，项羽的霸业也正是由此而转衰的。

为什么宴会上刘邦不敢献呢？刘邦的说法是："我持白璧一双，欲献项王，玉斗一双，欲与亚父，会其怒，不敢献。"刘邦不敢献可能原因有两个：一是春秋战国时，以玉器相赠的礼仪非常盛行，国家之间的国事访问往往要用璧作为凭信，就是所谓"问士以璧"。当时，项羽地位显赫，已统领诸侯，刘邦难以"望其项背"。如果以诸侯会盟的璧礼见项羽，包含着想与项羽平起平坐的意思，容易产生误解；二是当时宴会上充满杀机，刘邦是以谢罪和下属的姿态恭候项羽，说"臣与将军戮力而攻秦，将军战河北，臣战河南，然不自意能先入关破秦，得复见将军于此。"表白自己"能先入秦破关"是一件"不自意"的事，没有"王关中"的企图。樊哙也说：刘邦"还军灞上，以待大王来。"这样，只有刘邦离去后由张良代送。项羽刚愎自用，不识刘邦之计，只有失败了。

姜子牙钓鱼的传说

我国古代玉器的特殊用途早已有之，姜子牙钓鱼的传说中就用上了玉璜。

传说当年姜太公于渭水河畔垂钓。一天，钓了一条赤鲤，剖开鱼腹发现有一个玉璜，上面刻着9个篆字："姬受命吕佐之报于齐。"意思是，周文王受天之命请姜吕佐辅，功成后，封

齐地报答太公。太公见此璜，心里有底了，于是，整天举个空竿，等待姓姬的周文王来。

周文王见纣王昏庸残暴，丧失民心，就决定讨伐商朝。可是他身边缺少一个有军事才能的人来帮助他指挥作战。他暗暗想办法物色这种人才。有一天，周文王坐着车，带着他儿子和兵士到渭水北岸去打猎。在渭水边，他看见一个老头儿在河岸上坐着钓鱼。大队人马过去，那个老头儿只当没看见，还是安安静静钓他的鱼。文王看了很奇怪，就下了车，走到老头儿跟前，跟他聊起来。经过一番谈话，知道他叫姜尚（又叫吕尚，"吕"是他祖先的封地），是一个精通兵法的能人。文王非常高兴，说："我祖父在世时曾经对我说过，将来会有个了不起的能人帮助你把周族兴盛起来。您正是这样的人。我的祖父盼望您已经很久了。"说罢，就请姜尚一起回宫。因为姜尚是文王的祖父所盼望的人，所以后来叫他太公望。在民间传说中，叫他姜太公。

玉璜是一种弧形的玉器，玉璜的形制《周礼》中称"半璧为璜"。其实多数璜只有璧的三分之一或四分之一。璜的用途，一是在周礼"六器"中用璜礼祭北方。古人礼璜，有秋收冬藏的意思；二是作为佩饰用，这更为广泛。璜的形式有的说来源于彩虹，是古人模仿彩虹制作的；也有的说璜是早期的火镰，取火用的，古人出于对火的崇拜，立为礼器；还有的说是原始渔猎时代，古人喜爱模仿自然，璜的造型是模仿鱼。考古学家发现同时期出土的彩陶上，绘有大量抽象和具象的鱼纹。玉和彩陶同时发育，二者相互参鉴，非常可能。最后这一说法，后人就借用到"姜太公钓鱼"的故事中了。

五、玉玺的故事

玉玺来源于何时

玺是什么？东汉许慎在《说文解字》中说："玺，王者之印也。"古人造此字，从尔从玉，意思是上天授尔宝玉为天下君，尔当宝之以执掌天下。玉是权力的化身，"玉玺"代表着古代国家最高权力和威严。

在中国故宫博物院中存放着各个历史时期的珍宝近百万件，其中很多文物都是绝无仅有的稀世珍品。在这众多的宝物中，哪一种最能代表皇帝的无上权威和地位呢？这就是玉玺，又称玺宝。清代乾隆帝曾说："盖天子所重，以治宇宙，申经纶，莫重于国宝。"中国历代的统治者都十分重视御宝的微信作用，将其作为国家的象征物，皇帝治理天下的凭证。

我国最早的印，据考古资料证实是陶玺。湖北长阳土家族自治县文物部门在发掘商周遗址时，出土了两枚陶玺。经国家文物局鉴定，这是目前中国考古发现最早的古玺。该两玺均为泥质，呈黄褐色，似已烧结。印面均系椭圆形，印文至今无人识得，与目前所见卜辞文字和西周金文似非一系。印纽随泥捏就，为不规则柱形，上端与下端稍细，形制极为简朴。

玺，本来是印。据古代文献说："秦以前，民皆以金玉为印，龙虎纽，唯其所好。然则秦以来，天子独以印称玺，以独用玉，群臣莫敢用也。"这就是说，自秦以来，玺是专指皇帝的印。就是这样一枚小小的印章，凭着这个一个人就可以名正言顺的成为真龙天子，有权享受任何的荣华富贵，有权拥有天下的一切。

公元前 221 年，当秦始皇初定天下之时，即创立了六玺之制和传国玉玺。六玺包括有皇帝行玺、皇帝之玺、皇帝信玺、天子行玺、天子之玺、天子信玺，以作为处理国事之用。传国玉玺是一枚代表天命皇权之玺，秦始皇严格规定为天子一人专用，成至尊之称。除天子外，任何人不得用玺。历代帝王皆以得此玺为符应，奉若奇珍，视为国之重器。得之则象征其"受命于天"，失之则表现其"气数已尽"。凡登大位而无此玺者，则被讥为"白版皇帝"，显得底气不足而为世人所轻蔑。因此，使得欲谋传国玉玺之辈你争我夺，致使该传国玉玺屡易其主，辗转上百个帝王和一千多年，然终于销声匿迹，至今杳无踪影。

汉代玉玺

玉玺是国之大宝，汉武帝即位，即用昆仑美玉制作六玺。据东汉《汉官旧仪》载："秦汉以来，天子独称玺，又以玉，姓臣莫敢用也。""皇帝六玺，均白玉，螭虎纽。"当时，天子六玺，印文是：皇帝行玺、皇帝之玺、皇帝信玺、天子行玺、天子之玺、天子信玺。皇后也有玺，"皇后玉玺文与帝同。皇后之玺，金螭虎纽。"这里首次说明皇帝玉玺是白玉制成。

白玉当来自昆仑山。汉武帝派遣张骞通西域一个重要使命，就是打通中原能往西域的通道，使昆仑美玉进入汉王朝。司马迁《史记》记载了此事，说汉使派人去于阗国昆仑山的河流中采来玉，用来制作皇帝的玉玺。

秦始皇传国玉玺下落不明，那么，汉武帝时代玉玺还存在吗？它又是用什么玉琢成的呢？一个小学生的偶然发现为解开这个谜提供了线索。

据报道，那是1968年，陕西省一位三年级小学生在古沟一个渠旁偶然拣到了一件东西，只见这件东西发白发亮埋在泥里，印章朝下，

印纽朝上，当时觉得好看，就拣了回家，村里人也认不得，到了西安陕西省博物馆，经专家鉴定原来是一颗玉玺。这一玉玺高仅2厘米，四方形，边长2.8厘米，重33克。通体晶莹，玉材是昆仑白玉。玺上凸雕有螭虎纽，四周阴刻云纹，底面阴刻篆文"皇后之玺"四字，字体端庄而流畅。这件玉玺是皇后之玺，这是哪个皇后的玉玺呢？专家研究，玉玺出土地点狼家沟，距刘邦的长陵陵冢与吕后陵冢仅2千米，因之这件玉玺应当就是吕后所使用的。后被葬入陵中为供祭品，因陵墓被盗，玉玺流落土中，后被雨水冲刷到沟中。

过去人们以为秦汉玉玺已无存人世，这一发现便成为稀世之宝。

1983年广州市象山汉代南越王赵眜墓中发现了两枚帝王玺，尺寸相同，均高1.7厘米，宽2.3厘米。其中一枚为青黄色玉料，螭虎纽，白文篆刻"帝王"两字；另一枚为黄白色玉料，覆斗纽，阴刻篆文"赵眜"两字。

宋徽宗授玉宝大赦天下

玉玺又称玉宝，因为它是代表天命的，又称为受命宝。历代皇帝总是千方百计找到昆仑美玉，制成受命宝，以统治天下。我国自古以来有天命神授的传统观念，没有天命怎么能做皇帝呢？而这天命只有玉才能代表，受命宝当然只有用天下最好的玉琢制，这样，皇帝把目光转向了西域昆仑美玉。典型的例子是宋徽宗"九宝"的故事。

宋王朝自公元960年建立以来加强了与西域的联系，使昆仑美玉不断运到宫廷，以制作玉玺之用。早在宋太祖赵匡胤登基之时，开始琢制受命之宝。到宋太宗赵光义之时，又自制"承天受命之宝"。从此以后，凡新帝继位，

都要自制一颗受命之宝，为"皇帝恭见天命之宝"，证明自己是奉天命而做的皇帝，以此来统驭天下。嘉祐八年(1063年)宋仁宗赵祯驾崩，英宗赵曙要将仁宗的受命宝用以为葬，翰林学士上奏说，受命宝就如同以前的传国玺，应该一代代传下去。英宗根本不听，毅然将其葬入仁宗陵寝之中，自己另造了一枚受命之宝。

宋哲宗赵煦绍圣三年(1096)时，咸阳有一个人叫段义，家乡掘地时得到了一枚玉玺，据说出土时光辉照室。后经礼部、御史、翰林多方考证，结论为"非汉以后所作"，是秦玉玺。君臣上下额手称庆，特意择定吉日，斋戒祭祀，告庙改元，恭奏天地社稷，是为国家最隆重的大典。然而，百姓议论纷纷，当传到宋徽宗赵佶手里，终不信之，"黜其不用"。

宋徽宗即位，非常热衷于玉宝，多次派人到于阗国求玉。宋人张世南在《游宦纪闻》中记载了宋徽宗时向于阗国求玉的经过，内中引用了于阗国用本国文字书写的表文，由朝廷的文人翻译成汉文，读之非常有趣，充分说明于阗对朝廷的忠诚。该文中说："大观中，添创八宝，从于阗国求大玉。一日忽有国史奉表至。故事下学士院召译表语，而后答诏。其表云：'日出东方赫赫大光，照见西方五百国条贯主狮子黑汗王，表上日出东方赫赫大光，照见四天下条贯主阿舅大官家，你前时要玉者，自家甚足用心力，只是难得似你尺寸的。自家已令人两河寻访，才得似你尺寸的，便奉上也。'当时传以为笑谈。后果得之，厚大逾二尺，色如截肪，昔末始有也。"

宋徽宗大观元年(1107年)得到了这块优质羊脂白玉后，命琢成镇国、受命二宝。镇国宝他自刻曰"承天福延万亿永无极"，定命宝自刻曰"范围天地，幽赞神明，保合太和，万寿无

疆"。这两宝加上天子六玺，称为"八宝"，每宝大小四寸余。

以后，他又下令于阗国寻玉，到了政和七年(1117年)，于阗国献上一块大玉，"踰二尺，色如截脂"，是一块稀世的大羊脂白玉。宋徽宗非常高兴，命玉工精心琢制了一件玉宝，有九寸之大，为赤螭纽。宋徽宗命名为定命宝，合原有八宝，统称"九宝"，并以定命宝为首。决定元月举行大庆，下诏大赦天下。诏书上说："得宝玉于异域，受定命于神霄，合乾元用九之数，以明年元月授之，凡两受宝，皆赦天下。"尽管宋徽宗热衷于天命之宝，有九宝之多，又是镇国宝，又是受命宝，又是定命宝，但是，靖康之难，被金兵掳获和儿子一道成了亡国之君，没有能挽救得了国破家亡的命运。

清朝二十五宝玺

我国历代帝王宝玺，从秦代开始为六玺，汉代六玺，到了唐代为八玺，宋代为十四玺，至清代为二十五宝玺。这些玺大都是以各种色泽温润的玉质为印材。

乾隆帝是清朝入关以后的第四代皇帝。他在长达六十多年的统治期间创造了清代历史上最辉煌的时代。乾隆以前，御宝一般没有规定确切的数目。乾隆初年，可称为国家御宝之印玺已达29种39方之多，且因有关文献的记载失实，用途不明，认识错误甚多，造成混乱状况。针对这种情况，乾隆十一年(1746年)，乾隆皇帝对前代皇帝御宝重新考证排次，将其总数定为25方，并详细规定了各自的使用范围。据《清宫交泰殿宝谱》中记载："排次定为二十有五，以符天数"。这个天数是根据《周易大衍》"天数二十有五"的记载所定，乾隆帝希望清王朝也能传至二十五世。清二十五宝是乾隆皇帝

149

指定的代表国家政权的 25 方御用国宝的总称。从此,这 25 方宝玺经嘉庆、道光、咸丰、同治、光绪,一直沿用至宣统末年。

25 方宝玺各有所用,集合在一起,代表和囊括了皇帝行使国家最高权力的各个方面。这 25 方御宝及材质分别为:大清受命之宝(白玉)、皇帝奉天之宝(碧玉)、大清嗣天子宝(金)、皇帝之宝二方(青玉、旃檀香木)、天子之宝(白玉)、皇帝尊亲之宝(白玉)、皇帝亲亲之宝(白玉)、皇帝行宝(碧玉)、皇帝信宝(白玉)、天子行宝(碧玉)、天子信宝(青玉)、敬天勤民之宝(白玉)、制诰之宝(青玉)、敕命之宝(碧玉)、垂训之宝(碧玉)、命德之宝(青玉)、钦文之玺(墨玉)、表章经史之宝(碧玉)、巡狩天下之宝(青玉)、讨罪安民之宝(青玉)、制驭六师之宝(墨玉)、敕正万邦之宝(青玉)、敕正万民之宝(青玉)、广运之宝(墨玉)。可见,这 25 宝,除金、旃檀木各一件外,其他均采用玉,包括了和田玉的白玉、青玉、碧玉、墨玉等品种,其中白玉 6 方,青玉 8 方,碧玉 6 方,墨玉 3 方。玺

大小有不同,印纽有交龙、盘龙、蹲龙形制,雕制精美。

乾隆十一年厘定之御宝的宝文,除青玉"皇帝之宝"为满文篆书外,其余全部为满文本字和汉文篆书两种文字。乾隆十三年,创制满文篆法。为使御宝上的满汉文字书体协调,乾隆皇帝特颁旨:除"大清受命之宝""皇帝奉天之宝""大清嗣天子宝"、青玉"皇帝之宝"四宝因在清入关以前就已使用,"不宜轻易"外,余 21 宝一律改镌,将其中的满文本字全部改用篆书,这就是我们现在看到的 25 宝。

清代 25 宝玺既然是整个清王朝皇权的象征,又代表着至高无上的尊严和地位,这么贵重的东西,帝王们是怎么保存它们的呢? 通常的情况下,清朝这 25 宝玺被储存于交泰殿的宝箱内,宝箱为方形,外层木质,内层金质,制作非常精美考究。使用时由内阁请示皇帝,经许可才准予使用。宝玺由内阁掌管,用印须经皇帝批准才可拿出。现在,故宫博物院中,宝盒仍按原来的位置陈设在交泰殿。

六、"一捧雪"玉杯传奇

"一捧雪"玉杯

由于和田玉有着无与伦比的自然美和玉材美,中国又有几千年的琢玉工艺,涌现出了许多名工巧匠,因此有大批珍贵和田玉玉器作品。这些珍宝是中华民族文化的重要组成部分,也是世界艺术宝库的珍宝,它充分表现了中国的民族风格和气魄,反映了中国人民的聪明才智和创造精神。和田玉玉器种类繁多,难计其数,充满了生机勃勃的感人的艺术魅力,征服了历代统治者、文人士庶,演绎出许多动人的故事。在这些故事中尤以明代的"一捧雪"玉杯最为传奇。

"一捧雪"玉杯系明朝太仆寺卿莫怀古所藏。它是用优质和田玉白玉琢制而成。玉杯构思巧妙,雕琢精细,巧夺天工。玉杯口径 7 厘米,深 2.5 厘米,壁厚 0.2 厘米。杯身呈五瓣梅花形,杯底中心有梅花的花蕊,杯身外部攀缠一疏影横斜的干枝梅,枝上琢雕有 17 朵大小不等凝脂般梅花,杯似众星托月,花犹暗香浮动,杯身右侧花枝分生两杈,与杯的顶、底部有机相衔接,中呈椭圆,可伸进食指,自然天成杯的把柄,恰到好处,鬼斧神工,令人叹绝。玉杯斟上酒后,由于酒液波动,折射杯底梅花花蕊,给人一种"酒入玉杯,有雪花飘飘"之感。因为玉杯的主体为白色,上面又雕琢着梅花,故而将玉杯取名为"一捧雪",使玉杯多了几分含蓄,多了几分诗意。

梅花,在最寒冷的季节开放,常伴随着漫天飘雪。在漫长的时光中,古人留下了许多梅花与雪的故事和美丽的诗句。如宋人卢梅坡的《雪梅》诗:"梅雪争春未肯降,骚人搁笔费评章,梅须逊雪三分白,雪却输梅一段香"；大诗人苏东坡在《红梅》诗中赞叹梅花为"玉雪为骨冰为魂"；王安石的《梅》诗"墙角数支梅，凌寒独自开，遥知不是雪，唯有暗香来。""一捧雪"玉杯的工艺大师正是巧用了玉色与梅花相连，制成了这件世间佳品。也正是这样，小小玉杯在历史上引发了一段可歌可泣的故事。

"一捧雪"玉杯的历史渊源和戏剧

据《明史》和《张汉儒疏稿》记载，"一捧雪"为明代著名玉杯，当时的权臣严嵩及其子严世藩利用权势，欲将玉杯据为己有，于是对莫怀古软硬兼施，百般迫害。莫怀古为保存玉杯，携带玉杯弃官而逃，改姓隐居他乡。

据有关资料记载，莫怀古一直逃到豫、鄂两省交界的新野县大李营村，才摆脱了严嵩父子的追捕，于是改姓为李隐居住下来，娶妻生子，耕读传家。因村中原已有李姓，莫怀古的后人称原李姓叫老李家，称其家族叫莫李家。莫李家世代繁衍，至今已传14代。玉杯被莫李家视为传家之宝，由每代的嫡系长子保管，不示外人，每年的大年初一将玉杯供奉在祖先牌位前，召集莫李家后世子孙拜祭，以示对先人怀念之情。李宝山为莫李家14代的嫡系长子，所以玉杯现在李宝山家珍藏。玉杯从明代珍藏至今，已传16代共400多年。玉杯在上世纪70年代经我国文物部门鉴定，为明代工艺，玉料是著名的新疆和田玉，属于国家级文物。

关于"一捧雪"玉杯，从明末清初至今，编成戏剧，在中国文艺历史上谱写了光辉的一页。

首先，由明末清初戏剧作家李玉在"一捧雪"玉杯历史基础上编写出《一捧雪传奇》。李玉，字玄玉，吴县（今属江苏）人，约生于明万

152

历末，卒于清康熙十年以后。他出身低微，其父曾是明朝大学士申时行府中的奴仆，他也因此受到压抑，不得应科举，到明末始中副贡。入清后无意仕进，毕生致力于戏曲创作和研究，在明末剧坛已有声望，是明末清初创作最多、影响较大的戏曲家，剧作见于各种曲目书中共42种，其中《一捧雪》是其重要作品，描写了严世藩倚仗其父严嵩之势，把持朝政，卖官鬻爵，为夺取一只玉杯，害得莫怀古家破人亡，揭露了明代统治阶级的贪婪残暴和社会黑暗。在全剧的矛盾冲突中起关键作用的，是几个社会地位低下的人物，他们分属"正""邪"两个方面。属于反面的，是莫家门客汤勤。他原是流落街头的艺人，因懂得古董、擅长裱褙而得到莫家的照顾，后忘恩负义，为巴结严世藩而为之出谋划策陷害莫怀古，并趁机谋夺莫的爱妾雪艳娘。剧中的汤勤是写得比较鲜活的人物，他善于投机取巧，伶俐而险恶，不信天理，不讲人情，具有相当的聪明才智，为了往上爬而在道德上毫无顾忌。这种市井人物具有时代特点，是过去戏剧中未曾有过的。属于正面的，是莫家义仆莫成和贞妾雪艳娘，前者代主受戮，使莫怀古得以逃生；后者为了不让汤勤说出莫成代死的真相，假意嫁给汤勤，在洞房中刺死他然后自杀。在这两个人物身上，反映了下层人物的美德。

这戏剧在清代已有较大影响，在《红楼梦》里，"大观园论诗才"和"元妃省亲"等章回中，也多次提到《一捧雪》。

后来京剧、徽剧、晋剧、秦腔、汉剧、豫剧、曲剧等取材于李玉所作的《一捧雪》，上演有《温凉盏》、《审头刺汤》、《莫成替主》、《搜杯代戮》、《蓟州城》等传统戏曲剧目。2001年国家邮政局发行的一套6枚《京剧丑角》邮票，其中

第一枚文丑汤勤是京剧《审头刺汤》中的人物，故事取材于《一捧雪》传奇的史实。

现在新野县农民作家陈君昌历经三载，写出长篇通俗小说《魂飞激荡一捧雪》。

《一捧雪》故事传奇

明朝嘉靖年间，有个太常寺正卿，名叫莫怀古，家藏一件稀世珍宝"一捧雪"玉杯。当地有一个穷困潦倒的字画匠，名叫汤勤，莫怀古见他卖的字画不错，觉得是个人才，就把他收留下来。以后，莫怀古又把汤勤推荐到了严嵩相府。

严嵩官居宰相，飞扬跋扈，贪财敛物，横行霸道。凡是天下珍奇，就不择手段地占为己有。汤勤是个趋炎附势、见利忘义的小人。他见莫怀古之妾雪艳娘貌美，姿色出众，企图霸占，就把莫家珍藏的"一捧雪"密告给严嵩及其儿子严世藩。严世藩派人来到莫府，要此玉杯。莫怀古迫于无奈，就制作了一件赝品献给严世藩。严世藩得到古玉杯后，不知是假，非常高兴，并升莫怀古为太常。

但是，汤勤识得玉杯的真假，将真相告之严世藩。严世藩非常愤怒，命人到莫府搜取真杯。莫府仆人莫成将真杯藏起，玉杯没被搜走。莫怀古害怕再被严世藩逼交玉杯，于是弃官逃走。严世藩在朝上上本弹劾莫怀古并派人追拿他，在蓟州将莫怀古拿获，并命蓟州总镇戚继光就地将莫怀古斩首。

戚继光欲救莫怀古，但是无计可施。莫府仆人莫成与其主人长相极似，愿意舍身救主，假扮为莫怀古被斩首，莫怀古因而得机逃走，到了古北口。戚继光将莫成斩首后，将人头送到京城，但是又被汤勤识破。

锦衣卫陆炳奉旨调查，并将戚继光拘捕。严世藩令汤勤会审，陆炳断人头是真，汤勤坚持人头是假。以后，由雪艳娘暗示，陆柄看破汤勤意在得到雪艳娘。为了使汤勤不再追究，以便开脱戚继光和莫怀古，无奈将雪艳娘断与汤勤为妾，这样，汤勤同意了结此案。

洞房花烛之夜，汤勤得意忘形，神魂飘荡。雪艳娘假献殷勤，左右侍奉，把汤勤灌得醺醺大醉，和衣而睡。三更时分，雪艳娘潜入书房，取出宝剑，刺死汤勤，而后自刎。这就是《一捧雪》中的"刺汤"一折。

这稀世之宝"一捧雪"玉杯的那坎坷曲折、悲壮的经历，令人惊叹不已。

153

七、稀世珍宝:青玉山子"大禹治水图"

密尔岱玉山和扬州玉器

清代乾隆时期开采山玉的主要矿山是叶城县的密尔岱山,据历史记载,开采最盛时,玉工年达到3000多人。乾隆皇帝非常关注这个玉矿,他派大臣督办,布兵设卡,制定了严格的制度,以确保玉料能运到清廷皇宫。乾隆皇帝日理万机,为什么还如此关注这样一个昆仑山的玉矿呢? 除此山美玉储藏量大、玉质好外,最重要的有块度很大的大玉料,重量达几千斤到上万斤。这些大玉可用制成巨大的玉器,作为传世的国宝。这些巨大的玉器,被称为玉山子。

重几千斤到上万斤的大玉运到北京,在那个交通工具不发达的年代,从新疆昆仑山至北京,再运至扬州,困难之大,艰险之多,是世上罕有的。一是时间很长,昆仑山到北京万里之遥,经过高山、沙漠、河流,只有马力运输,所以往往要花费几年时间。二是人力物力花费很大。据清代黎谦《瓮玉行》中记述:"于田飞檄至京师,大车小车大小图,轴长三丈五尺咫,堑山守水湮泥涂。小乃百马力,次乃百十逾,就中瓮玉大第一,千蹄万引行踌躇,日行五里七八里,四轮生角千人扶。"甚至还有"由冰而拽运辇至京师"的描述。这样的运载方法和艰难的程度及费工费时之惊人,在古往今来的运输史上是罕见的,这不能不说是和田玉及新疆各族人民对中国玉器的一大贡献。

玉山子的制作,离不开扬州玉师。扬州玉器已有几千年的历史,工艺发展到很高的水平,特别是元明时期的"山子雕",为清代制作玉山子打下了基础。据清代人谢坤记述，他曾在扬州康山江氏家，亲眼见过宋代扬州制作的玲珑玉塔。他在《春草堂集》著作中描写道："宋制玲珑玉塔，塔玉雪白，绝无所谓饭绺瑕疵。高七寸。作七级，其制六面，面面有栏……塔顶有连环小索，系诸顶层六角，绝不紊乱，所言鬼斧神工莫能过是。"可见，那时扬州玉器的镂空雕技巧及链条制作技巧，有很大的进步，为以后发展"山子雕"打下了基础。元代，扬州艺人已经开始应用天然玉料制作"山子雕"，现扬州博物馆藏有一件传为元末时的山子雕，用白玉制作，表现类如"竹林七贤"故事题材，人物山林刻画简练，简中有繁，是扬州山子雕的初期作品。到明代后期，扬州玉器的"山子雕"品种已格调一新，工艺技巧较前大为精进，给后来扬州制作繁难的大型玉山在技巧上做了准备。

扬州琢玉工艺到乾隆时期进入全盛时期，扬州成为全国玉材的主要集散地和玉器主要制作中心之一。两淮盐政除在建隆寺设有玉局，大量承制清朝宫廷各种大型陈设玉器外，并按岁例向朝廷进贡大量玉器，如用和田羊脂玉琢制的白玉如意，被定为"扬州八贡"之一。而承制清朝宫廷各种大型陈设玉器中最为突出的是玉山子。当时，清宫中重达千斤、万斤玉制成的近十件大型玉器多半出于扬州琢玉艺人之手。琢玉技巧和艺术水平之高，生产规模和作业能力之大，能工巧匠之多，实是前所未有。这些大型玉器中，著名的如青玉"大禹治水图"山子、"会昌九老图"玉山子、"秋山行旅图"玉山子、玉山"丹台春晓"、青玉"云龙玉瓮"、"海马"等，都是国家之宝，也是世界稀世之宝。

青玉"大禹治水图"山子

现在珍藏在北京故宫珍宝馆乐寿堂殿内的青玉"大禹治水图"山子，是故宫博物院镇馆之宝，是古代和田玉玉器之王，也是世界和田玉玉器之王。这是留存至今的中国玉器珍品中，运路最长、耗时最久、器形最大、雕琢最精的玉雕。这件玉山构图宏伟，气势磅礴，人物山水风景如画，堪称稀世珍品，是中国玉器的象征。

这块玉料5350千克，采自新疆昆仑山中的密勒塔山（密尔岱山）。从新疆到北京，有万里路遥，完全靠上万民工、成千的骡马，推拉拽运，进程缓慢，何等艰苦。仅将玉料运抵京城就用了三年多时间。之后，再运往扬州雕刻，共计历时十年。运路之长、耗时之久，在国内外古代运输史上是罕见的。

乾隆皇帝见此大玉，非常高兴，决心要琢成一件流传万世的国宝。以什么题材创作，这是首先面临的问题。在乾隆皇帝亲自筹划下，钦定用内府藏宋人《大禹治水图》画轴为稿本进行制作。大禹治水的伟大功绩流传千古，是中华民族的骄傲。相传在4000多年前的尧舜时代，我国黄河流域连续发生特大洪水，滔滔洪水吞噬了村庄和人、畜，灾民到处漂流，整个民族陷入空前深重的灾难之中。唐尧派夏族首领鲧主持治水，鲧采用修筑堤坝堵塞洪水的办法，九年中没有能制止水患。虞舜继位又派鲧的儿子禹继续治理洪水。禹吸取了他父亲治水失败的惨痛教训，动员各部落人民，采用疏导的策略，经过10多年的艰苦努力，终于制服了洪水，使人民得以安居。禹不仅聪明能干，更为可贵的是，他富于牺牲精神，勤苦耐劳，为天下人谋利益。他和涂山氏女结婚后的第四天，就离家去参加治水，在外面辛辛苦苦地干了13年，"三过家门而不入"。禹治水成功，得到人民的拥戴，成为部落联盟的领袖，人们尊称他为大禹，就是伟大的禹。他"铸九鼎"，"定九

155

州",发展生产。后来大禹传位给他的儿子启,建立了我国第一个奴隶制国家夏朝。大禹治水成为中国古代国家历史的开端。大禹治水传说体现了中华民族无所畏惧、人定胜天的民族精神。在世界上,许多国家都流传着远古大洪水的传说,但是最后都是仰仗神的旨意,采取逃避的方式,才使极少数人生存繁衍下来。而只有在中华民族的神话里,才说到洪水被大禹治得"地平天成",这是中华民族精神的伟大象征。乾隆皇帝采用大禹治水的故事,一方面是歌颂大禹治水的丰功伟绩;另一方面也是显示自己法先王圣德之隆,以博得千古之名。这正如他的诗中所说:"功垂万古德万古,为鱼谁弗钦仰视。画图岁久或湮灭,重器千秋难败毁。"

根据《大禹治水图》画轴稿本,由清宫造办处在宫内先按玉山的前后左右位置,画了四张图样,随后又制成蜡样,送乾隆阅示批准,随即发送扬州。因担心扬州天热,恐日久蜡样熔化,又照蜡样再刻成木样发往扬州雕刻。大玉于乾隆四十六年(1781年)发往扬州,至乾隆五十二年(1787年)玉山雕成,共用了6年时间。琢制期间,汇集了能工巧匠,用工达15万个,耗费白银15000余两。

青玉"大禹治水图"山子,高224厘米,宽96厘米,重约10700多斤。置于嵌金丝褐色铜铸座上,青玉的晶莹光泽与雕琢古朴的青褐色铜座相配,更显得雍容华贵,互映生辉。玉山子反映了大禹治水的宏伟场面,构图壮观,气势磅礴。通体立雕成山峰状,其间峰岭叠嶂,峭壁峥嵘,瀑布烟霞,洞壑遍布,山路盘环,古木参天。在悬崖陡壁间聚集着凿山导水的劳动大军,用极为简陋的工具,凿石开山,刨沙筑堤,疏通河道,导疏洪水,再现当年大禹率领百万民众开山治水,改造山河的壮丽场面。玉师以

剔地起突的雕琢法,巧妙地结合材料的原有形状,灵活安排山水人物穿插在山岩之间,布局周密,有条不紊。更奇特的是在山巅浮云处,还雕有一个金神带着几个雷公模样的鬼怪,彷佛在开山爆破,使这件描写现实的作品,具有浪漫主义的色彩。

乾隆五十三年(1788年),乾隆帝又命宫中造办处如意馆刻玉匠朱泰将乾隆御制诗和两方宝玺印文刻制在玉山上。玉山正面中部山石处,刻乾隆帝阴文篆书"五福五代堂古稀天子宝"十字方玺,玉山背面上部阴刻乾隆皇帝"题密勒塔山玉大禹治水图"御制诗,下部刻篆书"八徵耄念之宝"六字方玺。由此可见乾隆皇帝因此玉山何等骄傲,何等珍视,把它当作自己一生的总结。最后由乾隆帝钦定,安放在宁寿宫乐寿堂内,至今已有200余年的历史。

青玉"会昌九老图"山子

"会昌九老图"玉山子为中国历史上的大型玉器之一,由新疆昆仑山中密尔岱山的青玉制成。其通座高145厘米,横断面最宽90厘米,最大周长275厘米,重达832千克,属立雕。制成于乾隆五十一年(公元1786年),技艺高超,纯朴浑厚,极富诗情画意和浓厚的生活气息,为我国国宝之一。

造型以《香山九老图》为蓝本,再现了唐代大诗人白居易等九位老人的清闲生活情景。唐朝诗人白居易在故居香山(今河南洛阳龙门山之东)与八位耆老集会、燕乐。当时白居易为了纪念这样的集会,曾请画师将九老及当时的活动描绘下来,这就是《香山九老图》。唐会昌五年,白居易与都中高寿者胡杲、吉皎、刘真、虞真、郑据、张浑、狄兼谟(一说李元爽)、卢贞等八耆结社,邀吟游赏于香山泉林间,后世称会

昌九老或香山九老,为文苑之千古美谈。这幅画旧传为宋人所作。作品设色古雅,人物衣纹及树石的线条都相当遒劲,松、石的表现尤其精到不俗,是南宋册页画中的精品。

玉山子采用镂雕、深浅浮雕和阴线刻纹等多种手法,琢成了具有四面通景的山水人物图景。层次清晰,情景交融。山子风景秀丽,有层叠的山峦,苍劲的青松,潺潺的流水,蜿蜒的羊肠小道。正面山下有两翁立于木桥上作交谈状,后跟随一肩负包袱的童子。山腰中有亭台,亭内两翁对弈,旁坐一翁观战,亭侧有一童子正在烧火煮茶。山子左侧的石崖下有一老者手扶童子头顶,二人举目远望,陶醉于山水景色之中。右侧有一老者手执龙首杖,作艰难上山状,一手捧圆盒的童子随后。背面山腰的台上一长者盘腿而坐,手抚桌上的琴尽情地弹奏,另一长者和书童在旁倾听。正面山顶的石壁上阴刻有篆书圆形图章"古希天子"四字铭,下有隶书"会昌九老图"五字。亭的下部有"乾隆丙戌年制"六字年款。山顶悬崖绝壁阴刻有隶书乾隆皇帝的七言诗。此玉山子构图富有诗情画意和浓厚的生活气息,琢技高超,乾隆皇帝特别喜爱,铭以"古希天子",是一件稀世珍宝。

"秋山行旅图"玉山子

"秋山行旅图"玉山子,玉料产自新疆昆仑山密尔岱山,成器后重 1000 多斤。玉山高 130 厘米,最宽处 74 厘米,最厚处 20 厘米。前后用工 3 万,总计费时 5 年。乾隆帝于乾隆三十五年(1770 年)和三十九年(1774 年)先后两次为之赋诗赞赏。

玉山子是以清朝优秀宫廷画家金廷标的《秋山行旅图》为蓝本创作的一件大型玉雕作品。乾隆非常喜爱金廷标的绘画,《秋山行旅图》是一幅纸本水墨画,描绘了金秋时节的迷人景色:巍巍高山,潺潺流水,秋枫秋叶分外妖娆,崇山峻岭中,赶着毛驴的驼队在艰难地跋涉。

这件玉料玉质洁白,中间杂有淡黄色斑,内含石性,通体重绺,犹如冰裂。扬州的匠人们根据玉料石性重、皱纹多的特点,巧妙地运用玉石的色彩,将《秋山行旅图》生动地雕刻在这块巨大的玉石上:雕塑出的崇山峻岭,千沟万壑和漫山遍野的苍松翠柏栩栩如生,琢出了深秋山林景象,配以登山行旅,使玉料特点与题材内容融为一体,具有很高的艺术欣赏价值,成为中国清代玉器史上的巅峰之作,被称为"瑰宝中的瑰宝",也是故宫玉雕三宝之一。

157

八、白玉奇葩

清代的"桐荫仕女图"玉雕

和田玉中有白玉、青玉、黄玉、墨玉、碧玉等。在几千年中,不同时代的颜色流行风尚不尽相同,但是白玉一直非常为人钟爱。从汉武帝起就规定皇帝之玉玺用白玉,到了清代乾隆皇帝时,特别喜爱白玉,说是诸种玉之首,由此白玉身价日高,直到现在仍以白玉为重,价值最高。

以白玉为原料,经过历代能工巧匠的精雕细刻,琢制成许多鬼斧神工精美绝伦的玉器佳品,成为中华民族的瑰宝,世界艺术之林的奇葩。最富有传奇意味的当属清代的桐荫仕女图玉雕。

这件精美绝伦的作品成器于乾隆三十八年(1733年)秋天。这件作品高15.5厘米,宽25厘米,厚10.8厘米,白玉质,局部有橘黄色玉皮。整体造型为一美丽的江南庭院景致,上面是数轮圆筒瓦,微微下垂,庭院西侧垒筑瘦、漏、露、皱的太湖石,垒石周围蕉树丛生,繁密茂盛,一幅迷人的江南园林的安谧景象。玉雕以中心的月形门为隔两面雕刻,分别表现庭院内外景象。门外湖石抱立,桐荫垂檐,一妙龄少女头梳高髻,手持灵芝,身着宽袖长衣,神态恬静,轻盈地走向微微启开的月形门。门内芭蕉丛生,一长衣少女双手捧盒,向门外走来。这一切都通过细细的门缝,互为呼应,情景交融,把两个少女的心理活动刻画得生动传神,其情其景令人越看越爱。这件玉雕充分显示了清代玉匠敏锐的艺术洞察力和高超的琢玉技术,堪称巧夺天工,使人真正领悟到何为"山川之精英、人文之精美。"

人们一定认为这样一件宝物的玉料定是一块优质好料,然而,事实却不是这样，原来这是一块被遗弃的废料。此料是一块白玉用以琢碗后剩下的，已作为废料处理，被极具慧眼的玉工匠发现，把它拾了起来，巧运心思，根据废料的形状、色泽和取碗后留下的圆洞，因材施艺，巧妙勾画，精心琢制，成为一件巧夺天工的瑰宝。匠人首先根据挖碗后中间留下的圆洞琢成一圆月形门，再嵌上半月形门扉两扇，门半开，中间留下一门缝，似有一束亮光透缝而出。利用白玉的滋润细腻的特点，琢成了两个亭亭玉立的少女，立于门内外相望，人物栩栩如生。利用玉的橘黄色皮，雕琢成梧桐蕉叶，覆瓦怪石。这样，经匠师化拙为巧的鬼斧神工处理，终成一件价值连城的珍品。

乾隆皇帝见这件玉器极为高兴，大加赞赏，并题诗刻于玉器底部。诗中说："相材取碗料，就质琢图形。剩水残山景，桐檐蕉轴廷。女郎相顾问，匠氏运心灵。义重无弃物，赢他泣楚廷。"盛赞玉工之"义"比卞和在楚廷不怕断足致残哭献和氏璧玉璞之举还"重"，将爱玉的情感推向极致。这件玉器不仅代表我国古代俏色玉器的最高成就，而且也是中国古代构思最巧、琢制最精、艺术价值最高的玉器之一。

陆子冈的"白玉环把杯"

我国自夏到清的四千多年来，出现了许多琢玉匠师，然而，他们给人们留下的只是精美绝伦的玉器，很少留下自己的名字。见之文献的玉工匠名字除清代的以外，其他朝代寥寥无几，其中最有名气者当是明代的陆子冈了。

陆子冈一作子刚，是明末最为著名的琢玉巨匠。在许多文人笔记中都有所记载，《苏州府志》载：陆子冈所制的水仙簪，"玲珑奇巧，花茎细如毫发。"徐渭《咏水仙簪》诗："略有风情陈妙常，绝无烟火杜兰香。昆吾锋尽终难忘，

愁煞苏州陆子冈。"陆子冈生活于十六世纪上半叶的明嘉靖、万历年间，他原籍是江苏太仓县，后来迁居到琢玉中心苏州。明代的手工业管理非常严格，有着森严的等级划分，琢玉行业地位低下，这样环境下，陆子冈能够被文人雅士奉为上宾，可见他有多么高的声誉。

陆子冈的作品选料非常严格，玉材都是新疆和田玉，以青玉和白玉为多，崇尚适用。造型则多变而规整，古雅之意较浓。他不仅工艺超群，而且还不畏权势，是第一个坚持把自己的名字留在所有作品上的玉工。他的作品都有刻款，以篆书和隶书为主，有"子冈""子刚""子刚制"三种。刻款部位十分讲究，多在器底、器背、把下、盖里等不显眼处。传说，本来陆子冈深得皇帝喜爱，但有一次他在为皇帝制作一件玉器后，将自己的名字刻在了龙头上，因而触怒了皇帝，不幸被杀。由于他没有后代，一身绝技随之湮灭。当然这是桩无头公案，现已无从考究。

后世艺人对陆子冈极其推崇，清代玉工多喜署子冈款。凡落子冈款的玉佩一律称子冈牌，可见陆子冈影响之大。刻有陆子冈款的玉器仍有一些流传于世，现故宫博物院约有三十件，但是有的真赝难辨。1962年北京市文物工作队发掘清代一品官索额图之幼女墓中得玉杯一件，该幼女埋葬于康熙十四年，可能此器为传世之宝，作为珍宝陪葬入墓。玉杯柄上有"子冈"二字款，造型精美，器身及盖雕满花纹，盖面上3只圆雕狮子。这是迄今所知子冈款玉器出土物中极难得的一件。

此杯用和田青白玉琢制，是仿古玉杯的代表作。仿古玉器，从宋开始，到明、清一直盛行。杯盖通高10.5厘米，口径6.8厘米，由杯盖和杯体两部分组成。杯盖图形设计巧妙，正中为一圆形纽，其上饰有水涡纹的；靠近外沿等距

159

分布三只卧狮，其间各饰一兽面，盖沿饰以云纹，一派威严气势。杯体表面以蚕纹为锦地，上做隐起的螭虎和夔凤纹，在侧缕一环形杯把，上面饰以凸起的象形纽，非常巧妙地把象鼻自然内弯成一孔，用以穿系，在把下有剔地阳文篆书"子冈"二字。杯底为三只兽足。琢工精细，不愧为精美绝伦之作。

西汉的"白玉仙人奔马"

"白玉仙人奔马"是西汉早期玉器的一件绝世佳品。它用和田玉的羊脂玉琢成，玉质温润，琢磨精细，显示羊脂玉独具的魅力。造型更是独出心裁，玉马脚踏祥云，腾空飞奔，背上骑一仙人，神态自如，遨游天空。

汉代称西域马为天马。《史记·大宛列传》记载："得乌孙马好，名曰天马。及得大宛汗血马，益壮，更名乌孙马曰西极，名大宛马曰天马云。"汉武帝得天马，十分高兴，作《天马歌》，唱道："天马徕，从西极，涉流沙，九夷服。"这就是说，天马从遥远的西方来，跋山涉水通沙漠，能帮助安定边疆。我国古代诗人也写下了对天马的赞歌。李白在《天马歌》中写道："天马乎，飞龙趋……腾昆仑，历西极……鸡鸣刷燕哺秣越，神行电迈蹑恍惚。"天马奔腾是何等的迅速，晨起北方的幽燕，夕阳西下时已到吴越吃草，真如闪电一般。杜甫也作诗道："南使宜天马，由来万匹强。浮云连阵设，秋草遍山长。闻说真龙种，仍残老骕骦。哀鸣思战斗，回立向苍苍。"写出了天马的战斗英姿。

新疆的马在我国各族人民交往中起了重要作用。张骞第二次通西域到乌孙，乌孙王就送了几十匹马给汉武帝。过了几年，乌孙王又遣使臣带一千匹好马向汉武帝请求和亲，武帝将江都王刘建的女儿细君封为公主，嫁给了乌孙王。

"白玉仙人奔马"玉器，再现了天马的英姿。玉马肢体肥硕，昂首挺胸，双目前视，两耳竖立，张口嘶鸣，身饰羽翼，脚踏云板，自由自在地遨游天空。仙人如一武士，项系方巾，身着短衣，手扶马颈，威武无比，这是汉代"羽化登仙"思想的反映。这一玉器显示了汉代玉器豪放博大的风格。

唐代的"白玉飞天佩"

唐代经济文化繁荣，是封建社会中又一黄金时代，其时用和田白玉琢成的佩玉非常流行。杜牧诗句中说"纤腰长袖间，玉佩杂繁缨。"是当时人们佩玉的生动写照。唐代佛教盛行，因此以佛像、飞天为题材的玉器作品很多。飞天造型的玉器形成经历了一个漫长的过程。从十六国开始，历经十几个朝代，直到元朝末年敦煌莫高窟停建而消失。

佛教中的乾闼婆和紧那罗，即天歌神和天乐神，是飞天形象的原型。据说，他们原来是一对夫妻，一同飞入极乐天国，弹琴歌唱，娱乐于佛。因此称为飞天，《洛阳伽蓝记》中称为"飞天伎乐。"飞天，在汉语中又称为"香音神"，是专采集百花香露，能歌善舞，向人间散花放香，造福于人类的神仙。本来飞天形象原为男性，以后逐渐演变为女性。人们佩戴飞天佩，是为了祈求吉祥。飞天，自古以来深受人们喜爱，在绘画、歌舞、雕塑中都有美丽的飞天形象。飞天神在东汉末年随佛教传入中国，目前中国发现的最早飞天形象是在新疆克孜尔千佛洞内的壁画中，以后在敦煌、云冈等石窟中都有飞天图像。

"白玉飞天佩"为清宫旧藏的珍品，是中国目前发现最精美的一件飞天佩。此器的飞天造型与唐代壁画相似，它用和田玉的青白玉镂雕而成。飞天面目慈祥，头饰椎髻，肩披飘带，右手后伸擎着飘带，绕过背后由左手接住，飘带迎风招展，身着长裙飘扬，脚掌裸露，有三朵祥云衬托，凌空飞舞。阴饰线细致，使形态生动逼真。这不仅再现了飞天的形象，而且也是唐代歌舞升平盛世的反映，不愧为传世珍宝。

法门寺的"灵骨"与"白玉棺"

1987年，位于陕西省扶风县城北的法门寺因发现佛骨舍利而震惊世界。

法门寺始建于东汉末年，因安置释迦牟尼佛指舍利而驰名。法门寺佛舍利是世界上现存的唯一佛指舍利，是佛教圣物也是国宝。

相传公元前485年，释迦牟尼灭度，弟子们用香燃火焚化释迦牟尼遗体，在灰烬中发现了四颗牙齿，以及指骨、头盖骨、毛发等物，这就是舍利。舍利有舍利子（粒状）、牙齿、指骨、头盖骨、锁骨等。弟子们将释迦牟尼真身舍利细心收殓保存，安葬于圣地王舍城，并起塔供养。印度摩揭陀国孔雀王朝阿育王，皈依佛教，为了使佛光远大，将佛祖骨分成84000件，分藏于世界各地，并建成84000座塔。我国有19座佛祖舍利塔，法门寺塔就是其中之一。

据记载，在380年中帝王曾在法门寺举行了十次迎奉佛指舍利的礼佛活动。唐太宗李世民时在修缮宝塔时开启地宫发现了佛舍利，随后在法门寺内供奉。从唐高宗开始到唐懿宗咸通十四年（873年）举行了六次规模盛大的迎奉佛指舍利的仪式，最后一次规模最大，达万人之多。法门寺不仅成为皇家寺院，而且成了举国仰望的佛教圣地。

公元874年法门寺地宫之门封埋。至公元1987年4月法门寺地宫被发现，时间过了1113年。

舍利发现于法门寺地宫中，总长21.2米，面积31.84平方米，是迄今国内发现规模最大的寺塔地宫。根据发现的时间顺序，文物考古与宗教界人士将地宫内发现的4枚佛指舍利依次排列后命名为第一枚佛指舍利、第二枚佛指舍利、第三枚佛指舍利和第四枚佛指舍利。第一枚舍利藏在后室的八重宝函内，长40.3毫米，上下俱通，竖置在进塔基银柱上。第二枚藏在中室汉白玉双檐灵帐之中，形状与第一枚相似。第三枚藏在后室秘龛五重宝函的白玉棺内，管状，长37毫米，白中泛黄。第四枚舍利藏在前室彩塔绘菩萨阿育王塔内，色泽形状与第一、二枚相似。经鉴定，密室中发现的五重宝函内的第三枚佛指舍利为佛陀真身舍利或"灵骨"，第一、二、四枚舍利为"影骨"舍利，并受到与真身舍利相同的供养。真身佛指舍利（灵骨）发现于1987年5月10日。过去因担心在遭遇法难时被毁，此枚舍利被密藏在地宫后室正面墙根下的泥土中。舍利为五重宝函所包裹。第一重宝函为铁质，出土时已锈迹斑斑，呈深褐色。第二重宝函是一个精美的银质鎏金函，函身雕琢有45尊造像，所以被命名为"四十五尊造像顶函"。函身东侧下方錾刻有"奉皇帝敕造释迦牟尼真身宝函"。第三重宝函是一檀香木函，木质已朽，其顶及函身都有银质雕花包角。第四重宝函是一副水晶椁。椁顶嵌有黄、蓝宝石各一颗。在椁盖上雕着观音菩萨坐像。第五重宝函是一个壶门座玉棺。玉棺放在雕花棺床之上。玉棺之内供奉的舍利就是释迦牟尼佛真身灵骨（为左手中指）。指节颜色微黄，有裂纹和斑点。真身佛指舍利（灵骨）在世界上仅只一枚，藏在后室秘龛中，并放置在白玉棺内，显示了佛教对白玉是何等崇敬。

161

九、现代瑰宝:白玉山子"大千佛国图"

稀世白玉现身

和田县黑山河谷是著名的产玉之地。它分布在高山地带,与冰川相连,在冰碛物中常常埋藏有美玉。夏季冰川融化,许多人就来此拣玉,运气好的可以拣上大块的美玉。

1980年7月,和田县团结公社三大队依米提·买西热甫与火箭公社(现为喀什塔什乡)黑山大队二小队的买买提尼牙孜·胡加两人来到和田县黑山河谷拣玉。他们结伴而行沿河向上找玉,河中是巨大的砾石,行进非常困难,当行进到卡克布拉克夏牧场附近,他们就在一块巨石上坐下休息。边抽烟边观察有无玉石,突然发现小河对岸有一块白色的石头,在洪水冲击中特别醒目。凭着他们的找玉经验,判断很可能是一块玉石。他们不顾疲劳,向这块石头奔去。他们搬开压在大石上面的石块,用水洗去大石上的泥沙,一块大白玉呈现在他们面前。他们兴奋不已,他们有生以来从来没有见过这么大、这么好的白玉。为了避免这个宝贝被洪水冲走,花了很长时间,使尽了全身力量把玉慢慢地搬运到了离开河床十几米的岸边。同时,在边上垒了石块,作为标记。他们知道这是国家之宝,就立即报告了当地政府。

1980年8月,驻在和田市的新疆地质矿产局第十地质大队得知这一消息后,立即派陈葆章工程师前去调查。这位与玉石打了一辈子交道的地质工作者,在发现者的带领下来到玉石地点,果然是一块冰川带来的山流水大白玉,也是他一生见过的最好最巨大的白玉。玉石呈近似方形的板状,好像一只箱子，长、宽各 80 厘米，厚 45 厘米，一侧微有薄石皮，另一侧局部夹有杂石，整块玉色白滋润，粗估重量约 500 千克（后称重为 472 千克），为特级白玉。

这块大玉如何搬运出来成为当时的一个大难题。曾经设想用直升机，因为这是在高山深谷之中，飞机到达不了出玉地点。最后，当地政府组织了几十人的运玉队，制造了一个短身人力四轮铁车，边修路边拉运，经过了一个半月的努力，终于把玉运到了喀什塔什乡。

这块千斤大玉的消息，通过电波立即传遍了全国各地，引起震动。某些玉石厂家来了，他们想购买这块大玉。新疆玉石工艺主管部门也想把这块玉琢成一件珍品，留在新疆作为新疆之宝。新疆地质部门正在修建新疆地质矿产陈列馆，也想把玉留在馆中作为镇馆之宝，并得到了自治区有关领导的支持和批准。国家有关部门得悉新疆这块大玉消息后，非常重视，电告新疆，希望此玉由国家统一安排制作。一天，笔者与有关领导到自治区人民政府开会商量此事，会议一致同意服从国家安排，大玉送给国家有关部门，不留在新疆。

扬州琢玉肩重任

1983 年 4 月，国家轻工业部行文指令扬州玉器厂把这一美玉制作成大型工艺美术珍品，扬州从此肩负这一重任。当年 5 月，大玉安全运抵扬州。

工艺师们见此重达 944 斤的白玉，喜笑颜开，认为"像这样的白度、质地、体积、重量的新疆和田白玉，可以讲历史上前所未有。"堪称羊脂白玉。主持这块玉雕刻的工艺美术大师黄永顺说："玉料对艺人来讲是第一位的，好玉是上天对艺人的赐福。搞玉雕一辈子能见到这么好

的料就是福分。这块山流水料是新疆产的，质地洁白细腻，真是稀世珍宝。"

这一玉宝琢成什么，是一个难题。工艺师们经过慎重研究，反复推敲，从几十件稿样中筛选，最后定题为"大千佛国图"。所谓大千佛国，来源于佛教。《无量寿经》中说："世界有小千中千大千之别。"合四大洲日月诸神为一世界，一千个世界名为小千世界，小千加千倍名为中千世界，中千加千倍名为大千世界。这个大千世界就是广博无垠的佛国世界或极乐世界。

经三年筹划准备，1986 年 6 月 1 日定稿后正式投产。作品由工艺师钱磊、曹茂亭设计，中国工艺美术大师黄永顺领衔技艺人员组成制作小组琢制。经历了无数的艰辛，攻克了许多难题，于 1990 年 12 月得以胜利完成。

山子雕是扬州玉器的绝活。但是自清代中期以后逐渐失传了。1977 年扬州玉器厂专门组织了以黄永顺为首的攻关小组研究山子雕。山子雕宏大、完整，比单个摆件更能发挥创造力和想象力，因此难度更大。他们进行了多次尝试，1985 年完成了用玛纳斯碧玉琢成的"聚珍图"山子，1986 年获得全国工艺美术品"百花奖"珍品金杯奖。"大千佛国图"玉山子有 83 个人物，个个要栩栩如生，神采各异，还有楼亭、花草、流泉，要繁而不乱，层次分明，所以难度很大。为此，设计制作人员先后到全国名山古刹观摩、体会、搜集素材。作品初稿拟定后又多次向绘画家、宗教界的专家和玉雕工艺家征求意见，数易其稿，精益求精。

精雕细刻出国宝

"大千佛国图"采用传统"山子"的雕琢形式和手法进行构思与创作的。山子高 80 厘米，

宽80厘米,厚40厘米。正面以佛祖释迦牟尼为中心,端坐在六牙宝象的莲座之上,施无畏印。其弟子迦叶、阿难分立两旁,通过佛祖头光和背光构成一组整体。释迦牟尼像宏伟博大,气宇轩昂,前后有护法神韦陀、四大天王、托塔天王等。两面分别雕有:文殊、普贤、慈航、地藏四大菩萨,降龙、伏虎罗汉,接引菩萨、布袋和尚、唐僧师徒等;再有善丹青的高僧,一苇渡江的达摩禅师,妙趣横生的棋坛对弈。此外,还塑造了多个云游僧,三五成群,错落有致,时隐时现,极富情趣。作品上共刻画佛、菩萨、罗汉以及诸多高僧83位,人人神态不同,构成了一幅以朝圣为中心的立体长卷。山子上还有佛寺庙宇,楼台亭阁,奇花异草,流泉飞瀑,苍松翠柏,曲径幽道等。人物与景色,亮部与暗部对比强烈,错落有致,疏密相间,互相烘托。上有天龙攀云,飞天散花;下有水帘瀑布,浩浩大海,构成了一幅美妙的佛地圣境图。作品在琢制技法上充分发挥了技艺的表现能力,在继承传统的基础上赋予新的技法。"大千佛国图"题名由大师刘海粟先生亲笔书写,作品背面的序文由江苏省书法家魏之桢先生书写。

1990年此玉器被评为国家质量珍品金杯奖。同年,江苏省政府特发嘉奖令嘉奖了此件作品的集体创作。以后运往北京,现收藏在中国工艺美术馆永久保存,是我国的又一件国宝。

白玉"五塔"和"宝塔炉"

扬州玉器厂还有三件玉件被国家作为工艺美术珍品征集,收藏于中国工艺美术馆。其中除一件是用新疆玛纳斯碧玉雕琢的玉山"聚珍图"外,其余两件都是来自昆仑山和阿尔金山的和田白玉山料。

白玉"五塔",是1985年完成的一件珍品。1986年被评为国家质量珍品金杯奖,同年被国家征集收藏。玉料取自新疆阿尔金山且末县玉矿,是一块优质白玉。作品通高140厘米,宽130厘米。一塔为主,五塔相连,相互辉映,呼应一体。线条多而不乱,纹饰繁而不碎,浑厚中见玲珑,刚健中见圆润,可谓气魄宏大,精美壮观。

白玉"宝塔炉",是1971年琢制的一件珍品佳作。1973年,全国第一次玉雕质量评比会上被评为优秀作品,1981年在日本展出被誉为"龙眼",1985年被国家作为工艺美术珍品征集收藏。此器原料来自新疆于田县的阿拉玛斯玉矿,是一块优质白玉。作品通高86厘米。下部为稳重浑厚的三足圆炉,上面是五层宝塔,层层镂空,每层塔门和窗扇式样互不雷同,塔顶部垂挂着八根共有128个细圈的玉链条,紧连在塔楼挺翘的飞檐上,翘角下是风铃,富有民族特色。

十、国石的呼唤

世界的国石

国石就像国花、国树一样,象征着本国的民族精神。目前世界上已有近40个国家选定了自己的国石。世界各国以本国历史文化传统和人们普遍喜爱的宝石或玉石作为国石。宝石类中有钻石、祖母绿、红宝石、蓝宝石、猫眼石、金绿宝石、橄榄石、水晶等,玉石类有玉(透闪石)、欧泊、青金石、绿松石、孔雀石、黑曜石等,天然珠宝有珍珠、珊瑚、琥珀等。有的宝玉石仅被一个国家选定,有的宝玉石同时被几个国家选定。

目前已知世界各国的国石是:

钻石:英国、纳米比亚、荷兰、南非。

祖母绿:哥伦比亚、秘鲁、西班牙。

红宝石:缅甸。

蓝宝石:希腊、美国。

猫眼石:斯里兰卡。

金绿宝石:葡萄牙。

白宝石:奥地利。

橄榄石:埃及。

水晶:瑞士、日本、乌拉圭。

欧泊:澳大利亚、匈牙利、捷克。

玉(透闪石玉):新西兰。

青金石:玻利维亚、阿富汗、智利。

绿松石：土耳其。

孔雀石：马达加斯加。

黑曜石：墨西哥。

珍珠：法国、印度、菲律宾。

琥珀：罗马尼亚、德国。

珊瑚：南斯拉夫、摩洛哥、阿尔及利亚、意大利。

综观世界各国的国石，可以看到一些特点：一是每个国家只采用一种国石；二是大多采用世界著名的宝石和玉石，如有世界公认的五大宝石（钻石、祖母绿、红宝石、蓝宝石、猫眼石），有世界珍贵的玉石（如透闪石玉、青金石、欧泊），也有采用本国所特产的玉石或宝石；三是代表本国的民族文化精神，为人民所喜爱；四是多是本国的特产，或者是在加工贸易方面在世界上有优势，得到世界的赞赏。

中国是玉石之国，有上万年的玉文化历史，玉是中华民族文化的重要组成部分。中国玉石种类繁多，如何评选我国的国石是一件复杂的工作。在上世纪 80 年代，我国就开始了国石的讨论。从 1999 年起，中国宝玉石协会负责国石的评选。经过几年工作，在 2003 年，中国宝玉石协会正式对外宣布："四石两玉"为候选国石，并上报全国人大审批。四石是：寿山石、青田石、鸡血石、巴林石，两玉是岫岩玉、和田玉。从世界国石情况看，只能是一种列入一个国家的国石，我国到底在六种中选择何种呢？目前，可谓"仁者见仁，智者见智"，或许有一个漫长的过程。和田玉被荣幸列入候选石，它的命运如何，人们只能拭目以待。

评选国石已经提出了各种各样的标准，这应当研究世界的经验结合我国国情制定。笔者曾提出了评选国石的五个条件：一是我国的特产；二是在历史上影响深远，能代表中华民族

精神和民族文化；三是品质优良，有一定资源作保障。我国有宝石、玉石、彩石三大类，每类质量上有高、中、低档之分。国石是国家的代表，当然要选取质量最好、能长期保存的。四是在五千年文明史中各民族最为喜爱的玉石；五是具有中国特色，得到世界称誉。以上五条是相互联系的，前一条是前提，第二条是基础，后三条是内容。

国徽的设计

中华人民共和国的成立，标志一个新时代的开始。国徽是国家的象征，它的设计是一项庄严的任务，也是一个复杂的过程。1949 年 7 月 10 日，新政治协商会议筹备会就开始征集国徽图案，并提出了"中国特征""政权特征""庄严富丽"的三大要求，但是国徽应征图稿都不满意，9 月 27 日召开的新政协第一届全体会议大会主席团决定，邀请专家另行设计国徽图案。清华大学和中央美术学院收到了政协的邀请，分别组成了由建筑学家梁思成、林徽因领导的清华大学营建系设计组和以美术家张汀为首的中央美术学院设计组，展开设计竞赛。1950 年 6 月 20 日，国徽审查小组召开会议，最后一次评审清华大学营建系与中央美术学院分别提出的方案，最终确定清华大学营建系梁思成、林徽因等 8 位教师设计的国徽方案中选。1950 年 6 月 23 日，全国政协一届二次全体会议上，毛泽东主席主持通过决议，同意国徽审查组的报告和所拟定的国徽图案，这就是我国国徽的来历。

然而，梁思成、林徽因设计的国徽最初图案是什么呢？

梁思成、林徽因夫妇是中国第一代建筑大师，他们从国徽设计的三大要求出发，研究了

中华民族的文化传统，提出了以白玉为玉璧的方案。这个方案是：以白色圆形玉璧为主体，白璧的上方是"中华人民共和国"七个字；白璧的中心是红色的五角星；白璧的四周装饰着麦穗、齿轮等图案。这个图案的立意是：借鉴汉代铜镜的形式，强调了"中国特征"和突出了"庄严富丽"；以玉性温和象征和平；以麦穗、齿轮象征工农联盟。尽管这个方案因"政权特征不足"被否定了，然而，玉与中华民族的血肉联系却留在人们心中。玉璧，是中国古代玉文化中最为核心的一种玉器，它的历史延绵了5000多年，在中国传统的文化理念中，玉璧象征着美好的意愿和高贵的品质，而玉文化已悄然融入了民族的历史血脉之中。以玉中之佼佼者白玉作为玉材，更显示了国家民族精神。

如果再联想到2008年北京奥运会的会徽和奖章对玉的使用和对玉的珍视，这并不是偶然的，而是中国几千年历史的沉淀。

几千年的筛选

在石器时代，中华民族的先民就从众多石头中筛选出"石之美者"即玉石，那时，玉石种类多，分布广，据历史文献记载玉有一百多种。如《山海经》中记载玉、白玉的产地及玉山有149处。《康熙字典》中仅玉名就有135种，如加上玉、美玉总计有173种。在产地上主要有东北的珣玗琪，东南的瑶琨，西北的球琳三大地区。古人用这些玉石制成了玉器，最早的玉片出土自辽宁省海城仙人洞，距今约12000年，内蒙古兴隆洼文化和辽宁省查海文化的两个遗址出土的玉器有8000年历史。所以可以说，中国玉器有万年历史，开始时间之早是世界第一。到了距今约五六千年前的红山文化、良渚文化和仰韶文化时达到了第一个玉器高峰时期。也就在这个时期，昆仑美玉出现在世界上。

我国第一王朝是夏，经商到周，被称为三代，这个时期，和田玉已经大量出现，特别是商代妇好墓的玉器表明，那时，王室玉器主要是昆仑山的和田玉，从此开辟了中国玉器的新时代。这一个选择是几千年时间筛选的结果。首先古人选择美玉不仅在玉石美丽的外表，而且在于坚韧的质地，所以，在距今8000年前就选择了透闪石玉制作玉器，在第一玉器高峰时代，透闪石玉更是普遍使用。昆仑美玉是透闪石玉，它的温润莹泽、坚韧的质地，超过了其他地区的透闪石玉或其他品种玉石，立刻得到人们的喜爱，公认它是玉的精英，成为王室帝王玉的瑰宝。

在王权统治的年代里，新疆玉料的充足供应使古代玉器文明开始了新一轮的复兴。玉器与王室贵族之间的关系，从3000年前的商代开始，一直到封建王朝的末期，就再也不曾被割裂过。也就是在中华五千年文明史中，始终伴随着和田玉的身影。周代，赋予了玉器等级森严的礼仪观念。用昆仑美玉制成玉器的颜色、大小、造型都象征着不同的等级，品阶不同的官员手持不同的玉器来表明自己的身份，但他们身上佩戴的玉器却有相同的意义。到了春秋战国时期，管仲、孔子以和田玉的品质比喻道德，为中国古代玉文化开创了一套前所未有的玉文化学说。在儒家学说的影响下，玉器不仅是王权的象征，还成了君子人格化的代表，佩玉之风大为盛行，佩戴各种形状的玉佩，成为荣耀。汉代在道家思想的影响下，玉衣应运而生，认为天然的玉石凝结了天地的精华，人死后，只要把玉器覆盖在尸体的表面，便可以保佑尸身不朽，灵魂升天。而且，现在出土的玉

167

衣多是用和田玉制成的。这种玉能使人不朽的理念,逐渐地赋予玉器以驱灾避邪的内涵,它的影响也一直延续到了今天。

如果细读中国几千年历史,不难看出,古人凭着聪明才智,经过无数次的筛选(即现在称的评选),早已为和田玉的地位下了结论。不论春秋战国的国家三宝,或是秦王朝的三宝,都有"昆山玉"。从汉代开始到清代,经历了多少王朝和皇帝,作为帝王的玉玺多是用和田玉制作的;不论宫廷玉器或是民间玉器都以和田玉玉器为珍。明代是我国科学繁荣的时期,出了宋应星、李时珍那样世界著名的大科学家和大药学家,他们对和田玉也作出公正的评论。宋应星说;"凡玉入中国贵用者,尽出于于阗"。李时珍说:"产玉之处亦多矣⋯⋯独以于阗玉为贵。"

世界上的几大古文明,有的古文明因种种原因消失了,而中华文明以其顽强的凝聚力和光辉的魅力,延续了五千年,这是我们中华民族的骄傲。我国著名学者费孝通教授曾提出这样一个问题:东方文化,尤其是中国文化有着许多独特而精微的东西,那么,哪些东西是西方文化中所未见有而又是中华文明所独有的呢? 中华民族到底有什么优秀文化传统能贡献给未来世界呢? 他的回答是;"在此我首先想到的是中国玉器。因为中国玉器在中国历史上曾经有过很重要的地位,这是西方文化没有的或少见的。"而中国玉器的发展又与和田玉息息相关,因此,和田玉凝结着中华民族的文明。

世界选择了和田玉

世界上玉石有许多品种,但是得到世界公认的优良品种并不多,珍贵的有中国的和田玉、缅甸的翡翠、阿富汗的青金石等。

和田玉之所以享誉世界,或许得益于玉石之路的开通。玉石之路,就是把和田玉从昆仑山传送到中原和中亚、欧洲之路,这条路为后来的丝绸之路奠定了基础。所以说,东西方交流的第一媒介,不是丝绸,而是和田玉。玉石之路的开拓,不是偶然的,而是由新疆地理环境和当时民族特点决定的。新疆是世界几大古文明的交汇聚集之地。原始社会时期,包括新疆在内的古中亚地区以游牧为主。游牧的一个特点就是长距离的迁移,可以进行地区之间广泛交流。新疆考古资料表明, 距今约3000多年前,从西方和东方来的人聚集新疆,以游牧为生,他们把昆仑山美玉向东西方传送,这或许是玉石之路的重要生因。

随着时代发展,从古代到现代,以和田玉为玉材的中国玉器已传到世界各国,成为珍贵收藏品。1863年,法国矿物学家德穆尔在世界上众多玉石中把透闪石玉和辉石玉单独分了出来,定义了玉的两个品种,其标本就来源于用和田玉和翡翠制成的中国玉器。这一分类在世界玉石界得到广泛承认,表明了和田玉在世界玉石中的地位。英国李约瑟教授以研究中国科技史而闻名世界,他从历史科学角度,高度评价了和田玉,他说:"对玉的爱好,是中国文化特色之一",并从德穆尔分类出发,提出:"新疆的和阗(于阗)和叶尔羌地方山中和水中是两千年来主要的或许是唯一的产玉中心。"

国外许多著名的博物馆和大学都收藏了中国玉器,其中除少数先秦时期的玉器外,其余藏玉几乎都是和田玉。比如,比利时皇家历史艺术博物馆和美国哈佛大学福格博物馆收藏的东周精美玉器, 全部是用和田玉制作的。在大英博物馆珍藏的中国玉器和印度玉器,玉料基本上来自昆仑山。

国外的玉石学家对和田玉非常推崇,在他们的著作中高度赞誉和田玉,称昆仑山是世界的玉都。

现代,和田玉玉器已销售到世界多个国家和地区,是我国出口的重要工艺品之一。

世界玉石品种很多,对于透闪石玉而言,世界有20多个国家出产,在中美洲和新西兰,它们也同样有着悠远的制玉传统。中美洲的玛雅文明,延续时间将近4000年,在它的鼎盛期,玉器文明一度非常发达,遗憾的是,随着玛雅文明的消亡,中美洲的制玉传统也随之中断了。新西兰的毛利族人,同样有着久远的制玉历史,但奇怪的是,它的玉器制品似乎始终停留在装饰品的层面上,对于玉器文明而言,它的内涵显得太过单薄了。与西方文化不同的是,古老中国的玉器文明不仅从未间断过,而且随着时间的推移,玉文化的内涵却愈显丰富和厚重。对这种中西方文化的差异,很多学者试图作出解释,但最终也无法找到一个令人满意的答案。或许可以从和田玉在中国历史舞台上的演变找出一个答案,这有待人们的探索。

十一、北京奥运会与玉

北京奥运会会徽

2003年8月3日,在北京天坛祈年殿前,由中国党和国家领导人与国际奥委会官员共同打开紫檀盒,取出一方由晶莹剔透的和田玉精雕而成的中国"印章"——"北京奥运会会徽徽宝",饱蘸红色的印泥,在中国宣纸上郑重地盖下印记。

这印记,不是普通的印记。她是奥运会近百年历史中对举办城市名单最大一处空白的填补!她是中华民族在奥运会举办史上迈出的第一步!她是中华文明对奥林匹克宪章的首次阐释!她还是世界上人数最多的民族对奥林匹克运动做出的郑重承诺!

为了这个会徽,北京奥组委从2002年7月起面向全球专业设计师征集设计方案,共收到1985件有效作品,经过多次优选,再经11名中外专家组成评选委员会的评选,征得国际奥运会同意,"中国印·舞动的北京"会徽脱颖而出。

会徽由印形部分"Beijing 2008"字样和奥林匹克五环组成。以印章作为主体表现形式,将中国传统的印章和书法等艺术形式与运动特征结合起来,经过艺术手法夸张变形,巧妙地幻化成一个向前奔跑、舞动着迎接胜利的运动人形。印形图案好似一个北京的"京"字,又像一个舞动的人形,潇洒飘逸、充满张力。它体现了灿烂的中华文明,同时又展示了当代中国的动感和活力,体现了奥林匹克更快、更高、更强的主旨和精神风貌。"中国印·舞动的北京"是一次融合中国书法、印章、舞蹈、绘画艺术和西方现代艺术观念的成功的艺术实践。她表达了人们要表达的理念，也寄托着人们将要赋予她的理想。她是中国的，也是世界的。她将当之无愧地成为奥林匹克运动视觉形象史上的一座艺术丰碑。

印章早在四五千年前就已在中国出现，是渊源深远的中国传统文化艺术形式，并且至今仍是一种广泛使用的社会诚信表现形式，寓意北京将实现"举办历史上最出色的一届奥运会"的庄严承诺。

红色作为主体图案基准颜色，它是中国的代表性颜色，具有代表国家、代表喜庆、代表传统文化的特点。

"京"，表明中国北京张开双臂欢迎世界各地人民的姿态。

印章中的运动人形刚柔并济，形象友善，弘扬了"更快、更高、更强"的奥林匹克精神。

会徽的字体采用了汉代竹简文字的风格，将汉简中的笔画和韵味有机地融入"BEIJING 2008"字体之中，自然、简洁、流畅，与会徽图形和奥运五环浑然一体。

"中国印·舞动的北京"之一笔一划，她的每一个构成要素，都承载着凝重的中华文化传统和激越的奥林匹克精神，彰显着先进的审美观念和昂扬的时代激情。她带给人们的不仅仅是一个奥运会历史上史无前例的会徽，也将是中华文明在世界文明史上的又一次发扬光大。国际奥委会主席罗格说："北京奥运会会徽将成为世界上最引人注目且最为人们熟悉的标志之一，将成为奥林匹克运动史上最出色且最有意义的标志之一。"

会徽印雕制的庄严使命落到了北京工美集团的身上。用什么材料制作，这是一个首要的问题。经过顾问组和工美集团缜密研究，征得北京奥组委同意，确定徽宝选用新疆的和田玉。

从汉代开始，和田玉就是历代玉玺的材料，现在落到了奥运会徽宝上，揭开了几千年历史的新的一页。

随即工美集团向全国各地发出寻找和田玉材料的信息，这信息立刻飞到了昆仑山下的和田。作为和田玉的故乡，和田人民感到这是一个光荣。和田地区工艺美术公司经过研究，立刻动用他们在密尔岱山中珍藏了十年的玉料。位于昆仑山的密尔岱玉矿是清代最大的玉矿，乾隆皇帝亲自关注，清代一些国宝级玉料都来自这里。现在也用这玉矿的玉料，正是历史的巧合。4月，昆仑山千里冰封，工艺美术公司克服了许多困难，终于把几块重达4吨的和田玉料取了出来，用人背、驴驮等方法把玉料运到了结冰的棋盘河，用了十几天时间从冰河拉了60千米才到的公路。经过进一步优选，公司飞快把玉料送到了北京。像是天遂人愿，北京工艺师把一块青白玉开门子后没有发现任何瑕疵。常言说十玉九绺，可是2厘米一刀开了六面都是干干净净，此玉料按徽宝设计的尺寸，正好能雕两方，真可谓天作之合。

"北京奥运徽宝"以故宫珍藏的"清朝二十五宝"中的乾隆"奉天之宝"为设计制作原型，雕琢浑厚古朴，隽秀内敛，取之于会徽原型，且不拘泥于会徽原型，所有尺寸赋予了特殊的寓意。徽宝边长11.2厘米，代表从1896年到2008年，现代奥运已经走过了112年的历史；台面高2.9厘米，具有第29届的含义；徽宝纽高9.6厘米，象征着中国的陆地面积960万平方千米；徽宝总高13厘米，代表中国13亿人民心向奥运。主体造型印钮采用蟠龙造型，有"和平""团结"之意，反映奥运大家庭成员间的团结和运动员之间的团结。用青白玉制

171

作徽宝有 5 层寓意：取玉之仁，润泽而温，代表奥运精神的博大包容；取玉之智，锐意进取，代表奥运精神的创新进步；取玉之勇，不屈不挠，代表奥运精神的"更快，更高，更强"；取玉之洁，纤尘弗污，代表奥运精神的高尚纯洁。

由北京工美集团的大师们用同一块和田玉精心雕刻的两方一模一样的徽宝，一方由北京奥组委作为礼物赠送给国际奥委会，作为奥运历史的永恒见证；另一方将珍藏在国家有关博物馆。

北京奥运会奖章

在 2007 年 3 月 27 日，也正是北京奥运会倒计时 500 天之际，北京奥组委在首都博物馆发布北京 2008 年奥运会奖牌式样。奖牌直径是 70 毫米，厚度是 6 毫米。正面使用国际奥委会统一规定的图案，即站立的胜利女神和希腊潘纳辛纳科竞技场全景形象。奖牌背面镶嵌玉璧，正中的金属图形上镌刻着北京奥运会的会徽。奖牌挂钩由中国传统玉双龙蒲纹璜演变而成。整个奖牌尊贵典雅，中国特色浓郁，既体现了对获胜者的礼赞，也形象诠释了中华民族自古以来"以玉比德"的价值观，是中华文明与奥林匹克精神在北京奥运会形象景观工程中的又一次"中西合璧"。这是在传统的金属牌上第一次创造性地使用了中华美玉，使 2008 年奥运奖牌既遵循了国际惯例，又增加了中国特色。

奥运会奖牌是奥林匹克精神胜利和光荣的象征，也是历届奥运会主办国文化和奥林匹克元素结合的重要体现，也是历届奥运会最重要的景观项目之一。为了给奥林匹克运动留下独特的遗产，北京奥组委 2006 年 1 月 11 日起开始面向全球征集 2008 年奥运会奖牌设计方

案，这也是奥运会历史上首次面向全世界征集奥运奖牌的设计方案。经过近 3 个月的征集，奥组委共收到应征作品 265 件，其中有效作品 179 件。应征人来自我国 25 个省、自治区、直辖市和香港特别行政区，以及美国、德国、澳大利亚、匈牙利、印度尼西亚、俄罗斯、以色列、芬兰等国家。北京奥运会奖牌设计工作历时一年多。北京奥组委最终选定了一套将典型的中国文化特色与奥林匹克精神完美结合的方案，获得了国际奥委会的批准。

1907 年，国际奥委会正式作出了授予奥运会优胜者金牌、银牌和铜牌的决议，随后还逐步对奥运会奖牌的材质、识别性、重量、尺寸、图案等进行了严格规定。奖章的规格为圆形，直径不少于 60 毫米，厚 3 毫米。金牌和银牌的奖章用银制作，其纯度不低于 92.5%。冠军奖牌还要镀有不少于 6 克的纯金。以往奥运会的奖牌在材质的使用上均没有突破，北京奥运会奖牌则创造性地将玉嵌其中。这一设计不仅符合国际奥委会的相关规定，也彰显了"玉"的高贵品质，喻示了中国传统文化中的"金玉良缘"，体现了中国人民对奥林匹克精神的礼赞和对运动员的尊重褒奖。这正如奖牌设计评审委员会主席蒋效愚在致辞中所说："奥运奖牌是荣耀与成功的象征。2008 年奥运会的奖牌设计将会成为中国奥运遗产的重要组成部分。"奥运会奖牌是每一个运动员在运动生涯中追求的最高荣誉之一，也是运动员在奥运会上出色表现的标志。北京奥运会奖牌设计凝聚了众多人士的热情与心血。经过专家的精心评选，我们确定了北京奥运会奖牌方案。它具有浓郁的中国风格，艺术风格尊贵典雅，和谐地将中国文化与奥林匹克精神结合在一起，使北京奥运会奖牌成为宣传奥林匹克精神和北京奥运

会理念,展示中国文化艺术、设计和科技水平的载体,成为北京奥运会的一份独特遗产。

"玉"在我国有着悠久的历史,早在距今约10000年的新石器时期就已经出现了玉器。世界上一些国家也有玉,但是只有中国形成了几千年来连续不断的玉文化,这是中华文明的特色之一,这是世界上所没有的。玉表示着美好、尊敬、相爱、相助的内涵,象征着中华文明,也诠释着团结友谊的奥林匹克精神。

在北京奥运会奖牌设计方案中,为了让每种奖牌有所区别,也更加容易辨认,奖牌上分别采用了不同色泽的玉,金牌用的是白玉,银牌用的是青白玉,铜牌用的是青玉。奖牌之所以选择不同的玉质,最重要有两个因素:一是金牌、银牌、铜牌具有不同的价值,可以从玉的品质上区别;二是选择不同的颜色质感,是为了与金、银、铜三种材质能够有一个更好的配合。

奖牌到底用什么玉和什么地区的玉料,2007年3月27日,北京奥组委发布北京2008年奥运会奖牌式样的时候,并没有公布。一些专家分析,白玉、青白玉、青玉,按照我国的玉石分类标准的有关规定,它属于透闪石玉。我国古代就有"玉出昆岗"之说,从奖牌玉的特征分析,推测奖牌可能是昆仑山的美玉。北京奥运会奖牌上镶嵌着我国的美玉,闪烁着中华民族文化的光辉,这是中华民族的骄傲。

与奖牌同时发布的奖牌包装盒、丝带,也均具备中国传统文化的审美意趣,凸显着鲜明的中国特色和民族风格。北京奥运会奖牌包装盒为中国传统工艺制作的木制漆盒,四方造型,天地盖四边略呈弧形,喻天地四方、六合美满之意。丝带由机织而成,朱地云纹,喜庆祥瑞。

173

玉石·玉矿篇

几千年来，昆仑山和阿尔金山的美玉激发了多少人的激情和梦想，谱写了多少采玉人的情怀和悲欢。然而，这些美玉又是如何形成的、如何分布的、如何识别的，让我们进入这个神秘的玉石玉矿世界。

一、和田玉名称的由来

玉 和 真 玉

和田玉名称有着几千年悠久的历史,并经过了多次的演变。

昆仑山先民们在新石器时代已经在河流中找到了美玉,当时叫什么名称,因为没有文字记载,现在无法知道了。商代殷墟出现的甲骨文中就有玉字,可见,那时把玉石统称为玉。

在中国的《二十五史》中,自司马迁的《史记》到《清史稿》,对昆仑美玉都有记载,均以"玉"称之。如《史记》中说:"汉使穷河源,河源出于阗,其山多玉石。"《汉书》中说:"鄯善国,本名楼兰……国出玉。"

春秋战国管子、孔子提出的玉德说中,把道德比喻为昆仑美玉,称昆仑美玉也是"玉",有"九德""十一德"之说。

玉是一个统称,中国有许多品种的玉,容易混淆不清,于是就有了真玉说,即把昆仑美玉称为"真玉",其他品种玉称为"非真玉"。真玉之名,取于何时,现不得而知。东晋王子年的《拾遗记》中记载有识别真玉的方法:"石崇富比王家,当世珍宝奇异,皆殊异国所得。其爱婢翔风妙别玉声,悉知其处。言西北方玉声沉重,而性温润,东方南方玉声轻洁,而性清凉。其言玉声轻洁者,言东南方所产非真玉也。"这就是以玉的温润和声音来区别是否为真玉。可见,真玉名称应是较早已有,这或许与古代的用玉制度有关,如《说文》记载,"天子用全,纯玉也;王公用驭,四玉一石;候用瓒,伯用埒,玉石相半也。"这就是说,只有天子用的是纯玉,天子以下的官员用的玉中夹杂有石。唐代时把礼玉用真玉规定了下来,如唐玄宗天宝十年诏说："礼神以玉,取其精洁温润,今有司并用珉,自今礼神六器宗庙奠玉,并用真玉。诸礼用珉如玉,难得大者,宁小而取其真。"

禺氏之玉·昆山玉·琅玕

从先秦到汉代的文献中,又把昆仑美玉称为禺氏之玉、昆山之玉、琅玕。

"禺氏之玉"之说,来源于春秋时期的政治家管仲。他在《管子》一书中说:"北用禺氏之玉,南贵江汉之珠。""玉出禺氏之旁山。"据历史学家研究,禺氏是月氏之音译,那时他们主要活动在甘肃省河西走廊一带,并曾到达昆仑山和阿尔金山,这里出产的玉,贸易要经他们之手,贩卖到中原,故中原人称之"禺氏之玉。"把昆仑山称为"禺氏之旁山。"

战国和秦代,以产玉的昆仑山和钟山命名为"昆山之玉"和"钟山之玉",如《史记》中就有记载。战国苏厉给赵惠文王的信中就说过,如秦国出兵攻下山西北部,控制住山西和河北的恒山到雁门关一带险道,"代马胡犬不东下,昆山之玉不出,些三宝亦非王有已。"秦代的李斯也说:"今陛下致昆山之玉。"这里说的"昆山之玉",就是以产玉的昆仑山得名的。昆仑山有一钟山以产玉著名,也有叫"钟山之玉"。如《吕氏春秋》中说:"君子之容,纯乎其若钟山之玉。"

"琅玕",最早见于《山海经》,说:"昆仑山有琅玕树。"秦汉时期编辑的先秦文献《尔雅》中也说:"西北之美者,有昆仑墟之璆琳琅玕。"在尼雅遗址中出土的汉代竹简,称玉为"琅玕",言"王母谨以琅玕一致问王"。

于 阗 玉

"于阗玉"的名称,见于古代一些文献中,

如《齐书·皇后传》中说:"永明元年,有司奏贵妃淑妃并加金章紫绶,佩于阗玉。"明代李时珍的《本草纲目》中说:"产玉之处亦多矣……独以于阗玉为贵。""于阗玉"是以古代于阗国产玉而得名。于阗国是古代西域著名的大国之一。该国的建国充满了神奇的传说,据说在公元前数个世纪该国就建立了,《山海经》记载中有"墇端"国名,有的说这是于阗、和阗的不同音译。张骞通西域揭开了古于阗的神秘面纱,说该国"河源出焉,多玉石。"从此,从《史记》开始到《清史稿》都有于阗国产玉的记载。历代宫廷都求玉于该国,在皇族中"贵夫人、夫人、贵嫔三夫人佩于阗玉"(《晋书》),甚至说"玉是仙药……得于阗白玉尤善。"南朝齐武帝派使臣求玉,历时三年才得到一块大的美玉。唐玄奘西天取经曾在于阗国宣扬佛法,亲眼看到这里产的白玉、翳玉,并在《大唐西域记》——记载。于阗的名称,在古文献中也有称其为"屈丹""豁旦""于遁""斡端""兀丹"等,多是音译的不同。于阗一词的含义更是神秘难测,现在至少有七种解译,如"地乳说""牛地说""非常有力说""玉邑说""花园说""汉人说""葡萄说"等。其中的"玉邑说",恰巧与当地产玉相吻合。玉邑说就是于阗是以产玉得名,称为玉城或玉邑。这一说法的依据是说于阗一词为吐蕃语,古代吐蕃即指西藏,在西藏语言中玉石一词作 gyu(yu),古音"于"为 khu 或 gu,故"于"有玉石之意。同时,西藏语言中城邑、村落称为 tong,与 tan 对应。因此,于阗的含义是玉城或玉邑的意思。

和 田 玉

于阗国在 2000 多年历史中经历了多少风风雨雨,到了清代康熙时,改于阗为和阗。乾隆时期平定了准噶尔，统一和阗，设六城，设办事大臣。清光绪八年（1882年）新疆改为行省，第二年设置了和阗直隶州，隶属喀什噶尔道，并设置了于阗县。"中华民国"建立后，曾设过和阗县、和阗道、和阗行政区域、和阗专区等。中华人民共和国建立后，建立了和阗专员公署，辖7县。1959年汉字简化将和阗改称为"和田"。1979年改为和田地区行政公署。1984年成立了和田市。现在和田地区面积24.78万平方千米，占新疆总面积的15%，占全国面积的2.6%。和田地区辖7县1市，是以维吾尔族为主体的一个多民族聚居地区。在中国历史上，和田是古代西域三十六国著名的于阗国所在地，是中国丝绸之路南道上的重镇。

由于于阗名称的变化，于阗玉被称为和田玉。和田玉这一名称从何时叫起，现在仍是一个待解之谜。清同治、光绪年间陈性所著的《玉纪》中说：玉"维西北陬之和阗、叶尔羌所产为最。其玉体如凝脂，精光内蕴，质厚温润，脉理坚密，声音洪亮，佩之益人性灵，能辟邪厉。"这里说到和阗，但是没有称为和阗玉。因此，和田玉的名称或许是从20世纪初开始流行的。

从上可知，和田玉的名称变化经历了2000多年历史。从"昆山之玉"经"于阗玉"到"和田玉"有一个漫长的演变过程。"和田玉"是我国的一个传统名称，凝结了先人的智慧和民族的精神，当前如何正确地科学地规范和田玉的名称，以弘扬玉文化精神，是一项庄严的重要任务。

179

二、"软玉"名称的困惑

法国矿物学家的新分类

"软玉"一词,常见于我国有关玉石的规定、标准和许多宝石玉石著作中,也出现在玉石商品名称中,但是,什么是"软玉",这一名称是如何来的,值得人们去探索。

19世纪,中国和田玉玉器大量进入欧洲,特别是1840年英法侵略军占领北京,从圆明园中掠夺了大量的珍贵玉器,这些玉器的玉料基本上都是和田玉和翡翠。近代地质学在欧洲兴起,矿物学作为一门学科,欧洲列居世界前列。法国矿物学家德穆尔对中国玉器的玉材进行了科学研究,测定了矿物成分、比重、硬度、化学成分、矿物结构等,1863年将之公之于世。他从世界众多玉石中把和田玉和翡翠单独划分了出来,统称之"Jade(玉)"。Jade一词来源于西班牙,西班牙侵略者把在墨西哥掠夺的玉起名为"Pieda de ijade",Jade是词中最后的字,意思是指"腰痛宝石",因为他们看到当地土著民族用此来治疗腰疼痛,才取这样的名称。这一名称首先见于1569年西班牙蒙纳德博士的著作。德穆尔把和田玉称为"Nephrite",这一词是拉丁语,由希腊语转化而来,意指"腰"。1789年A·G·魏勒首先在英语中采用了"uephrite"一词。德穆尔把翡翠称为"Jadeite",这是由Jade一词加词缀而来,以与Jade相区别。从矿物学角度讲,"Nephrite"代表是透闪石玉,这类玉以和田玉为代表;"Jadeite"代表辉石玉,以翡翠为代表。

"软玉"名称的谜团

德穆尔在世界上首次对和田玉和翡翠进行了矿物学研究,他的分类法立刻传到全世界,并被普遍采用。这一分类也传到了东方的日本和中国,随后,把"Nephrite"称为"软玉",把"Jadeite"称为"硬玉",这一翻译名称据说是根据德穆尔所测的硬度,源于翡翠硬度比和田玉硬度大。但是,是什么时间谁首先翻译使用的,还没有找到确切的资料。

玉石学家栾秉璈提出"软玉"一词首先来源于日本。主要依据:一是1916年日本铃木敏《宝石志》中已用了"软玉"译名;二是日本昭和年间出版的宝石著作中已使用"软玉"一词,而中国现代宝石学在20世纪80年代才普遍使用"软玉"一词;三是日本昭和十七年(1938年)《华日矿物名汇》中载:软玉是日本名,英文名Nephrite,中国旧名白玉。

中国现代最早使用"软玉"一词的是章鸿钊。章鸿钊中国地质事业创始人之一,他在《石雅》(1918年在地质杂志首刊,1921年发行第一版)中说:"盖玉有两种,一即通称之玉,东方谓之软玉,泰西谓之纳夫拉德(Nephrite)。二即翡翠,东方谓之硬玉,泰西谓之桀特以德(Jadeite)。通称之玉,全属角闪石类,缜密而温润,有白者与透闪石为近,绿者与阳起石为近,新锡兰谓之绿玉是也。今尚产和阗以北葱岭一带最有名者。"其中软玉一词他可能引用自日本,他并把软玉叫做"通称之玉",可能与我国传统把和田玉称为玉有关。这样,软玉一词一直流传到今,在我国制定的《珠宝玉石名称》国家标准中仍然采用。

中国古代的"软玉"

软玉一词并非新的创造,在中国古代文献中早已有这一名称。

据古代文献资料,在唐代时就有软玉制成的软玉鞭,虽是国外所献,但是,软玉一词已经存在。清代谷应泰《博物要览》记述:"唐代宗幸兴庆宫,于复壁间得宝匣,匣中得软玉鞭。……即天宝中外国所献者。光可鉴物,节文端严,虽蓝田之美不能过也。屈之则首尾相就,舒之则劲直如绳,虽以斧钻斫剪,终不能伤。上叹为异物,遂命以联蝉绣为囊,碧玉丝为销,因命之藏于宝库焉。"清代徐寿基编《玉谱类编》中也有类似的记载,说:"杜阳杂编,天宝中,外国献软玉,屈之则首尾相就,舒之则劲直。又代宗有软玉鞭。"显然,软玉的特点是"屈之则首尾相就,舒之则劲直如绳,虽以斧钻斫剪,终不能伤",这与和田玉的特点是完全不同的。

此外,在我国古代文献中软玉还有另外一个概念,就是指玉的成因问题。如刘子芬在《古玉考》中所说:"玉有软、硬两种……,大概山产者多硬玉,水产者多软玉。因其原质稍有别异,故硬玉之体重比较软玉为重,硬玉之光泽亦比软玉鲜丽,然玉质之纯粹,则软玉过于硬玉焉。"

宋代宋应星的《天工开物》中有另一个说法,如说:"凡玉璞根系山石,未推出位时,璞中之玉软如棉絮;推出位时则已硬,于尘见风则愈硬,谓世间琢磨有软玉,则以非也。"

当然,上述两种说法都是指玉成因而言,在今天看来是没有科学依据的,但是,证明古人早已有软玉之说,并且明确指出软玉的特点是"软",甚至说"软如棉絮"。

这样,当用"软玉"一词指和田玉一类的

透闪石玉时,显然与我国自古以来传统概念不同,因此,造成了一定的混乱。因为传统概念中,"软玉"容易被人们理解为硬度不大的玉石,如有的把蛇纹石类玉等硬度不大的玉石也列入软玉中,在商品市场贸易中有的把一些硬度不大的玉石也称软玉。

实际上,对和田玉的硬韧度,我国古人早就有明确的认识。从选择昆仑美玉作为宫廷主要玉材开始,就已经知道它的硬韧度大的优点。所以,把和田玉称为"软玉"是名不符实,是一桩"错案"。

"软玉"质疑

近年来,把和田玉称为软玉的问题受到了一些学者、专家的质疑。

一是硬度问题:"软玉""硬玉"的名称原来可能是以德穆尔测试的硬度来划分的。但是,经过世界玉石界学者的多次测试,透闪石玉(和田玉)与辉石玉(翡翠)的硬度没有实质性区别。如我国珠宝玉石鉴定标准中,把这两种玉石的硬度都确定在6~7范围内。根据世界透闪石玉的实测结果,新疆和田玉为6.5~6.9,新西兰、加拿大等地碧玉(透闪石阳起石玉)为6.5~7,缅甸翡翠为6.5~7。可见,这两种玉的差别用硬度作为鉴定标准是没有实际意义的,也就是说把它们分为"软玉"、"硬玉"是名不符实,是缺乏科学依据的。

二是玉石定名标准问题:国内外玉石定名一般采用三种方法,第一种是直接采用矿物岩石名称;第二种是采用传统名称;三是采用英文矿物岩石的译音。用这些标准衡量,"软玉"、"硬玉"的名称,既不是矿物岩石名称,也不是传统名称,更不是英文矿物岩石的译音,显然,也是不符合玉石命名要求的。当然,由于时代的限制,我们也不能苛求前人,但是,从命名到今天已经上百年,情况不断变化,名称是可以改变的。目前,许多学者已将"Nephrite"按矿物名称称为透闪石玉或闪石玉,我国的国标GB/T16553-2003《珠宝玉石名称》中在以透闪石、阳起石(透闪石为主)的矿物组成中也列出了闪石玉。

三是传统名称问题:如上述,和田玉名称有几千年的演变历史,称誉中外,成为我国玉石的传统名称,应该保留。这一传统名称也得到了国家的认可,在《珠宝玉石名称》国标中有和田玉,在国石评选中也有和田玉。相反,软玉一词并不是我国玉石的传统名称。

四是商品市场问题:规范玉石商品市场首要的是规范产品名称,一定要名副其实。软玉名称不能反映和田玉或透闪石玉的特点,容易在市场商品交易中造成混淆,使顾客产生误会,不利于市场发展。

综上所述,一些专家建议废除"软玉"名称。

三、子玉之谜

子玉名称之谜

在五六千年前,昆仑山下的先民在河流中看到一些美丽的石子,外形为椭圆形,光泽晶莹,有羊脂般的滋润,他们就捡了起来,作为玩赏之物。以后,这美丽的石子被称为玉。以后又发现山上的玉矿,为了与之区别就把河流中的玉取另外一名称。这点,在我国古代文献中很早就有记载,如《山海经》中就提到:"泰冒之山浴水出焉,其中多藻玉。龙首之山若水出焉,其中多美玉。放高之山,明水出焉,其中多苍玉。黄酸之水,其中多璇玉。"分别把河中之玉称为"藻玉""苍玉""璇玉"等不同名称。昆仑山河中之玉最早的名称是什么,现在还不清楚。但是,古人称昆仑山有"琅玕",说其"状如珠,""如海中珊瑚",这或许是河流中玉的最早名称。关于这点,清代晚期陈性在《玉纪》中说:"水中所产有小如珠者,色绿而明,土人名曰卡琪,盖古称琅玕如珠是也。"河流中玉称为"子玉"的提法,文献也见于清代陈性的《玉纪》,说:"产水底者曰子儿玉,为上。产山者曰宝盖玉,次之。"

从子儿玉演化为子玉,本质没有什么变化,都是说河中之玉,如石子一样,从而与山玉相区别。

关于子玉名称,在现代玉石界中对"子"的写法各有不同,目前至少有三种,一是子玉,一是仔玉,一是籽玉。笔者在编写《中国和阗玉》一书时就遇到这个问题,到底采用哪个呢?我们经过研究最后采用了"子玉"的名称。原因主要是两个:一是尊重前人所用名称,如上述《玉纪》中的"子儿玉",采用的是"子"字。二是区别"子""仔""籽"三字的涵义,这要求助于字

183

典。在字典中，"子"的涵义是指"小而坚硬的块状物或粒状物"，或"颗粒状的东西"，如石头子儿等。石头子儿也可联想到玉石子儿，简化后为"子儿玉"或"子玉"。"仔"则指"幼小的（多指牲畜，家禽等）"，如仔鸡等，或读作"崽"。"籽"是指"某些植物的种子"，如棉籽等。显然，这三个字含意不尽相同，建议进一步研究和规范化。

子玉：大自然的杰作

昆仑山和阿尔金山的河流中主要有两大宝，一是玉，一是金。地质学把河流中的产出矿统归为砂矿一类。砂矿床在世界矿产中有许多种，如金、锡、钨、钛、铌、钽、稀土、金刚石、宝石、玉石、水晶、石英砂、砾石等。它们的成因有两种：一是机械沉积，这是由原生矿在风、水或冰川中由机械的方式被搬运和沉积形成的；一是化学沉积，这是含矿物质在水中经化学作用沉积形成的。世界上砂矿床除砂金的形成有很大的争论外，其他砂矿床是由机械沉积则为定论，其中包括宝石和玉石在内。

和田玉子玉属于砂矿一类，是由原生和田玉矿经过剥蚀、搬运和沉积作用形成的。经地质研究，和田玉原生矿形成于华里西运动晚期，距今约3亿年左右。随着中新生代的造山运动，形成了昆仑山，并不断隆起，和田玉矿床随着昆仑山的发展而定位，现在一般都分布在高山之上。地球上的水，不论是降水或者冰雪，它们始终在运动之中，不断地对地表的岩石产生作用。高山上的原生矿玉石经过多年长期水和冰川的剥蚀和风化作用，逐渐变成了碎块，又在冰川和洪水的作用下，被搬运到山谷河流中。汹涌的洪水带着玉石在河中奔腾，与各种岩石碰撞磨擦，玉石越来越变小，棱角被磨成

了椭圆，当水力变小或者遇到阻碍时就沉积下来。在一条河流中，一般情况下，当发洪水时搬运力强，而枯水时变弱；地势高峻、河道狭窄的上游搬运力强，而地势平缓的下游搬运力变弱。搬运力强时，较大较重的玉石也能搬动，搬运力弱时只能搬运较小的玉石，所以，从上游到下游，玉石一般由大变小。在上游地区沉积的玉石，因为搬运距离近，受碰撞磨擦时间相对较短，所以块度比较大，棱角稍有磨圆，表面平滑，与子玉有所不同，玉石行业称它为"山流水"。这一名称起于何时，原义是什么，现在没有查到文献资料。

大自然对原生玉石矿长年不断的剥蚀、搬运和沉积作用，玉石就不断地沉积。由于河流的切割作用，河流不断地变化，河床可以变成河漫滩，河漫滩也可以上升为阶地，同时，洪水还可以把玉石搬运到山前冲洪积扇中。所以，子玉分布在河床、河漫滩、阶地、冲洪积扇中。

子玉的形成经过了漫长复杂的过程。子玉是在第四纪时期形成的，地质学中的第四纪是最新的年代，已有260万年，它又分为更新世和全新世，其中全新世到今约有一万年。所以说子玉形成有万年或几十万年的历史。一般说来，阶地中子玉形成时间较早，现代河床中形成的子玉时间较晚。所以，很难说出某块子玉的形成时间，但是，子玉形成经历了长时期的磨炼和侵蚀。

子玉与多数砂矿床一样分布极不均匀，非常稀少。采砂金的人都知道，一条河流中不是处处有砂金，而且各处砂金蕴藏量与品位也不是完全相同的，砂金矿床中品位达到1立方米中含有0.1~0.2克金就可以开采，砂金即使非常复杂，还可以勘探计算储量。同样，金刚石砂矿床中达到1立方米中含有2毫克金刚石就

可以开采,金刚石砂矿也非常复杂,还可以勘探计算储量。可是,子玉更为复杂,现在还没有勘探的矿床,更不用说计算储量了。所以,大自然恩赐给人间的子玉是非常珍贵的,一定要好好保护和爱惜。

子玉质优之谜

几千年来,子玉与山玉料相比,一般来说质量较优,所以,多以子玉为珍,价格与山玉也大不相同。子玉是从山玉通过机械作用转化而来的,矿物均为透闪石玉,为什么子玉比山玉质优呢? 这个问题,从古到今有多种说法,古人说:玉是阳气之纯精,或水之精,带着某种神秘色彩。

从地质学角度看,如上所述,子玉是由原生矿转化形成的,它的质优可能有两个因素:一是它经历了长期的磨擦和侵蚀;二是由于氧化产生了美丽的皮色。

玉石经过千万年的磨蚀,起了多少物理化学变化,这是一个待研究的新问题。目前,知道的主要是外表的变化,一是玉石的棱角被磨圆,这点与在河流所见的卵石是同样的原理,同时,玉石外面的石头多数被磨掉或剥离。二是经过碰撞磨擦,使玉石光泽更为鲜明,这就是磨光的原理。三是玉石经过长期侵蚀,更加滋润。至于玉石的内部变化,现在还没有实验测试资料。从碰撞磨擦受力打击产生一定能量和热量分析,对玉石内部应当是有一定影响的。同时,它长期受到水流的侵蚀作用,可能还有一定变化。

玉石在河流中的磨蚀作用或许可以想到"盘玉"。盘玉方法,我国古已有之。古人主要用于对出土古玉上,这种古玉,又称为旧玉。陈性在《玉纪》中专门讲了"盘功",说盘玉有文功和

武功,旧玉经盘后犹如脱胎换骨,石性全去,但存精华,玉晶莹明洁,"此非亲历其境者不知,亦非初学赏鉴家所肯信也。"现代玉石行业中也有盘玉,据说能使玉石发生很大的变化。"盘玉"的科学原理还有待人们研究,但是,"盘玉"似与河流中的碰撞磨擦有某种相似之处,而且在河流中时间更长,玉石内部变化或许有之,这还是一个谜,希望引起人们研究。

和田玉矿物成分是透闪石,化学成分是含钙镁铁的硅酸盐,其中含有少量的铁,在原生矿中属于氧化亚铁(二价铁)。原生玉矿在河流中通过氧化作用,一些氧化亚铁就会变成三价的三氧化二铁,在玉石表面呈现各种颜色,这种颜色称为次生色,这种玉称为"璞"或色皮。这种色皮,其形状千姿百态,可以说无一相同。有的朵云状、有的弧线状、有的散点状等。皮色有各种颜色,结合其形状形象地称为:洒金皮、乌金皮、姜黄皮、秋梨皮、桂花皮、枣红皮、虎皮、鹿皮、黑皮等。色皮有厚有薄,一般在1毫米左右,色皮可以琢成俏色玉器。从商代俏色玉器《玉鳖》,清代的俏色玉器《桐荫仕女图》至现代人物、动物、山子花卉等俏色玉器,杰作佳品层出不穷,俏色玉器是中国玉器的奇葩。同时,这种色皮可以形成种种奇石,供人欣赏自然之美。好玉如有色皮,是锦上添花,自古称之为宝。上世纪初,谢彬访问和田时,曾这样评价:"有皮者价尤高。皮有洒金、秋梨、鸡血等名。盖玉之带璞者一物往往数百金,采者不曰得玉,而曰得宝"。现在收藏界有的对带皮色的优质子玉,非常珍重,也视为得宝。

子玉的色皮,使人们想到古人的沁玉。玉器随人埋葬在土中,经过水、水银或其他物质的长期侵蚀,也会产生各种颜色,称为沁色,如有鸡血红、珠砂红、茄皮紫、松花绿、秋葵黄、老

185

酒黄、虾子青、鹦哥绿等，统称为"十三彩"。古时，有的人为了金钱利益，将新玉器用各种方法染成沁色，冒充古玉器。方法很多。如宋代时就用老提油法，用玉在油中煎炸；以后，有人工染色薰烧法，将虹光草捣成汁后，再加入少许硇砂（天然产的氯化铵），罨在玉料上，再用新鲜竹枝燃火烘烤；明清时期，又有新提油方法（用木屑火煨）、伪造血沁法（仿制之玉放在火中，烧成红色，填入活犬腹中，或羊腿里等）、多种人工沁色法（如琥珀烫、叩锈法、伪石灰沁、狗玉、风玉等）。

由于子玉皮色的贵重，现在又有人在子玉的皮色上大做文章，用多种方法人工制造皮色。主要方法有三个方面：一是利用高温加热使产生裂隙，再用各种染色浸染；二是用高分子材料为基料，辅以种种颜料用高压方法沁色；三是利用化学试剂或化学反应制造沁色。这些方法制造的假皮色主要特征为：在裂隙、石性、瑕疵、绺裂处颜色呈不均匀堆积，或颜色均匀，内深外浅，没有渐进过渡迹，浮于表面，光泽暗淡。而真子料皮色，颜色深入玉矿物结构内部，厚度很薄，色泽温润，色调俏艳，颜色丰富自然皮色与玉肉呈过渡关系。如何鉴定真假皮色，有的专家提出，除用仪器或化学试剂检测外，肉眼鉴定主要看四个方面：一是看皮色是否自然，特鲜艳者一般为人工色；二是看着色处是否均匀，整齐均匀为人工色；三是看着色皮是否在疏松部位和纹理处，如果颜色较深为人工色；四是看着色层次，层次分明不一者为人工色。

羊 脂 玉

子玉的颜色，基本色有五种，分别命名为白玉、黄玉、青玉、墨玉、碧玉。白玉中又可分为羊脂玉、白玉、青白玉。现在玉石界分类中，一般把青白玉单独分出，因此有了六种。关于羊脂玉，自古以来，都认为它是和田玉中的佳品，也是和田玉驰名于国内外的一个重要原因。羊脂玉在很早的时候就出现，到了汉代张骞通西域后更是增加，根据考古发掘资料，我国考古学家夏鼐指出："汉代玉器材料……乳白色的羊脂玉大量增加。"

关于和田玉分类中，羊脂玉是否单独列为一类，与上述五类并列，现在玉石界的意见不一。一种意见是将它列入白玉中，作为特级或优质白玉；一种意见是单独列出。现将新疆有关玉石鉴定专家的意见叙述如下：

易爽廷、宋建中、李忠志在《谈谈和田玉分类》中指出："特级白玉——羊脂玉，颜色为羊脂白，柔和均匀，质地致密细腻，油脂－蜡状光泽，坚韧，滋润光洁，半透明状（成品、工艺品状如凝脂，无绺、裂、杂质及其他缺陷），是和田玉之最上品。"

岳蕴辉在《何为羊脂白玉》中指出："羊脂白玉是对优质白玉的形容，顾名思义就是好似羊脂（俗称羊油）一样的玉石……现代宝玉石学家的解译是：表示优质白玉，颜色呈脂白色或比较白，可稍泛青色、乳黄色等，质地细腻滋润，油脂好，可有少量石花等杂质。"

李新玲、刘莉、魏薇在《和田玉实物分类的建议（草案）》中指出："根据颜色和质地（主要是羊脂玉）将和田玉分为羊脂玉、白玉、青白玉、青玉、碧玉、墨玉、青花玉、黄玉、糖玉等九类。羊脂玉：颜色呈羊脂白色，柔和均匀，质地致密细腻，光洁坚韧，油脂－玻璃光泽，半透明状，基本上无绺裂、杂质及其他缺陷。"

从以上论述中可见，羊脂玉的鉴定标准上，在玉石质地方面意见趋于一致，而颜色和绺、裂、杂质及其他缺陷方面略有不同。但是,有两点是共同的,一是羊脂玉乃白玉中的佼佼者,各方面品质应该是优等的;二是羊脂玉在自然界中是稀少的,不能把所有白玉均称为羊脂玉。

由于羊脂玉在市场上占有重要地位,对商家和客户都极其重要,因此,如何规范标准是一个重要问题。

价格飞涨的子玉

子玉,一般块度较小,表面光滑,质量较好。人们在享受子玉美的同时,又可提高文化品位与修养;同时子玉便于保存,还有保值和升值的可能,所以和田玉子玉一直是收藏家们所追求的对象。

目前市场上价格最高的大多是和田玉子料,尤其是白玉子料。据新疆郭海军玉雕大师提供的资料,子玉价格一路走高。1990年一级和田白玉子料的价格是每千克1500~2000元,一级和田白玉山料的价格是每千克300~350元;1995年一级和田白玉子料的价格是每千克6000元,一级和田白玉山料的价格是每千克800~1000元;2000年一级和田白玉子料的价格是每千克10000~12000元,一级和田白玉山料的价格约是每千克2000元;2003年一级和田白玉子料的价格是每千克

30000~35000元,一级和田羊脂玉子料的价格约是每千克20万元,一级和田白玉山料的价格是每千克4000~6000元;2004年一级和田白玉子料的价格是每千克60000~80000元,羊脂玉子料的价格已经无法以重量来进行统计,一级和田白玉山料的价格是每千克8000~10000元;2005年一级和田白玉子料约每千克在10万元以上,如果块度较大,密度、细腻度和油润度都上乘又带有皮色的可以卖到每千克30万元以上。2006年8月27日结束的第三届和田玉石节传出信息,上等的羊脂玉价格暴涨,目前1千克的售价已涨到50万元。

和田玉价格猛涨的原因是多方面的,值得玉石界研究,有的业内人士指出可能有炒作哄抬的因素存在。

伴随子玉价格的上涨,市场上出现了假货。一些人以各种方法制作假货。制作和田玉子玉假货的材料有多种。制作方法是把料放入滚筒机内滚磨,磨成卵形,很像子玉,然后再染假皮冒充。造假者甚至把大块山料开成小料磨光。市场上称为这些假货为"滚料"。在放大镜下观察,可以很清楚地看到滚料上面有滚磨过的磨痕,有一道道的擦痕,与真子玉是不同的。

187

四、玉河知多少

和 田 玉 河

　　子玉是从原生玉矿被剥蚀搬运而来的，从理论上讲，凡是有原生玉矿分布的地区河流中就可能有子玉存在。这些产玉河流有多少条，又有多少蕴藏量，并没有进行过详细的地质调查，或许最有发言权的是那些一代一代的采玉人。几千年过去了，产玉的河也发生了变化，或许有的河流玉已采尽了，或许有的河流玉还大量存在。所以，玉河之谜一直是一个难解之谜。

　　在玉河中最著名是和田的玉河。先民最早发现美玉也可能在这里的河流中，汉代时司马迁已经在《史记》中记录了"汉使穷河源，河源出于阗，其山多玉石，采来，天子案古图书，名河所产出山曰昆仑云。"东汉班固的《汉书》中也有"于阗之水……河源出焉，多玉石。"魏晋南北朝时期，也称玉河为首拔河。《魏书》中说："于阗城东三十里有首拔河，中出玉石……山多美玉。"《北史》也有同样的记载。《梁书》中说于阗国"有水出玉，名曰玉河。"从此，就有了玉河之称。《唐书》中说："于阗有玉河，国人夜视月光盛处，必得美玉。"唐僧玄奘的《大唐西域记》记载该国"产白玉、黳玉。"五代十国时期，于阗国与后晋联系密切，天福三年（公元 938 年），后晋高祖石敬瑭派张匡邺、高居诲为判官，出使于阗国四年时间，他们亲眼目睹了采玉之盛况，高居诲在《行程记》中首次详细记述该地玉的产地和采玉情况，说："玉河在于阗城外，其源出昆山，西流一千三百里到于阗界牛头山，乃疏为三河：一曰白玉河，在城东三十里；二曰绿玉河，在城西二十里；三曰乌玉河,在绿玉河西七里。其源虽一,而玉随地而变,故其色不同。每岁五六月,大水暴涨,则玉随流而至,玉之多寡由水之大小,七八月水退,乃可取。彼人之法,官未采玉,禁人辄玉河滨者。故国中器用服饰,往往用玉。"以后的《宋史》、《明史》中均采用三条玉河的说法。但是,明代大科学家宋应星却提出了不同的意见,说:"到葱岭分界有两河,一曰白玉河,一曰绿玉河。晋人张匡邺在《行程记》中记载有乌玉河,妄也。"到了清代,姚元之在《竹叶亭杂记》中同意宋应星的说法,只有两条河,说:"西曰哈喇哈什,哈什译言玉,哈喇译言黑,故玉色黯。东曰玉陇哈什,玉陇译言察视之辞,其玉尤佳。"古代发生的争论,直延到今天,仍有两条玉河和三条玉河之说。不过,从地形图展示看,只有两条河,即玉龙喀什河和喀拉喀什河。当然,这两大河流也与其它许多大河一样有不少支流。这两大河均源于昆仑山,昆仑山为产玉之地,河中自然有玉。和田的两条大河历来是拾玉子的主要河流,是世界上有名的玉河。

玉龙喀什河,即古代著名的白玉河。这条河源于昆仑山,流入塔里木盆地后,与喀拉喀什河汇合成和田河,山区河流长 325 千米,支流众多,流域面积 1.45 万平方千米,河里盛产白玉、青玉和墨玉,自古以来是和田出玉的主要河流。人们拣玉主要在下游地区,而上游因地势险恶,很难到达。黑山地区发现白玉后,给找玉人带来新的希望,人们冒险前往。采玉地点为阿格居改山谷,此为玉龙喀什河支流之一。这是冰川作用下形成的山流水玉,产出的玉石有白玉和墨玉。

喀拉喀什河,古称乌玉河,河边的县城墨玉即以此得名。喀拉喀什河发源于喀喇昆仑山。山区河流长 589 千米,集水面积 19983 平方千米。这条以产墨玉驰名的墨玉河,今天却不见有墨玉,而真正产墨玉的地方在黑山,即古代的喀朗圭塔克,这属玉龙喀什河的支流。为什么历史上又叫墨玉河呢?原来这河中产有大量碧玉,这种玉石呈绿色,风化后外表漆黑,油光放亮,似若墨玉。碧玉矿物成分与和田玉相同,化学成分也很相近,属透闪石玉,但其成因与超基性岩有关,与和田玉不同。因此,古代有人把碧玉误称墨玉。但同时也有人称为绿玉,这正和明代科学家宋应星所说一样。因此,我们认为,古代的绿玉河、乌玉河实为一条大河,即喀拉喀什河,但是,这条河不仅产碧玉,也产白玉。在它的上游有几处和田玉原生矿床,在它的中下游也可以常拾到白玉。除此以外,这条河下游还产砂金和金刚石,从上世纪 40 年代发现金刚石以后,80 年代以来又陆续在掏砂金时找到金刚石。所以,喀拉喀什河是一条淌金、流玉、藏钻的宝河。

和田地区除这两条河以外,还有一些产玉的河流,如意大利马可·波罗在《马可·波罗游记》中说:"培因省……首府叫培因(今策勒、于田境内),有一条河横贯全省,出产一种名叫加尔西顿尼和雅斯白的玉石。"清代姚元之《竹叶亭杂记》中说:"和阗产玉之处有五,曰玉陇哈什河,曰哈喇哈什河,曰桑谷树雅,曰哈琅圭,曰塔克。惟出玉陇哈什、哈喇哈什二河者最美。"清代诗人肖雄在同治年间曾在新疆十多年,对和田地区的产玉写有咏诗:"玉似羊脂温且腴,昆冈气脉本来殊,六城人拥双河畔,入水非求径寸珠。"据他记载,上述五处玉产地中,哈琅圭和塔克两山河中采玉为春秋两季,桑谷树雅为秋采一次。从和田玉矿分布知道,西起皮山县,东到于阗县,在其境内山中有多处原生玉矿,如从地质学推测,玉矿分布的影响范围河流内可能有子玉存在。

此外，在山前冲洪积扇中也有子玉，最著名是洛浦县的胡麻地，位于玉龙喀什河之东。文献记载清代已开采，肖雄称为小骡马地、大骡马地，说"两处产枣红色脂玉，在沙滩中掘取。"清光绪时县主薄扬丕灼记载了当地的采玉情况，说："小胡麻地在县北三十里，尽砂碛，因出子玉、璞"，"寻挖者甚众"，"任人挖寻，不取课税。"并有诗词描绘采玉之景："月出澹云遮，渺渺平沙。眼前完毕见菁华，道是似萤萤又细，碧血犹差。终日听鸣鸦，夜夜灯花，水泉声里有人家。举畚朝朝趋社鼓，一路烟霞。"上世纪初，谢彬到此，见到"小胡麻地，前清于此采玉，居民达千余户。"近年来，又有人在此采玉。

叶尔羌玉河

叶尔羌河是塔里木河的源流。发源于喀喇昆仑山北坡的拉斯开木河，在河流上游汇入了克勒青河和塔什库尔干河两大支流。从河源至肖侠克注入塔里木河，河长1165千米，流域面积9.65万平方千米。河源区是世界最大的山地冰川作用中心。由于昆仑山产有多处和田玉原生矿，因此，河流中以产子玉著名。清代椿园《西域闻见录》中说叶尔羌"其地有河产玉石子，大者如盘如斗，小者如拳如栗，有重三四百斤者。各色不同，如雪之白、翠之青、蜡之黄、丹之赤，墨之黑者，皆上品。一种羊脂朱斑，一种碧如波斯菜而金版透湿者，尤难得。河底大小石错落平铺，玉子杂生其间。"

清代姚元之《竹叶亭杂记》中说："叶尔羌之玉则采于泽勒善阿。采恒以秋分后为期，河水深才没腰，然常浑浊。秋分时祭以羊，以血沥于河，越数日水辄清，盖秋气澄而水清。彼人

遂以为羊祭神矣。至日，叶尔羌帮办莅采于河，设毡帐于河上视之。回人入河探以足，且探且行。试得之，则拾以出水，河上鸣金为号。一鸣金，官即记于册，按册以稽其所得。采半月乃罢，此所谓玉子也。近年产亦稀。回民应贡，出赀购以献矣。"

以上说明，叶尔羌河和泽普河都出产子玉，有的质量很好。到了现代，仍有人在河流中拾玉。

且末玉河

且末玉河见于意大利马可·波罗在《马可·波罗游记》中。马可·波罗，1254年出生于威尼斯城。少年时，就与父亲、叔父一起开始横跨欧亚大陆的旅行，他们是沿塔里木南缘到达元代大都的，所以，见到了且末产子玉的情况。他说："沙昌省（今且末县）……境内有几条河流，也出产玉石和碧玉，这些玉石大部分销往契丹，数量十分巨大，是该省的大宗输出品。"说明在古代，且末的河流中出产了大量的子玉。且末县有几处玉矿，在其附近的河流产出应该是有子玉的。据说，产子玉的河流有多条，如车尔臣河、喀拉米兰河、阿羌河、青布拉克河、吐拉河、塔特勒克苏河、江格萨依河、尤努斯萨依河、塔什萨依河、乌鲁克苏河、哈达里河、红柳沟等。但是，这些河流产玉现代没有古代著名了，什么原因，有待人们研究。

玉河采玉

古代在河中采玉称为捞玉。对捞玉的时间和方法都有严格的规定。

在季节方面，夏季洪水暴发，玉随水流。秋季时河水渐落，玉石显露，是捞玉的良好季节。冬天河水冻冰，难以捞玉。春季冰雪融化，玉石

露出，又成为捞玉的好季节。所以，自古以来，捞玉是春、秋两季。乾隆皇帝曾在诗中写道："于阗采玉春复秋，用供王赋输皇州。"采玉季节，清政府有规定，有的是两季都采，有的是只在秋天采玉。

采玉有官采和民采，有时规定只准官采。采玉时，首先要举行仪式，由"国王捞玉于河，然后得捞玉。"官采的玉要全部归官，由官员在现场监督。清代椿园《西域闻见录》记载了采玉的情景："采玉之法，远岸一营官守之，近岸一营官守之，派熟练回子或三十人一行，或二十人一行截河并肩，赤脚踏石而步，遇有玉石，回子即脚踏知之，鞠躬拾起。岸上兵南锣一棒，官即过珠一点。回子出水，按点索其石子去。"清代福庆在一首诗中也说："羌肩跣足列成行，踏水而知美玉藏。一棒锣鸣珠一点，岩波分处缴公堂。"

前清时代，只准官采，不准民采。乾隆二十五年（1760），清朝结束"回疆"大、小和卓木的军事讨伐之后，叶尔羌（今莎车）和田所产的玉石即确定为地方向清朝政府"任土作贡"的三大贡品之一。从此，清朝就控制地方玉矿的开采权，乾隆命令喀什噶尔办事大臣海明，不准地方采（挖）捞（取）。有"献玉"的"给予报酬"。并说："和田所出的玉石，皆为'官物'，要尽得尽纳。"乾隆二十五年（1760）和田总兵和诚因藏匿贡玉被处死。乾隆二十七年，清朝全面对产玉的河床、玉山封禁设卡伦（哨所）看守，不准民人上山下河捞捡采玉。乾隆三十四年（1769）叶尔羌参赞大臣期成额，因将入贡选剩的次玉分售官兵，而受到乾隆的申斥。清代和田及叶尔羌贡玉规定了"例贡"，即无数量限制，"尽得尽纳"（即出产多少，上缴多少）。清朝官员通过回疆各地伯克摊派民工，用军事化的形式分地段编营，沿河三五十人并肩一字排开，进行采捞，大的采捞队伍摊派人数达五百人之多。规定和田玉龙喀什河及哈朗圭塔克河中的子玉除了不足二两的以外，全数入贡。采捞中由官员现场监督登记造册。用毡包裹运抵叶尔羌办事大臣处。而后，连同叶尔羌所出的矿玉、河玉一同押解北京。据《清实录》记载清乾隆年间两地每年贡玉在4000斤上下。《新疆图志》统计，两地每年在7000~10000斤左右。

嘉庆四年（1799），嘉庆下令："嗣后回人，得有玉石准其自行卖与民人，无庸官为经手，致滋纷扰。"又说："新疆玉石不论已未成器，概免治罪，民间玉料，既准流通，该处（指叶尔羌和阗）卡伦即成虚设，亦如所请，一并裁汰。"嘉庆时期一改乾隆实行玉禁的作法，恢复了新疆玉石的流通，撤销了玉产区卡伦，在完成贡玉采捞后，不再禁止民间采捞。允许新疆回民携玉进关，允许南方工匠赴新疆收购，因之驰禁之后贩玉的商人发财致富的颇多。

到了上世纪80年代以前，主要是当地群众在河中捞玉或拣玉。当时，国家实行玉石统购统销政策，玉石一律由当地有关部门收购，然后由商家按计划在收购部门购买。80年代以来，实行玉石开放政策。近年来，和田玉河出现了大规模的开采，使资源和生态受到破坏，已引起有关单位和人士的重视，希望子玉资源得到保护。子玉是稀贵的资源，几千年来，一直实行了保护性开采，从而使得玉河得以延至今日，成为世界上开采历史最长的玉河。

子玉形成经过了千万年的历史，分布极不均匀，自古以来得之甚难。史载宋代时期皇帝欲获大玉，曾请于阗国王寻找，或派官员到当地寻找，几年才得到。清代时肖雄亲历此地，见

191

有当地民采者亦多,也有全国各省的人雇工开采,则"往往虚掷千金,未得片玉,难得愈见可贵。""然复有一探便得,或重数两。而价值千金者,运为之也。"近年来,开采子玉的实践也是如此,一些采玉人往往花三四个月时间也找不到一块像样的子玉, 当然也有得到好玉者,但是非常难得。

193

五、密尔岱玉山传奇

一个古老的玉矿

密尔岱玉山,史称玉山,在今新疆叶城县棋盘河源头。在我国历史上,称此山为密山、辟勒山、米尔台塔班等。从有关资料分析,这个玉山可能是一个历史最为悠久、最大的玉矿山。

《山海经》曾载:"黄帝取峚山之玉,投之于钟山之阳。"据清代洪吉亮考证,说《山海经》所指是的峚山和钟山"疑所指为密尔岱、于阗南山皆是。"如按此说,应是最早的玉山了。

也有人认为:周穆王,西游昆仑,登上峚山赏玉,这个山,就是密尔岱山。

密尔岱山产玉的信史可以上溯至汉代。据《汉书》记载:"子合土地出玉";《后汉书》称:"子合国,居呼犍谷,去疏勒千里。"那么,子合国在哪里呢?《唐书·西域传》记:"朱俱波一名棋盘,汉子合国也,在于阗西千里,葱岭北三百里。"据清代《新疆图志》考证,叶城县南部库克雅尔(今柯克亚)一带山区,就是汉代子合国地区。又据《汉书》所载:"莎车有铁山,出青玉"。经李光廷《汉西域图考》确认:"今之叶尔羌有铁山,出青玉,皆指今之密尔岱山。"可见,汉代时,密尔岱山的玉已经开采,并著称于世。

密尔岱山名称的来源,当地有一个传说:说密尔岱山本是一座无名山,古时候有一位姓米的官员,百姓称其为"米大人",曾带300名百姓,历尽艰辛,在此山采玉三年,教会了众人采玉的方法,有很高的声誉。一次,他过河时遇到洪水,坐骑骆驼被冲倒,他不幸溺水而亡。当地人为了纪念他,称此山为"米达依山",村民叫"米达依",后来几经转音,演化为"密尔岱山"。

玉矿的秘密

清代时，密尔岱山玉矿已有记载。较详细的是徐松撰写的《西域水道记》。他说："密尔岱，山峻三十里许，四时积雪，谷深六十余里。山三成：下成者麓，上成者巅，皆石也；中一成则琼瑶函之，弥望无际，故称玉山……同与玛尔胡鲁克山峰峦相属，玉色黝而质坚，声清越以长。"这是说密尔岱山峰高谷深，是四季积雪的大雪山，玉矿生长在大山的中间一段，资源非常丰富，并以产优质青玉著称于世。徐松还详细记载了上山的路线，说："密尔岱旧作辟勒，自叶尔羌（今莎车县城镇）南七十里至坡斯哈木（今泽普县城镇），又西南五十里至汗亮格尔，又东南百五十里至英额庄（今叶城县棋盘村），又西南三十里至棋盘山，又西南五十里至阿子汗萨尔，又西南六十里至密尔岱。"

《西域闻见录》对密尔岱山玉矿也曾这样记载："去叶尔羌二百三十里有山曰米尔台塔班。遍山皆玉，玉色不同。然石夹玉，玉夹石。欲求纯玉无瑕，大到千万斤者，则在绝高峻峰之上，人不能到，土产牦牛，惯于登涉，回人携其牛，攀援锤凿，任其自落后收取焉。"

奇怪的是，以上清代的两种记载不完全相同，是否指同一产玉之地，尚有待研究。

现在到密尔岱山，要比清代徐松考察时便捷得多。从叶城县城镇到棋盘乡政府所在地的棋盘庄已有公路相通，从棋盘庄沿河谷牧道也可以通行小型汽车直抵巴什阿孜干隆勒村，然后下车换马继续逆棋盘河沟上行 15 千米至河口，转而西循汗亚衣拉克河沟上行 5 千米，便到密尔岱山脚下。

在上世纪 80 年代，地质工作者首次对密尔岱山玉矿进行了调查，见玉矿带长 120 米，宽 3～5 米，有多个玉矿体，沿一定方向断续串成矿脉状。自地表到下 30 米深，大多被采空。玉石以青玉和青白玉为主，白玉极少。玉矿的生成与所有和田玉矿一样，都是接触交代作用形成，地质条件相似。青玉矿体产在闪长岩与白云石大理岩之间，矿体较大；青白玉矿体产在白云石大理岩之中。玉矿残留开采矿坑甚多，较大者有 3 个，最大一个采矿坑长 70 米，宽 20 米，深 30 米。这只是一个踏勘性调查，时间短，也没有对区域进行调查，矿区也没有进行详细勘查，因此，密尔岱山有多少玉矿，资源量有多少，总体上情况尚不明，有待深入工作。

近年来，玉矿开始开采，据开采调查，在密尔岱、血亚诺特、要隆等地都有玉石矿，分布在海拔高程 3500～5000 米的高山地区，地形切割剧烈，比高达 500～2000 米左右。因此，密尔岱山玉矿应是一个区域性的概念，可能有多个矿区或矿脉。这个区域有多少玉矿，蕴藏量多少，是一个未解之谜。

清代乾隆时的大规模开采

乾隆皇帝嗜玉如命，他知道密尔岱山玉，不仅资源丰富，而且块度大、质量好，因此决定进行开采。为此，他采取了几个措施，一是将玉矿定为"官矿"，不准私人开采；二是加强开采，规模大时年达 3000 人；三是玉山封禁设卡伦（哨所）看守；四是派官员组织和监督开采。

密尔岱山开采的玉以大料为主，主要用以制作玉山子和玉磬、玉册、玉印等。乾隆四十三年（1778）叶尔羌办事大臣一次摊派民工达 3200 人。乾隆五十六年（1791）开采磬料动用民工 300 人长达五个月之久。据各种资料统计，自乾隆二十七年至五十五年的二十八年间，先后通过办事大臣收集到京的大磬材料七批，由宫廷管库官员带领玉工到矿山开采玉册材料 800 片、玉印材料 50 方。仅以上八批共运出疆玉石材料 1000 余件，重量 30000 斤以上。

磬是中国最古老的民族乐器，它造型古朴，制作精美。其历史非常悠久，在远古母系氏族社会，磬曾被称为"石"和"鸣球"。最早主要用在先民的乐舞活动中，后来它和编钟一样，用于历代皇廷配合征战和祭祀等各种活动的雅乐中。按照使用场所和演奏方式，磬可以分为特磬和编磬两种：特磬是皇帝祭祀天地和祖先时演奏的乐器；编磬是若干个磬编成一组，挂在木架上演奏，主要用于宫廷音乐。2000多年前的战国时期，楚地的编磬制造工艺达到了较高水平，湖北省随县发掘了一座距今 2400多年的曾侯乙墓，出土了具有古代楚文化特色的编钟、编磬、琴、瑟、箫、鼓等 120 多件古代乐器和大批文物。同时出土的曾侯乙编磬总共 32枚，分上下两层依次悬挂在青铜磬架上。全套编磬用石灰岩、青石和玉石制成，音色清脆明亮。特磬是清代宫廷雅乐——中和韶乐中的重要乐器，质地多为青玉，也有灵璧石。整套 12枚，以应 12 律。凡作乐，宜先击镈钟以宣其声，乐将止，击特磬，以收其韵，即所谓"金声玉振"之玉振。清代特磬的制造，起因缘于镈钟。乾隆二十四年（1759 年），有古钟的出土，因此众臣上奏皇帝，请求添置特磬，与镈钟俱为特悬，以备中和之盛。并请采和阗美玉，琢为特磬，较过去所用灵璧石磬更胜一筹。至此，特磬之制产生于乾隆二十六年（1761 年）。最初所造特磬，因时间紧迫，仍采用灵璧石料，用于乾隆二十六年冬至圆丘大典。从乾隆二十七年（1762）改为用密尔岱山玉制作。乾隆钦差员外郎德魁在密尔岱现场指导，发民夫工匠带磨切工具，按《周礼》要求的尺寸切割成粗料带

回。同时乾隆还派侍卫永泰监督，守备沙尔浑、地方伯克穆喇特参与管理补给运输。特磬制成后，乾隆在御制铭释文中说："子舆有言，金声玉振，一簋无双，九成递进。准今酌古，既制镈钟，磬不可阙，条理始终。和阗我疆，玉山是矗，依度采取，以命磬叔。审音协律，咸备中和，泗滨同拊，其质则过。"

"玉山子"的玉材也多来自密尔岱山，如曾制作过："大禹治水""寿山""福海""大玉瓮""秋山行旅""会昌九老"等大件玉作，每件玉料在千斤以上。"大禹治水"毛料玉重 9000 斤，用了十年时间完成；"大玉瓮"重 4000 斤，用了三年半时间完工；"福海"重 5000 斤，历时达四年；"寿山"重 3000 斤，也用了 4 年时间雕琢成功。正是密尔岱山这些玉宝，加上工艺人员艺术杰作，造就了中华民族玉器的辉煌时代。

高朴玉案

高朴玉案是震惊清廷的一件大案，起因是私贩密尔岱山玉，乾隆把自己的皇侄送上了断头台。

高朴是皇室至亲，他的姑妈就是乾隆皇帝的慧贤皇贵妃。高朴于 16 岁中进士，后被提拔为兵部右侍郎。乾隆四十年让他赴新疆任叶尔羌办事大臣。

这案由一起人事调动发现的。乾隆四十三年（1778）三月，叶尔羌阿奇木伯克鄂对病故，驻叶尔羌办事大臣高朴奏乾隆皇帝以其子鄂斯满继承父职。乾隆认为这样不妥，担心在一个地方子袭父职会出现不良后果，于是乾隆谕令：鄂对之子鄂斯满调任喀什噶尔阿奇木伯克，将原喀什噶尔阿奇木伯克色提巴尔迪调至叶尔羌任阿奇木伯克。阿奇木伯克相当于七品县令，均由清政府任命。

195

色提巴尔迪已经在新疆几个地方担任过30年的伯克,为人正直。他上任不久,便发现高朴与前任伯克鄂对勾结摊派徭役,勒索人民,串商出售官玉等为非作歹情节。高朴知情况不妙,于是以元宝2500两交通事(翻译)萨木萨克转新任伯克,以便息事宁人,新任伯克封贮元宝,向乌什办事大臣永贵告发,永贵立即转奏乾隆。乾隆四十三年(1778),乾隆降旨:"永贵据实奏办,公正可嘉,着即秉公严审,不得少事故容。"

高朴的祖父高斌是两朝重臣,又是慧贤皇贵妃之父,是皇亲国戚。高朴的父亲高恒曾任两淮盐政使,叔父高晋为两江总督。乾隆四十一年(1776)乾隆"钦差"高朴出任叶尔羌办事大臣。高朴以皇侄自恃,贪婪无度,胆大妄为。此前,叶尔羌密尔岱山已久经封闭设卡伦看管。宫廷用玉,有专管大臣达三泰驻叶尔羌经理,高朴到职勾结达三泰,公开出售"官玉",为掩人耳目,向乾隆奏报:防范民间采挖玉石很难,拟请间年组织采捞,乾隆准奏。高朴乘机组织民夫3000,在3000之外又私增民夫200,这3200名采玉的徭役,工作长达五个月之久,农事荒芜,又兼勒索民众,引起民怨沸腾。高朴私采玉石10000多斤,运往内地私售,还强行夺取民众玉碗和玉器上百件。

永贵得乾隆皇帝旨后立即将高朴逮捕,并抄其住地,但是,高朴拒不交代,住地也没有查出玉石。乾隆立刻派内务府大臣阿桂抄了京城高朴的家,抄出银两金铢银票14万两,抄出高朴写给佣人李福、永常在苏州、江宁货卖玉石,采购玉件的信件,从信件中得知高朴命人将玉石送到苏州加工和送到其他地方。

由于高朴之案涉及面大,乾隆下令在全国范围跟踪追查,缉拿在途运输车船,顺藤摸瓜、张网捕捉。在乾隆帝亲自指挥下,两处人犯行踪很快查清。高朴家人李福到苏州后,首先拜见了时任两江总督的高朴之叔高晋,高晋给他发放了"护牌",上写"接准钦差驻叶尔羌大臣高朴札知,现差家人李福等来南,到苏办理贡物,发给执照,以免沿途盘诘。"有了这一护牌,李福船队在苏州盘桓半年之久,各地关卡不敢阻拦。九月十七日,船队经过浒墅关时,时任苏州织造兼管浒墅关税的舒文不仅不加盘查,反而命人为其开单代为纳税。九月二十六日李福船队沿运河北上,在淮关被署两江总督的萨载截获,从船上搜出箱笼四十余只,现银二万四千余两,会票期票(到北京可兑现)四万六千余两。高朴的另一心腹家人常永,率领跟班张元、马德亮等人,带大车九辆,载高朴玉料3000余斤和家人玉料1000余斤,在陕西长武县被陕西巡抚毕沅查获。据当时行情估算,仅这两项玉料,就值银近百万两。在高朴家中地窖中搜出玉器百件,皆为上等玉料制作的玉碗。此案清查出高朴在叶尔羌任职二年期间收受伯克贿赂、私开玉矿、贩卖玉石、贪污白银和黄金的大量罪行,由此可见高朴是一个胃口极大的贪官。

十月二十八日,根据乾隆谕旨,永贵在叶尔羌城外将高朴和叶尔羌伯克阿不都舒库尔(以怂恿高朴收取贿赂两千两罪)正法。之后,乾隆皇帝对这一案件并未就此罢手,下达了数十道谕旨,责令臣僚继续追查。直到历时七个月后的乾隆四十四年四月,才结束了这一案子,涉及的60多人均受到不同程度处罚:帮助高朴贩卖玉石的家人沈泰、常永、李福及商人张銮、赵钧瑞,钦差采玉大臣达三泰,全被处斩;为高朴携带玉器银两回京的朝廷特派解玉侍卫苏图、绰克托被处"斩监候";苏州织造兼管浒墅关税的舒文被革职；两江总督高晋被处"自行议罪具奏"；叶尔羌帮办大臣淑宝因懈弛无能，被革职究讯；原叶尔羌伯克鄂对虽然已死，仍被抄家，其子鄂斯满所袭贝勒之职亦被革去；鄂对所欠商人张銮二万多两白银被追缴国库。此外，陕甘总督勒尔锦、陕西巡抚毕沅、署两江总督萨载等官，都因对高朴私玉过境失察而遭乾隆帝训斥；陕西、山西、直隶三省驿站官员，馈赠高朴家人银两，均遭降职记过处分。只有揭发高朴罪行的永贵、色提巴尔迪受到嘉奖，永贵官升一级，被任命为吏部尚书。

高朴的祖父因此事羞愧难支一病而亡，亲姑妈慧贤皇贵妃在闷闷忧郁中度过残年。

高朴玉案后，玉石流通视为非法，经营者一经查获计量判刑。然而官员携带玉石，商人贩玉花样翻新仍然发生。乾隆一直命令沿途严格缉拿，并经常申斥陕甘总督、关卡官员、乌鲁木齐都统、南疆办事大臣盘查不严，处理过轻。叶尔羌参赞福嵩，返京预先发信沿途驿站搜查其家人，唯恐家人携玉招灾惹祸。此期间一名安集延人贩玉，解京拟绞（后为朝觐伯克奏乾隆免死）。回疆官员特通额家人郭三挟带玉石被正法。甘肃商人兰贵宝贩玉 100 斤处缓决。民人海生莲、马成保因贩玉被流放。乾隆六十年二等侍卫恒义、军校佛津保代江南玉商夹带玉件数十件，被解交叶尔羌革职。看来乾隆时代玉禁措施相当严格。

乌什达拉：三块大玉之谜

乾隆五十四年叶尔羌伯克玉素甫派民工，采得大玉三块，其中青玉一块重 10000 斤，葱白玉一块重 8000 斤，白玉一块重 3000 斤。大臣伯克投乾隆所好，决定整体运往北京。当时新疆戈壁连绵、沙漠千里，仅有驿路及一种称作辇的木轮大车靠马队拉运，沿途之上征用徭役，逢山开路、遇水架桥，由乾隆五十五年起运到嘉庆四年共用八年时间，才运到和硕之乌什塔拉，所经过的地方均须提供粮草民夫，地方怨声载道，鸡犬不宁。清人黎谦亭曾以诗记载了玉运行的艰辛，说"于阗飞檄至京都，大车小车大小图。轴长三丈五尺咫，堑山导水湮泥涂。小乃百马力，次乃百十逾。就中瓮玉大第一，千蹏万引行踌躇。日行五里七八里，四轮生角千人扶。"

乌什办事大臣都尔嘉曾将劳民伤财的情形报告嘉庆，当时和珅专权扣压奏章，民情无法上闻。嘉庆四年（1799）和珅被弹劾处死，嘉庆方得知此事，嘉庆下令："不论这些玉石运至何处立即抛弃，不再运送。"此年五月嘉庆下令："嗣后回人，得有玉石准其自行卖与民人，无庸官为经手，致滋纷扰。"又说："新疆玉石不论已未成器，概免治罪，民间玉料，既准流通该处（指叶尔羌和阗），卡伦即成虚设亦如所请，一并裁汰"。嘉庆十一年喀拉沙尔（即今焉耆）办事大臣玉庆，再次上奏嘉庆，请求将已弃掷之玉招商认卖，嘉庆皇帝斥责玉庆："所奏图利失体，断不可行……毋庸运京，仍应在该处弃置。"嘉庆时期一改乾隆实行玉禁的作法，恢复了新疆玉石的流通，撤销了玉产区卡伦，在完成贡玉采捞后，不再禁止民间采捞。直到嘉庆十七年（1812），宫廷造办处历年所积玉石不可胜数，长途驿运劳费，贡玉数量方由 4000 斤定为 2000 斤。道光元年（1821）因库储丰足而停贡。

乌什塔拉，据说维吾尔语的意思是"三块石"，即是放三块玉的地方。这三块大玉到底在哪里呢？一直是人们追寻的问题。据文献记载，1844 年，即弃置大玉 45 年后，林则徐谪戍新疆,于道光二十五年(1845)路过和硕时,尚看到大玉完好存于当地。他在《乙巳日记》中记述说:"到乌沙克塔尔台(即今乌什塔拉)……此台之东,有大玉三块,闻系乾隆年间由和阗入贡,运至此地,忽抬不起,奏奉谕旨,不必运送,遂留于此。今视之若小山然,盖未琢之璞也,其旁露出一面,碧色晶莹,可玩万不可凿,亦神物也。"施补华是左宗棠的幕僚,他被弹劾贬到新疆,在路过乌什塔拉也看见了贡玉,并在贡玉上题诗一首:"芨芨草长难觅路,苏苏柴老好供差。棉衣絮帽寒侵骨,六月天山雪吐花。乾隆皇帝太平年,却贡曾将巨宝捐。一样旁道长弃置,胜他清泪滴铜仙。"1916年,北洋政府财政部委派湖南督军府谢彬考察新疆,他亲历南疆,于其所著《新疆游记》中记述:"乌什塔拉市北田中有玉一块,体积视南方方桌略小……今残存系大者,而次者、小者早已被人零截尽矣"。就是说,他看见一块大青玉在田中,另两块已被人零截。民国期间因有了公路及汽车,据说那块青玉被拉至乌鲁木齐西公园"阅微草堂"南一长亭处放置。玉被截残,1975年北京来人将其调走,据说为朱德将军雕像制作了底座。这三块玉中当然最珍贵的是那两块白玉和葱白玉,它的下落在哪里呢?也是一个待解之谜。

慈禧玉石

据说在清光绪年间,密尔岱山采出了一块重达20吨青白玉料,这或许是该山产出的最大玉料。这块玉料,长约3米,宽约2米,厚约1米多,是采玉工人费了几个月时间才采出来的。慈禧太后得悉非常高兴,准备用以制作自己用的龙床,人们把这块玉称为"慈禧玉石"。

为了运送这块大玉,人们费尽心机和辛苦。首先在河水结冻时,把玉放在冰河中用几

十匹马拉,好不容易运出了山口。以后,又利用冬季时期,在路上泼水冻冰,用马和人力把玉向前拉。用了3年多时间,行程900多千米,才到了库车。据说在运玉途中累死病死了300多人,当1908年慈禧太后驾崩的消息传来,经历了万般磨难的运玉人狂怒了,他们把愤恨集中在这块大玉上,把这块大玉砸碎了,小块的被人取走了,只有两大块搬不动被留在库车城。

1949年11月,库车解放了,这两块玉石被放置在县委大院里。1965年5月,中国地质博物馆人员赴新疆考察,住在县委招待所,在县委大院里看到了这两块玉,听到了介绍这两块玉的不平凡经历,向县委提议,将玉作为展品征集,得到了县委领导的同意。这两块玉,其中大的一块现保存在中国地质博物馆,小的一块现保存在新疆维吾尔自治区地质矿产博物馆。恐怕慈禧做梦也想不到自己朝思暮想的美玉,现在能在光天化日之下为普通百姓所观赏。

喀什:玉石之城

喀什,是新疆第二大城市,这颗南疆的明珠,吸引了众多的中外游客。但是,或许许多人不知道喀什的名字原意是"玉石之城。"

喀什过去称为喀什噶尔。"喀什"一词,在突厥语汇中即"玉石"之意,这在《突厥语大辞典》中有明确的记载。而"噶尔",在古代塞种人语言中是"地区""邦国"之意。喀什在我国古代又有"喝石""迦舍""祛沙""伽师""恰斯"等称谓,都是不同时期的不同译音。

今日喀什市及其附近,多为平原绿洲,自古以来似乎少有产玉的记载,为什么古人要将它命名为"玉石之城"呢?现在流行的主要有两种说法:

一是说，盛产玉的莎车国自东汉末年以后，就被疏勒国兼并。疏勒国所管辖的地区，如叶城、塔什库尔干、莎车等地均产玉，特别是密尔岱山和叶尔羌河都是古代著名的和田玉产地，因此，各路玉石集中在喀什城内，喀什城就成为"玉石集中的地方"或"玉石之城"了。

一是说，在古代，几乎所有民族都将玉石视为纯洁吉祥之物，是美的象征。喀什噶尔自古美丽富饶，华贵如玉，上千年来一直是西域历代邦国的政治、经济中心，用"玉石"来命名，以显示这是"美玉般的地方"或"神圣富贵之地"，这是审美意识的发挥。

当然，怎样解释这个"玉石之城"更恰当，有待人们去研究。

199

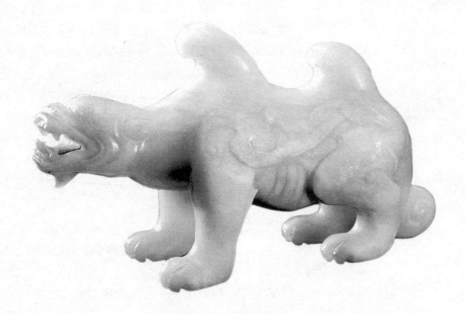

六、阿拉玛斯:白玉的故乡

一个动人的传说

位于于田县以南高山中的阿拉玛斯玉矿，不仅是和田玉开发史上的骄傲，而且也是文学家和游客向往的神秘境地。电视播放了《采玉人》和《玉石之路》的故事后，不畏艰险的"驴友"们相继攀登这玉石的圣地，多少人想打开这个玉石宝地的秘密啊!

民间流传的阿拉玛斯玉矿的发现，更是充满了传奇的色彩。

那是一百多年前，当地有一个维吾尔族猎人叫托达奎，是远近闻名的猎手。一天，他爬上了一座险峻的高山，看见了一只肥大的野羊，于是举枪瞄准射击，羊被射中了;但是，奇怪的是这只羊并没有倒下，而是飞速地向高山狂奔。托达奎也顺着鲜红的血迹寻找，在翻过了三座大山之后，在峭壁上找到了死去的野羊。托达奎跑到野羊面前，却看到羊身边有两块非常漂亮的石头，这石头白如羊脂，非常可爱。他搬开石头看了一看，十分难舍，决定舍弃野羊，把这两块石头背了回来。一个商人闻讯赶来，看到这两块石头就是和田美玉，爱不释手，以一匹马和八匹绸缎相换。以后，在托达奎的指引下，找到了玉矿，这个玉矿就是阿拉玛斯玉矿。

这个传说，使人们想起了海南岛流传的"鹿回头"的故事，那是一个爱情故事。而这个"羊脂玉"的故事，却在中华民族现代玉器史上谱写出了新的光辉的一页。

阿拉玛斯，这个名字从何而来，并不清楚。但是，阿拉玛斯，在维吾尔语中是"金刚石"的意思。清乾隆四十八年的《西域图志》中"回部土产"就记载有:"有金刚钻,名阿拉玛斯,百炼不消,可以切玉。"阿拉玛斯是一个外来语的译音,来源于俄文,而俄文又来源于法文,法文又来源于古希腊文ADAMANT,意思是坚硬和不可侵犯。金刚石又被称为钻石,钻石是世界宝石之王。给这个玉矿命名为阿拉玛斯的一定是一个充满智慧的人,或许取意为玉中之王吧!

阿拉玛斯玉矿发现的确切时间尚有待考证,据一些资料分析,可能是清代。据当地老牧民普拉提回忆,约在两百多年前,他的先辈在猎捕野羊时,就到过阿拉玛斯,发现了玉矿,报告了清朝官员,得到了一支猎枪的奖赏。同时,在阿拉玛斯玉矿古采矿坑中可以看到清代的瓷器和书写的汉文。

"戚家坑":白玉的象征

阿拉玛斯玉矿位于于田县东南的柳什塔格山中,海拔高4500~5000米,空气稀薄,气候寒冷,交通非常不便,古代只有运玉开出的崎岖山道。即使今天,汽车也只能从于田县城驶到柳什村(约80多千米),从此到矿山有40千米,要翻过大山,只有驮运小路。因此,玉矿开采非常困难。

柳什村也叫流水村,是昆仑山深处的一个最偏远的村落,是克里雅河上游的一个小绿洲,海拔2847米,居住着百余户维吾尔族村民。《玉石之路》考察队在这里附近地区发现了古墓地。发掘出两具人骨,一为中年,一为青年,均为男性,头骨很像欧罗巴人,但是墓葬方式却与中原相似,即头西脚东。并出土了一些陶器,具有早期中原陶器的特征。更可贵的是出土了一件玉佩,时间大约在3000年前或更

久,这件古老的玉佩哪里来的,象征什么,或许更会激励研究的人们去揭开秘密。

阿拉玛斯玉矿清代已开采,清道光年间,贡玉停止,此矿也停采。

上世纪初,玉矿又开始开采。天津商人戚文藻通过于阗县知事向省府申报开此玉矿,杨增新决定"应将玉矿作为官产,由人民共同开采,暂照百货统税章程值百抽五,征收税银"。对于戚文藻所开矿洞,只准开采,照章纳税,但不发执照。以后,戚春甫、戚光涛兄弟在此组织开采。他们雇用当地民工二三十人,年采四五个月,采坑有六七处,主要是开采上层矿,年产量1000千克到5000千克。当时,开采方法简单,全用铁钎和锒头等工具,非常艰苦。由于阿拉玛斯玉矿上层矿以白玉和青白玉为主,其中质量佳的白玉占三分之一左右,深得国内玉器界的青睐,称誉为"戚家坑",成为优质白玉矿的代名词。

201

"一唱雄鸡天下白,万方乐奏有于阗。"阿拉玛斯玉矿于1957年建矿开采,继续开采了三十年,是我国白玉的主要矿山。该矿职工有四五十人,其中坑口采玉有二三十人。1957年到1960年主要是露天开采,在原戚家坑的各坑口上开采,用铁钎和锒头等简单工具和方法开采,年采玉约3000千克,主要是青白玉,白玉约占四分之一。1961年到1970年采用硐采与露天开采相结合,使用炸药爆破,年采玉平均约3500千克,其中白玉占三分之一,其余为青白玉,青玉不多。1971年到1980年,主要是硐采,年采玉平均约4000千克,白玉数量减少。80年代以来,硐深达50米,以青玉为主,采矿处于低潮时期。50年来进入阿拉玛斯地区采玉的达2500余人,其中一些人永远留在了阿拉玛斯。

"戚家坑"以优质白玉著名，所以，清代和上世纪许多玉器精品的玉材都来源于阿拉玛斯玉矿，这些玉器凝结着大自然的精华，凝结着采矿人的血汗，凝结着琢玉者的智慧和高超技能，闪烁着中华民族玉文化的光辉。

和田玉矿床的经典

阿拉玛斯玉矿从上世纪 50 年代开始进行地质勘察，一直到上世纪 80 年代，历经数次。经地质工作者的辛勤工作，不仅调查了资源分布情况，而且对和田玉成矿规律进行了研究，成为《中国和阗玉》的基础资料。

阿拉玛斯玉矿化带长 1000 米以上，宽 20～30 米。其中有两条具有开采价值的玉矿脉，分布于矿区的西南部和东北部。西南部矿脉长 70 余米，宽 5～20 余米，有矿体 3 个，长 10～30 米，宽 0.1～0.5 米，各矿体相距 5～15 米不等。东北部矿脉长 90 余米，宽 10～20 米，主要矿体 2 个，长 10～40 余米，宽 0.1～0.4 米。经过多年开采，地表矿已基本采空，深部矿已采到 50 米以下。

本矿区是否还有资源，这是一个有待深入探查的问题。有的专家认为本区还有一定资源潜力，一是过去开采主要是主矿体，对小矿体开采不够；二是开采深度不大，深部可能还有资源。当然，这有待开采者边采边探的探索。据当地的采玉人说，当时开采筛选的都是上等的大块玉料，小块的和品质稍差的都当废料丢弃在山坡上。经一个多世纪的不断开采，矿渣堆积得越来越厚，一些采玉人就在矿渣中寻找，表层的矿渣中已经很难找到有价值的玉石了，但是，如果运气好的话，挖一天可以挣好几百元。

阿拉玛斯玉矿是世界上罕有白玉矿山，在地表及浅部主要是优质的白玉和青白玉。其分布大体是：上层矿主要是白玉和青白玉，无青玉出现；中层矿主要青白玉，白玉所占比例下降；下层矿在 50 米以下，主要是青玉，白玉和青白玉减少。这一分布规律与成矿条件有关，距离岩浆侵入体较远，则白玉多；距离岩浆侵入体较近，则青玉多。因此，研究成矿有关侵入体的分布极为重要，深部青玉多，是因为侵入体在深部出现。当然，不同矿脉情况不同，因此要全面研究各个矿脉和矿体。

阿拉玛斯玉矿以优质的白玉和青白玉著名，还与围岩白云石大理岩的侵入体的含铁很低有关，白玉含铁量很低，一般平均 FeO 为 0.62％，Fe_2O_3 为 0.30％。

我国地质工作者根据阿拉玛斯和田玉矿床的地质特点，在世界首次建立了和田玉矿床的成矿模式，这是对成矿理论的贡献。

阿拉玛斯，不仅向人类贡献了美玉，也向世界展现了地质的风采，真不愧是玉之王。它的美丽靓影向人们招手，或许有一天将重新焕发青春，为人类作出新的贡献。

新玉的光彩

从成矿规律分析，阿拉玛斯玉矿与密尔岱山玉矿一样应是一个区域性的概念，除了现在的阿拉玛斯玉矿以外，区域内会有若干玉矿。在《中国和阗玉》书中曾提到于田县境内的三个玉矿，即赛迪库拉木、布牙卡卡、依格浪古等玉矿。

近年来，经过采矿者的努力，区域内新发现了海尼拉克玉石矿，人们把它称为"新矿"。在当今玩玉人中传为神话的"九五年于田料"就出于海尼拉克矿。1995 年，于田县一个维吾尔采玉人，翻越海拔五六千米的雪山，在昆仑山深处的海尼拉克发现了一个白玉矿。这是雪山,从流水村到矿上至少要走四天,接近雪山时毛驴也无法通行,开采出来的玉石都是靠人力背下山来的。这位采玉人承包了这个玉矿,没想到竟然开采出了18吨洁白细腻品质优美的玉石。这个采玉人很有经济头脑,他手里的玉石只是一点点地抛售,价格从当年的800元1千克,飙升到现在的3万元1千克,成为于田县赫赫有名的大富翁。

七、阿尔金山：金玉生辉

和田玉现代山玉料的基地

阿尔金山，是我国著名山脉之一，它北连塔里木盆地，南接东昆仑山，东延入甘肃省境内与祁连山山脉相接，它是塔里木盆地与柴达木盆地的分水岭。山脉呈北东走向，长约 730 千米，宽约 50～100 千米。横跨青海省、甘肃省和新疆维吾尔自治区。西段最高峰是肃拉穆塔格峰，海拔 6295 米。

阿尔金山，维吾尔语意思是"金山"。位于甘肃阿克塞哈萨克族自治县境内的阿尔金山主峰，形似金字塔，终年白雪皑皑，云雾缭绕。五代时《白雀歌》赞叹阿尔金山："金鞍山上白牦牛，白寒霜毛始举头……嵯峨万丈耸金山，白雪凝霜古圣坛。"

提起阿尔金山，人们或许会想起古代玉石之路和丝绸之路上的驼铃声，或许想起那中国最大的野生动物自然保护区，或许会想起淘金热的时代；但是，是否想到它与昆仑山一样是一座令中国人为之骄傲的玉山呢？

在远古的年代，楼兰地区的玉斧的玉材或许就出自阿尔金山。汉代时这里玉已经很出名，所以，班固在《汉书》中说："鄯善国，本名楼兰……国出玉。"据当地牧民说，他们祖辈在明、清时期曾在阿尔金山采玉。

时间流水一样过去了，这里的玉矿也被人们淡忘了。但是，北京玉器厂的老艺人没有忘记，他们知道，这里曾出过有名的"卡羌料"。1971 年他们通过种种方式把且末有玉的信息报告了政府，1972 年且末县组织了一个探矿小分队找到古玉矿，并开始开采。1973 年由国家轻工部投资正式成立了且末县玉石矿，从此，阿尔金山玉矿在沉睡多年后，再次展现了绚丽的风采。

通过工作，发现且末县玉矿有塔特勒克苏、塔什萨依、龙努斯萨依、布拉克萨依、哈达里克奇台等，若羌县有库如克萨依等。仅据且末玉矿统计，从 1972 年到现在，累计采玉达 3000 多吨。现在，阿尔金山和田玉矿山料产量占全疆和田玉矿山料总产量的三分之二左右，成为新疆和田玉山料的主要基地。

从近三百年的和田玉山料的开采历史可以看到，清代主要是密尔岱山玉矿，上世纪初到 80 年代以前，主要是阿拉玛斯玉矿，80 年代以后主要是且末玉矿，这如同接力赛一样把接力棒自西向东传递。

塔特勒克苏玉矿：
青白玉之乡

塔特勒克苏，维吾尔语意"甜水"。然而，现在这里并没有甜水，到了枯水期上游流出的泉水又涩又咸，只有到了夏季洪水期才不咸。玉矿在且末县城东南方 125 千米处，从县城到山口可以通汽车，而到玉矿的 27 千米全是驮运小道。这是一个古玉矿山，何时开始采玉已无法考证，但是据矿山遗迹和当地老人回忆看，可能明、清两代曾经进行过较大规模的开采。

玉矿在高山之上，产于片麻状花岗岩与白云石大理岩的接触带内，成矿条件与阿拉玛斯等玉矿基本相似。有多条玉矿化带，受断层带控制，长几十米到上百米，宽几十厘米到几米。矿体产于矿脉带中，矿体大小规模不等，单体矿体长十余米，宽一二米，矿体呈脉状、团块状、巢状，非常不规则。玉矿矿长田宝军总结玉矿分布形象地比喻为"西瓜藤蔓状"，一条玉线犹如一棵西瓜藤蔓，采玉要顺藤摸瓜。一棵好

的西瓜藤，会结出一个大西瓜，分支的藤会结出小西瓜，有的藤也不结瓜。依靠他们总结的规律，使玉矿开采达到了十几年的稳产。

这个矿区有七个矿，其中主要是三号矿，它分布在矿区的中间地带，30 年来产玉至少 100 多吨，还采到过 100 千克以上的大块玉料，其质地细腻，颜色青白，适合于做薄胎产品。其次是二号矿和五号矿，分布在悬崖陡壁上，开采困难。五号矿在 1983 年采出的一块重 420 千克的优质白玉，由扬州玉器厂雕琢出一件白玉"五塔"，被国家珍藏。二号矿总计已产玉约 80 吨左右，有的一窝产玉 20 多吨。

塔特勒克苏玉矿的玉石有其特点：一是以青白玉为主，其次是青玉，少量白玉。玉的质地细腻。二是产出了不少大料，如陈列在且末木孜塔格宾馆大厅的重达 1502 千克的大玉就来自这个矿山，另有一块 300 千克，是从 1502 千克上面分离出来的，后由上海玉雕厂收购。1998 年又出了一块 400 多千克大料。以后，又发现了一块重达 2847 千克的青白玉，比早先获得上海吉尼斯之最的重达 1502 千克的且末和田青白玉重 1300 多千克。三是以糖玉著称。无论白玉、青白玉，或青玉都经过氧化形成了糖色，包裹在玉石外面，各个矿点的糖色不尽相同，有的糖色较重，有的糖色较浅。糖玉可琢成俏色玉器，受到人们欢迎。

塔什萨依：
奇特的"石头沟"

塔什萨依，维吾尔语意是"石头沟"。矿区在且末县城东南 290 千米处，在塔什萨依河的源头，海拔 4000 米。从县城到矿区汽车只能到达 210 千米处，然后要靠毛驴和骆驼绕道遥路萨依，经过四天，再翻越 4800 米的达坂才能到

达矿区。因塔什萨依河多处有悬崖瀑布无法通过，只能绕行遥路萨依（就是路沟），这条路是古人采玉开拓出来的，所以命名叫路沟。

塔什萨依是一个古玉矿，古人已开采一些矿坑，从遗迹分析，至少有百年以上的历史。1973年，且末组成一个36名人员的采矿一队，聘请75岁高龄的老人为向导，3月20日从且末县城出发，历经艰辛，经过42天的跋涉到达矿区，5月5日正式投入开采生产。

矿区的成矿地质条件与塔特勒克苏相同，是华里西期花岗岩与白云石大理岩接触交代形成的，矿体分布在白云石大理岩中。白云石大理岩分布在片麻岩中有三个带，呈透镜状，因此玉矿可分为三个矿带。全矿区主要有六个矿，一号、二号、五号、六号矿在第一条矿带上，三号矿处在第二条矿带上，四号矿处在第三条矿带上。一号矿位于海拔4000米以上的高山地区，是古矿坑，以青白玉为主，1973年产出的最大块约2吨重。二号矿距一号矿约50米，在200米的距离内大小矿坑和矿洞十几个，最深的洞也就是五六米。玉石块度较小，在上部的两个矿坑中还多有玉包石产出，只有下部一个矿产白玉，质地好，每年产玉一两吨。

三号矿玉石矿体富集在一个山窝中，站在山顶上往下看，此矿像一个大天井，四周都没有进去的路，只好腰间系上绳子一头固定在岩石上，顺流水的漕子下到约10米深的沟底。一看使人大吃一惊，原来这个相似天井的大山窝是大约200平方米斜向山里自然形成了一洞。十几吨优质青白玉在洞顶吊着，地上用石头砌成一个高1米多的平台，此平台就是古人采玉的工作台。古人采取了很多办法也没能把玉石取下来，才留给了后人。这批玉石采下来达14吨之多，大多数是青白玉，少数为青玉，都是大

块状，可惜由于运输方面的困难，当时把它们变成了小块。四号矿矿洞有四个，最深的可达11米，这是较好的玉矿，每年都有10吨或20吨的玉产出，真正的优质白玉占少数。在四号矿的大山背后，就是塔什萨依河的源头，沉睡着一块重约60吨的青玉，这块神秘的玉石到底如何，经过多年的调查，谜终于得解。

60吨的青玉王与轩辕黄帝雕像

2004年9月，且末县政府在首届玉石节上郑重宣布：阿尔金山有一块重达60余吨的青玉，是迄今采玉史上最大的和田青玉。

大玉，人们会想起故宫博物院珍藏的玉器之王——《大禹治水图》玉山子，玉材重量5吨多；也会记得慈禧太后梦想建造龙床的那块青玉，重量约20吨。这两块玉都采自密尔岱山。现在这块大玉却产在阿尔金山，为"慈禧玉石"重量的3倍。这块大玉是如何被发现的呢？

1973年发现古玉矿塔什萨依后，就开始开采。1980年的一天，为了寻找新的矿源，采矿队员田宝军来到塔什萨依河上游一个四面都是冰峰雪山的山口，突然间，一望无际的绿色草地呈现在他的面前。这时他又累又饿，就在草地上躺下，顺手扯起一根小草放进了嘴里，原来是野韭菜。他观察了草地全是野韭菜，同时，还有许多野羊头的骷髅。经过几天的调查，他们发现，由于这片草坪的旁边有塔什萨依河，一些快死的老山羊步履蹒跚地提前两三天，翻山越岭地来到河边饮足水之后，便逗留在草坪上哪也不再去，直至走到生命尽头倒在这片沃土上。这块对野羊重要的野菜地，也是采玉人的生命地，因为矿区由于气候或运输问题有时会出现生活物质供给不上，在这里可以采上野

菜或猎上野羊。

1987年8月的一天，由于生活又出现供给问题，采矿队派出一位名叫吐民的矿工上山抓野羊，他很快猎到了一只野羊，背上羊来到这片野韭菜地休息。看到附近河床上有一块表面很平的大石头，便走过去把羊放下来，坐在上面歇歇脚。忽然间，他发现脚下的那块石头很像玉石。赶回驻地，向采矿队作了汇报，经采矿队长上山鉴定就是一块大青玉。以后又经过了多次对玉石体积大小进行测量，计算出重量为60吨。

采矿队发现了这块大玉石，立刻向主管部门进行了汇报。主管部门要求，玉矿属国家财产，须严加保守秘密，不得随意外泄。同时，青玉王所在位置，只有一条必经矿区的羊肠小道可以通过，玉矿每隔几天或十来天就要派专人去看一次青玉王，以防止有人破坏。从此，玉矿年复一年地便担当起了保护任务。以后随着体制的改革，玉矿划归到且末县政府管理。青玉王的秘密也随之在当地被传开，近年来，且末县政府要求玉矿务必作好保护工作，不得让外人靠近。

2006年，世界华侨华人社团联合总会决定启动"中华轩辕黄帝雕像工程"，雕像基材选用最具中国特色的玉石料。非常巧合的是，就在华人总会在全国范围精选玉石料时，河北援疆干部、挂职担任且末县副县长的罗永路因事回到了河北沧州。他听说沧州市人民政府顾问、中华轩辕黄帝雕像工程组委会常务副主任、玉石雕刻家胡福聚先生此刻就在沧州。胡福聚出生于玉雕世家，是玉石料的识别行家。罗永路拜访了胡福聚先生，向他介绍了稀世珍品青玉王的情况，立即引起胡福聚先生的兴趣。随后，他与组委会办公室主任彭志瑛女士到且末县实地考察。崇山峻岭中的青玉王令胡

福聚等人非常满意，4月5日，且末县人民政府与中华轩辕黄帝雕像工程组委会签订了《中华轩辕黄帝雕像基材选用合作意向书》，决定建造华夏儿女共同祖先轩辕黄帝雕像，将大型玉石料青玉王作为雕像的首选玉料。相信，随着轩辕黄帝雕像工程的竣工，青玉王结缘轩辕黄帝，将享誉海内外，成为中华民族的骄傲。

藏玉的宝山

阿尔金山的玉矿不只是塔特勒克苏和塔什萨依两个玉矿，还有一些玉矿，资源前景也很好。

阿尔金山在地质构造上是塔里木板块边缘的一个古老地块，在前寒武纪变质岩系中有碳酸盐岩建造，经过华里西运动，花岗岩侵入，并形成了断裂带，这些都为形成和田玉矿创造了条件。沿着断裂带从且末县的西南到若羌县的南部，形成了一条和田玉矿带，在矿带中分布有玉矿床。这些矿床有的已发现并开采，有的可能还没有发现。从开采实践看，玉矿不断地被发现，有的是古玉矿被找到了，如若羌县库如克萨依这个古玉矿是上世纪90年代才重新找到的；有的玉矿是新发现的，如尤努斯萨依玉矿是民国时期新发现的。在且末县塔什萨依玉矿向东到若羌县瓦石峡一带有些玉的线索还有待勘查。田宝军根据长期的且末采玉经验，提出且末玉矿的分布，是以塔什萨依－尤努斯萨依－塔特勒克苏为主线，有江格萨依后沟、卡矿萨依、奇台萨依、新江格萨依、红柳沟、秦不拉克、阿羌等七条支线的分析，说明玉矿资源是有潜力的。

尤努斯萨依玉矿位于江格萨依与塔什萨依中间，是民国初期发现并开采的，玉矿以发现者尤努斯命名。据说，尤努斯在山里一边放羊，一边找玉矿和开采玉矿，他开出的玉石用

牛皮打包后用骆驼运往敦煌，卖掉玉石，买上茶叶、绸缎布匹再运回且末，不几年就发了家，成了且末有名的富翁。尤努斯萨依玉矿在高山上，离沟底相当远，山上没有水，采玉人住地必须在沟底，每天上山时间要三个多小时，占了工作时间的半天，加上岩石很硬，开采难度极大。1977年县玉石矿曾经组织过开采，但因困难而中止，直到1996年江格尔萨依生产小队以搞副业的形式进行了开采。县玉石矿以国有企业的名义以两万元买断了这个玉矿。1997年以来，每年产10吨到30吨玉石，有糖包白玉、糖包青白玉及糖包青玉，以青玉的产量最多，白玉较少。矿石质优而块大，是一个有潜力的矿区。

库如克萨依玉矿，位于若羌县城南的高山地区。这是一个古矿区，上世纪90年代重新开采。经初步地质调查，在35平方千米内有5个玉矿和1个玉矿化点。玉矿化带长30～80米，宽3～8米，一般矿带内2～4个玉矿体。玉石以青白玉和青玉为主，玉略带黄色。已开采出玉150吨以上，是一个远景较大的玉矿。

黄玉和翠青玉

阿尔金山玉矿的玉石，除上述品种外，还有黄玉和翠青玉。

上世纪70年代，自治区工艺美术公司玉石主管曾告诉笔者一个黄玉的故事。一次，他去玉石收购站，在院内拣到一块质量很好的黄玉，向收购站询问得知这是当地一个采玉人送来的，因为没有收购，他就把这块玉石扔到院内。黄玉在和田玉中是极为罕见的品种，自古以来，质优的黄玉价值可与羊脂玉媲美，有的甚至超过了羊脂玉。所以，要注意在阿尔金山地区寻找黄玉。

上世纪80年代，笔者从自治区工艺美术公司拿到且末县产出的一块玉，为淡绿色，色嫩，质地细腻滋润，表面看似翡翠。经测试分析，矿物为透闪石，化学成分与青玉相同，仅含铁量略高，Fe_2O_3为1.17%，遂将此玉命名为翠青玉。这在和田玉中是难以见到的，遗憾是没有进行地质工作，成矿条件不明。以后，青海在昆仑山也发现了透闪石玉，其中也有翠青玉，特点与且末县发现的相同，为浅翠绿色，其绿色特征似嫩绿色翡翠，与青玉、碧玉的绿色有明显的不同。它很少单独产出，而是附于白玉、青白玉原料的一侧或形成夹层、团块分布，常与砂状、斑点状玉石有关。其制成品中有全绿的，也有的在白玉、青白玉雕件上形成俏色。翠青玉深得人们喜爱，希望能加强这一新玉种的工作，取得新的成果。

八、白玉河原生玉矿之谜

一个离奇的传说故事

在和田有两条玉河,其中西边的墨玉河(喀拉喀什河)已找到了多处原生玉石矿,说明子玉的来源;但是,东边的白玉河(玉龙喀什河)中产出的子玉,原生矿在哪里,几千年来仍然是一个谜。尽管现在有的说已经把原生玉矿找到了,但是矿体如何,没有见到报导。

在很早以前,当地有一个离奇的传说。1917 年 7 月,谢彬在洛浦县调查财政时听到了传说,他在《新疆游记》中写道:"洛浦县城六七日程,玉龙喀什河源山中,有一海子,周广莫知,水深而清,潮现子午。海水所泄,即为河源。泄口之旁,有大玉石,重数万斤,恒发宝光。昔有玉夫数十人,结伴往凿,皆坠水死,后遂以有神护,毋敢犯者。"

这个似神话的传说,当然是没有科学依据的。但是它说了两个问题,一是河水的来源问题,说是玉龙喀什河源山中有一大海子,是河水的来源。二是说子玉的来源,说是大海子出口有一块大玉石,有神保护,谁去开采,就要落水而死。当然,从科学角度分析,河水来源于群山冰雪的融化和降水,子玉的来源是原生玉矿。

黑 山 之 谜

黑山,即古称之喀朗圭塔克,其山是昆仑山之主峰之一,高峰达 7562 米,群山峻峭,冰雪盖地。黑山中有一个阿格居改山谷,它是玉龙喀什河支流之一,距喀什塔什乡黑山村约 30 多千米。这个山谷是一个大冰川,雪线以上冰川遍布，海拔高5000米以上，相对高600~1000米。冰川的冰舌前缘部位，因冰川下移至雪线附近逐渐融化，被冰川携带的玉石也就暴露出来。冰川的舌部高达数十米至百余米，晴日不断裂解崩落，伴随着雷鸣般的巨声，漂砾与冰块滚泻而下，落入河中，故在冰河之下也可以找到美玉。雪融水转化成洪水，把巨大的冰块和玉石沿河冲向下方，当冰块融化后也露出玉砾。这些玉石多是山流水，块大，质量优，有白玉和墨玉，唐代高僧玄奘所说的鸭玉，也多产于此地。

　　黑山村，是喀什塔什乡的一个最偏远和不通汽车的小村庄，有210多户共750人。为了探索玉河之源，近年来，各种考察队都来到这里。据《玉石之路》科考队考察，这是古代通往青藏高原的古道，几千年前，这个村子可能是一个兵站或游牧者的居住地，最早来此的是生活在川藏地区的羌人，也有从中原来的采玉人。

　　近年来，这一地区的美玉吸引了不畏艰难的探宝者，他们在雪山找玉，在高山河谷中探宝，有的大有收获，而有的却是两手空空。生活在黑山村的人们，虽然拣到了一些美玉，但是，大多被商人贩走了。号称"富翁"的依明·尼牙孜，在上世纪80年代初拣到一块重约500千克的大玉，获得奖金3000元，"富翁"即因此而名，村里人亲切叫他是"塔什大叔"。这位远近出名的拣玉人与许多人一样经常去拣玉，但幸运之神再也没有眷顾他，可见，采玉是何等之难。

　　为了寻找原生玉矿，上世纪70~80年代，新疆地质矿产局第十地质大队的地质队员曾多次到达阿格居改山谷，开展玉矿的找矿调查。他们在山下已见有白云石大理岩与花岗岩的接触蚀变带，在山麓坡积物中可见有白玉，这些都证明原生玉矿就在高山之上。可惜的是，高山基岩露头全为冰川覆盖，冰山无法攀登上去，地质队员只能望玉兴叹！地质队员推测，这个冰山应该是一座玉山，也是玉龙喀什河中子玉的主要来源地之一。近年来一些考察队说已找了玉河之源，也是指这里。然而，玉山之谜仍深藏在冰盖之下，这或许是大自然的安排，让美丽的玉矿静静地躺着，留给后代再去掀开那神秘的面纱。

迷雾重生

　　经过地质调查，喀拉喀什河原生玉矿有康西瓦、赛图拉、卡拉达板、铁白觅等多处玉矿，这向人们提出了一个问题：玉龙喀什河原生玉矿是不是也有多处呢？

　　如从地质成矿条件分析，多处是有可能的。因为分布在喀拉喀什河原生玉矿的前寒武纪地层和华里西期的花岗岩，以及大断裂都向东延入玉龙喀什河的水系地区，范围较大，因此，玉矿的成矿远景区是很大的，这一推测还需要进一步开展工作。远景区范围大，玉矿范围却非常小，犹如在一个大湖中捉小鱼，困难是很大的。但是，有玉河采玉提供的线索和信息，有可能找到新的玉矿。

　　2006年考察"玉河探源"的小分队，曾在喀拉喀什乡听说，翻过冰盖上方的雪山，在阿克萨依湖海拔5000多米的冰盖下有个玉矿，由于气候恶劣高山缺氧，有采矿者死于疾病，矿井也常被冰雪封死，已经三年没有人去采玉了。这个玉矿地质情况如何，现在还不清楚。

　　中国社会科学院考古所与中央电视台组成的"玉石之路"考察队在黑山考察后，提出：

"另外,在阿格居改白玉原生矿以东、东南、南部均有较大储量的白玉、青玉原生矿存在。"(骆汉城等《玉石之路探源》,2005)那么,这些储量很大的原生玉矿具体在哪里,地质情况如何呢? 这也需要调查研究。

子玉是从原生玉矿风化剥蚀而来的,从玉河的子玉分布进行调查,对寻找到原生玉矿很有帮助。玉河有多个支流,这些支流哪些有子玉,都需要深入进行调查。

拨开重重迷雾,就是白云蓝天。利用种种信息和线索,或许可以拨开白玉河千万年的重重迷雾,找到原生玉矿蕴藏的宝库,让美玉来到人间。

九、碧玉谜团

碧玉大料的故事

在昆仑山的河流中有时可以找到重达 1 吨以上的碧玉,这些大玉是近年来玉石界人士的重要目标。

1993年秋,张先生和他的同伴在玉龙喀什河一带寻玉。1994 年 3 月,他们偶然得知昆仑山深处有一块巨型和田玉碧玉子料,决心去寻找这块神秘玉石。他们在当地一位经验丰富的老人的带领下,踏上了找玉的征途。经过一个星期多,行程 300 多千米,终于找到了那块碧玉。碧玉约有 40 多厘米仍浸在水中,玉石的周围有被铁锹挖过的痕迹,看来不少采玉人都知道这块大玉,但是因为重量太大,山路太过险峻曲折,运不走而放弃了。张先生采取了样品送有关检测部门鉴定,结论是和田玉碧玉子料。欣喜不已的他们很快返回和田准备运输玉石的计划。

1994年秋天,张先生带着与牧场签订的协议,和六个同伴一起用原木精心制作了爬犁,带上承重 3 吨的倒链(一种手拉葫芦状的起重机械)和其他工具,骑着骏马,牵着骆驼,一路跋山涉水再次来到了昆仑山中那个神秘的山涧。秋天进山,是因为那时深山结冰,可以使用爬犁。半年不见,玉石依然屹立不动。他们开始用倒链和千斤顶支起潺潺雪水中的"宝贝",没想到,可承受 3 吨重量的倒链和千斤顶竟被压坏了。深感意外的他们只好派两名同伴返回驻地重新准备工具。一周后,承重 5 吨的倒链和新的千斤顶找来了,他们重新用机械托起玉石,终于成功地将其放在了爬犁上。之后,他们用马匹拉着爬犁开始了"愚公移山"工程。最窄的山涧伴随拐角只有一两米宽，有时一天时间也只能"挪"过一个拐角；更多时候，爬犁无法通过，只能让玉石借助千斤顶的力量一点点"顶"下爬犁，然后用另一千斤顶循环支撑挪动。这样的"挪动"被他们坚持了三个冬天，狭窄的拐角大约经历了几十个。他们在山中度过了1995年春节，四个月时间，玉石仅挪动了20多千米。以后又在山里度过了两个春节，1997年春天即将来临的时候，他们终于把玉石运到了可以通车的地方。

这块重3.3吨的大玉运出深山后，如何安置成了一个新问题。他们听取了朋友的建议，决定把玉好好封存起来，日后寻找有缘人。他们开始在乌鲁木齐市放置了两年，1999年把大玉运回老家徐州市，悄悄地把它埋在自家的大院里，埋了七年之久。2006年2月，这块大玉，经过北大珠宝鉴定中心的专家鉴定，结论是"和田软玉（碧玉）子料"，又经过亚洲国际收藏品鉴定评估有限公司评估，根据目前价格估价为2640万元人民币。2006年9月，这块大玉在徐州市公开面世；之后又到了南京市；2007年又展现在广州市，为大玉寻找归宿。主人还计划到香港展示。

其实，碧玉大玉的消息常见媒体。2007年3月，在乌鲁木齐市民街放置了两年的一块重47吨的碧玉（长约5.5米，宽约4.4米，高约2.8米）开始了北京之行。这块大玉是2004年在玉龙喀什河发现的，当时用了两台挖掘机，并动用了110多人，历时两个多月把玉挖出来。2005年5月运到了乌鲁木齐市民街寻找买主，然而大玉并没"嫁出去"。这次运到北京用的是大型平板车，光运费要花5万多元。据说这块大玉已总共花了100万元。2008年北京奥运会召开，这块大玉的主人说："把它安置在北京，也算是为奥运会出点力。"

那么，什么是碧玉呢？它与其他和田玉有什么不同呢？

碧玉物质成分揭秘

碧玉属于透闪石玉，因为它为绿色，有时又称为"绿玉"。在我国古代，碧玉已广泛使用，用以制作礼器、首饰，甚至用于玉玺，清代皇帝有的玉玺就用碧玉制作。

碧玉在透闪石玉中是分布最为广泛的一种，在世界上许多国家都有产出，如新西兰、澳大利亚、加拿大、俄罗斯、德国、意大利、波兰等多个国家，新西兰将其作为"国石"。我国分布在新疆、四川、青海、台湾等地。新疆主要分布在昆仑山和天山地区，前者被列入和田玉的一个品种，后者被称为玛纳斯碧玉。

古代和田地区产碧玉，有绿玉河、墨玉河之说。碧玉共同的特点是含铁较高，一般达到百分之几，正是这个原因碧玉都是绿色，而且在河流氧化后有的外表为黑色，墨玉河之名也因此而来。和田地区碧玉的物质组成，近年来经过北京大学王时麒教授等研究，其特点：一是矿物成分以透闪石和阳起石为主，有少量铬铁矿。矿石为典型纤维交织结构。二是化学成分含铁量较高，FeO 1.58%，Fe_2O_3 2.62%。三是含有铬、镍、钴等微量元素。四是物理性质测定为：密度平均值 3.02 g/cm³，硬度平均值6.35，折射率为1.61～1.62。五是肉眼观察为暗绿色，微透明，玻璃光泽，质地细腻，隐晶质，透光观察可见少量黑色斑点稀疏分布。

这一物质组成与国内外碧玉具有共同的特点，而与和田玉中的白玉、青白玉、青玉、墨玉等均不同，其区别的标志，除肉眼观察外，主要有三个方面：一是矿物成分不同，碧玉有阳起石和铬铁矿，而其他和田玉没有；二是碧玉含铁量高，总量在 3% 以上，而其他和田玉总量一般为 1% 以内，青玉可达 2%；三是碧玉含有铬、镍、钴等微量元素，而其他的和田玉没有。造成区别的原因是矿床成因的不同，碧玉形成与超基性岩有关，而其他和田玉则与碳酸盐岩与花岗岩接触交代有关。

正是基于成因的不同，笔者等在《中国和阗玉》一书中从矿床学出发，没有把碧玉列入和田玉的品种中。近年来，玉石界已把它列入和田玉品种中，这也是合理的。碧玉虽列入和田玉中，但是就其玉石特性和物质组成来说，它与玛纳斯碧玉、加拿大碧玉、新西兰碧玉等是没有实质性区别的。

玛纳斯碧玉

玛纳斯碧玉分布于天山北坡。

玛纳斯碧玉的最早开发年代尚无确切资料，《山海经》中提到："潘候之山，其阴多玉"，"大咸之山，其下多玉"，"浑夕之山，多铜玉"。清代《西域图志》作者认为：潘候、大咸、浑夕之山，都在准噶尔部境内。并说："准噶尔部玉名哈司，色多青碧，不如和阗远甚"。据文献记载，玛纳斯县境内的玛纳斯玉在清代初期曾开采，设有绿玉厂，在乾隆五十四年（1789年）时下令封闭停采。20 世纪初，谢彬在《新疆游记》中记载：玛纳斯河"其水清，产玉石，又名清水河，玉色黝碧，有文采，大者重几十斤"。随着市场对碧玉的需求，1973 年才重新找到这个古代玉矿，并设厂开采，为我国这类型玉的发展作出了贡献。1975 年在玛纳斯河红坑找到一块重 750 千克的大玉，由扬州玉器厂琢成"石刻聚珍图"玉山子，已成为我国一件珍宝。

玛纳斯碧玉有原生矿和砂矿，即山上产出的山料和河流中产出的子料。

原生矿床属于透闪石玉矿床中的超镁铁岩型，与新西兰、俄罗斯、加拿大的碧玉矿为同一类型。此矿床的主要特点：一是分布于北天山依连哈比尔尕山，成矿为基性岩 – 超基性岩，沿断裂带呈东西向分布，长 280 千米，断续有 27 个基性岩 – 超基性岩群，有岩体上百个，岩体一般规模不大，为 1～2 平方千米，总面积 37 平方千米。玛纳斯碧玉产于超基性岩体中，含矿地段长约 70 千米，有北、中、南 3 个亚带。二是含玉的超基性岩主要是斜辉辉橄榄岩，边部有斜辉橄榄岩。岩石经强烈蚀变为蛇纹岩。岩体围岩为火山岩。三是区域内已知玛纳斯碧玉矿区 5 处，包括乌苏县的夏尔萨拉、沙湾县的拜辛德、玛纳斯县的小吉尔恰依、黄台子（萨热塔克萨依）、清水河子等，其中后两者经地质调查，认为有较大价值。四是矿体多产于超基性岩（蚀变为蛇纹岩）与围岩（火山岩或火山碎屑岩）的接触带上，围岩有的在超基性岩体内为捕虏体。矿体为脉状、楔状、透镜状，一般规模不大，长几米到十几米，宽多不到 1 米。黄台子矿区有矿体 13 个，长 1～12 米，宽 0.2～1.3 米。清水河子矿区有矿体 8 个，长 0.7～5.2 米，宽 0.2～1.4 米。五是蚀变强烈，矿体产在透闪石化蛇纹岩中。在玉矿体外部常有透闪石和绿泥石组成的薄壳，厚 1 毫米到几十毫米。六是成玉是交代作用形成的。首先是超镁铁岩经过自变质作用成为蛇纹岩，然后在与火山岩围岩接触交代中，吸收围岩中的硅和钙，经过透辉石化和透闪石化，而形成透闪石玉。

根据成矿地质条件分析，新疆一些超基性岩分布的地区，也可能找到碧玉，这需要人们去工作。

玛纳斯碧玉呈绿色，从碧绿色到灰绿色，以碧绿色为好。其质地细腻滋润，坚硬，为块状。在有的玉石中见有灰绿色薄层外壳,由透闪石、蛇纹石、绿泥石组成。

玉石的矿物组成为:微晶透闪石(占75%～90%,粒度细),针状集合体透闪石(占5%～15%,粒度相对较粗),叶绿泥石(占5%～10%),此外,有阳起石、绿泥石、透辉石、蛇纹石、钙铝石榴子石、铬铁矿等。

玛纳斯碧玉的化学成分与国外同类型碧玉相比较基本相同,主要是含铁量高,FeO 3.76%,Fe_2O_3 1.17%。一般说来,FeO增大则玉的颜色变深,新西兰碧玉变化特点是:FeO含量1.35%,则为浅绿色;FeO含量2.54%,则为橄榄绿色;FeO含量为5.02%,则为绿色;FeO含量为5.61%,则为深绿色。玛纳斯碧玉与和田玉碧玉含铁量,主要是氧化亚铁(FeO)和三氧化二铁(Fe_2O_3)的不同,前者是山料,以氧化亚铁为主,后者为子料,以三氧化二铁为主。玛纳斯玉中有微量的铬、镍、钴,含量为:Cr_2O_3 0.2%～0.5%,NiO 0.08%～0.12%,CoO 0.004%～0.013%,这与和田玉相区别。

玛纳斯碧玉主要开采的是山料,在上世纪70～80年代初期,需求较大,年开采量几十吨,甚至上百吨,90年代后期因需求减少,产量逐步下降。根据玛纳斯碧玉的开采经验,不论什么地区产出的碧玉,都一定要以市场为导向进行开采。

和田碧玉原生矿之谜

玛纳斯碧玉的原生矿是根据河流的子玉向源头追索而找到的。那么,和田碧玉的原生矿又在哪里呢?

和田碧玉目前见到的是子玉,分布在喀拉喀什河和玉龙喀什河等河流中。子玉开采很长的历史,如一千多年前的后晋年间,高居海在《行程记》就有绿玉河和墨玉河的记载。白玉、青玉等子玉出现后,古代的先民都在寻找原生玉矿,而且找到并开采了多处,为什么先民没有发现碧玉的原生玉矿呢?究竟是没有找到,或者是没有去找呢,这个问题很难回答。如说找碧玉矿很难,密尔岱、阿拉玛斯等这样艰难的地方都找到了玉矿;如说找不到,碧玉大玉较多,大玉一般距离原生矿不会很远,要找也是可以找到的。

上世纪70年代初期,自治区工艺美术公司因进口加拿大碧玉价格太贵,到新疆地质局要求开展玛纳斯碧玉原生矿的普查找矿工作,以后通过工作找到了原生玉矿。而在和田玉矿地质勘察工作中都没有把碧玉原生矿寻找作为专门的任务,这也许是一个遗憾。近年来,听说昆仑山已发现有碧玉原生矿,但是并没有进行专门的地质工作,资料也未披露于世。

国内外的碧玉原生矿都是与超基性岩有关,产在超基性岩的内外接触带。从区域地质得知,昆仑山和阿尔金山有多条超基性岩带,如阿尔金山的超基性岩带长达几百千米,以产石棉著称于世;西昆仑山的超基性岩带规模也很大,有形成碧玉矿的地矿地质条件。按理说通过工作应该可以找到碧玉原生矿床,而且与其他和田玉矿床一样,有多处分布。现在河流中有几十吨的大碧玉子料出现,也表明原生矿并不远,有希望找到,以解开碧玉原生矿之谜。

十、大玉风云

大玉惊皇廷

自古以来，大玉是玉中之宝，产出非常稀少。大玉有子料和山料，子料经多年磨蚀，来得非常不易，是珍中之珍；山料大玉决定于玉矿本身和开采技术，以及运输条件，如果玉石产出本来很大，由于开采和运输条件差，就可能被分为小块。

古代朝廷对大玉非常重视，规定凡是重100千克以上或一方以上的白玉，均为大玉。采得之后，必须奏明皇帝，听从朝廷安排，不能妄动。一是由皇帝派专人来取，如宋代开宝二年（969年），于阗国采到了一块重237斤的大玉，派使者向皇帝报告，由皇帝派人取走。二是当地加工成玉器进贡，如玉佛、玉马、玉骆驼、玉枕等。三是由皇帝派专使到矿山开采，如乾隆时，为得到大玉以制作玉磬、玉器等，就派专使到密尔岱山负责监督。除此以外，皇帝为了得到大玉，还派人或下诏到产玉的于阗国，要求寻找。

皇帝得到大玉后，一般都是由皇廷亲自安排制作成精美的玉器。如乾隆时制作的玉山子："大禹治水图""秋山行旅图""会昌九老图""丹台春晓图""九龙瓮""云龙玉瓮""寿山"等，玉重量都在千斤以上，已是我国的珍宝。此外，还制作成各种玉器，如乾隆时曾得和阗美玉一块，命人琢成一玉马，玉色白而润，长踰三尺，高二尺。和珅使人盗走，以作为爱妾洗浴坐憩之用。嘉庆皇帝赐和珅死后，玉马置放在圆明园。英法联军火烧圆明园时，将其盗走，置于伦敦博物院。又如，慈禧太后六十寿庆时，大臣曾献"玉石仙台"，用和田大玉制作仙台和八仙，用绿松石、玛瑙等多种其他玉材制作其他景色。

皇帝对大玉管理很严，如唐代德宗皇帝即位（780），派朱如玉到于阗国求玉，该国献上了"圭一、珂佩一、枕一、带三百、簪四十、夋三十、钏十、杵三、瑟瑟百斤并它宝等。"朱如玉为私吞这批宝物，回京后向皇帝谎报宝物在途中为人掠夺。以后事情败露，被流放死于恩州。

古代采出大玉有多少，无法统计。据文献记载，有的玉非常大，如元代丞相到于阗国除得到一件高三四尺的玉佛外，还得到一块巨大的白玉。据《辍耕录》载："又得白玉一段，高六尺，阔五尺，长十七步，重不可致。"由于元代的计量标准不明，不知玉有多重；如以现代计算大玉达八九十吨，这可谓是白玉之最。可惜，这块玉以后下落不明了。

现代大玉知多少

大玉，也是世界上的珍宝，出现了一个一个的"玉石之王"。1971年，美国加利福尼亚芸特雷附近的海底开采出来一块重5吨的大玉，被命名为"玉石之王"。1977年，加拿大沃森湖发现了一块重达28吨的透闪石玉。1978年，缅甸发现了一块重90吨的翡翠。1960年，我国在辽宁省岫岩县发现了一块重达204吨的岫岩玉，被称为"玉石之王"。世界大玉记录总是不断地被刷新，而不同品种的玉石应有不同的记录，这是因为玉石的种类不同，价值大不相同。

百年来，和田玉大玉产出了多少，也没有全面的记载资料。1950年以来，一批大玉出产自阿拉玛斯玉矿和且末玉矿，以及一些玉河中。近年来，掀起"大玉热"，出产的大玉不断。

阿拉玛斯玉矿是出产白玉大玉的重要基地，如1963年出产了两块分别重190千克和170千克的白玉，销售到上海等玉器厂。1976年出产了一块重178千克青白玉送往北京"毛主席纪念堂"。1978年出产一块重249千克青白玉，销售往北京玉器厂。

且末玉矿出产的大玉有十几件，如1974年出产了重分别为501千克、507千克、580千克、480千克的四块青白玉，1976年出产一块重450千克的青白玉，1977年出产了一块重218千克的白玉，1983年出产了一块重570千克的青白玉，1991年出产了重700千克、300千克的两块青白玉，1992年出产了重230千克的白玉和480千克的青白玉，1995年出产了重1502千克、580千克的两块青白玉，1997年出产了一块重1100千克的青白玉，1998年出产了一块重474千克的青白玉，近年来又有重3吨多的青白玉和60吨重的青玉。这些大玉除1977年出产的白玉送北京"毛主席纪念堂"和1995年出产了重1502千克青白玉作为世界吉尼斯纪录保存外，余皆已销售给有关玉器厂或个人，大多琢成了精美的玉器，如扬州玉器厂琢制的"五塔"玉山子，已被国家作为工艺美术珍品收藏。

和田黑山阿格居改出产了一些大白玉，如1976年发现了一块重159千克的白玉，1980年发现了472千克白玉，后者由扬州玉器厂琢制成"大千佛国图"玉山子，已被国家作为工艺美术珍品收藏。

大玉收藏

俗话说："盛世藏玉"。近年来，全国出现了许多和田玉收藏家，特别注重收藏大玉，如中央电视台"鉴宝"节目中就有多次报导。

2003年，出生于扬州白玉收藏世家的阮飞在"鉴宝"节目展现的白玉"华严三圣"玉器，

217

这是用一块原重 328 千克的和田山流水料雕刻而成的。她购买这块白玉,多次到新疆。在节目现场专家当场估价 450 万元人民币。她已在北京开了一家白玉专卖店,被称为"京城白玉第一家"。她初到北京时,整个京城找不到一家白玉专卖店,一般的白玉摆件价格也就几百元,质量上乘的白玉价格也不过几千元,超过 1 万元就成了"天价"。如今,大大小小的白玉专卖店已遍布京城,白玉更是身价倍增,最普通的一个白玉手串也得上千元,几万元一件的白玉挂件不算稀罕,而纯正的白玉摆件更是高达几十万元甚至数百万元。

2005 年,王先生在"鉴宝"节目展示了一块重量 24.38 千克带枣红皮色的白玉。这块玉来历不凡。原来他在安徽地质部门工作,妻子被查出患有重病,先后经历几次手术治疗后,转为保守疗法,医生建议他带妻子出去走走。于是,他带上家里所有的积蓄,带着妻子来到充满神奇的新疆。在乌鲁木齐玉石市场,看到一位维族老人的脚边放着一块和田玉子料,他看了以后,感到质量很好。他爱人看出了他的心思,积极鼓励买下这块玉石,经过讨价还价用 8000 元现金,外加一块手表,买下了这块子料。而此时他们只剩下 2000 元,就带上玉石回家了。在"鉴宝"节目现场,专家认为这是一块和田白玉,是很大的一块子料。子料重量一般都是几克,几十克占大多数,几千克就非常罕见了,20 多千克更是非常罕见的。这块玉白度不错,有油脂光泽,结构也比较细腻,特别是它有很好的一个枣红皮子。专家当时按 8 万元钱 1 千克来计算,估价为 200 万元。从此以后,他更加热爱和田玉的收藏,每年都要前往新疆产地三四次,次次满载而归。回到家,总是爱不释手,连晚上睡觉也要带着玉石一起进入梦乡。他还收藏了一块重达 90.2 千克的白玉子料,通体包裹一层天然沁色的枣红皮。

2007 年 4 月,藏宝人郭皎在"鉴宝"节目展示了一块重量 30 千克的白玉子料。这是十年前去新疆,他的一位朋友给推荐的一块白玉,非常喜欢,把车子卖掉,花了一年的时间才买下的。这块白玉子料长 28 厘米,宽 28 厘米,高 25 厘米,基本已接近于立方体,比较适合于各种雕件。玉石质地细腻,油脂光泽好,基本上没有瑕疵和绺裂。经专家评估,按 25 万元左右人民币 1 千克,估计参考价为 700 万元。

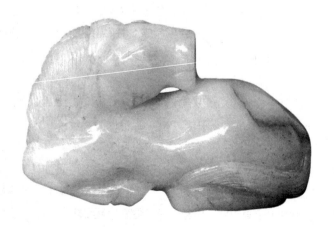

十一、识玉古今谈

古人识玉

在漫长的历史中,古人对和田玉的质地、光泽、色彩、声音等各种特征都有了一定认识,积累了丰富的鉴别和田玉的经验。

在我国历史上,玉石来源约有 100 余处,玉石品种较多。如何识别昆仑美玉与其他玉石是一个重要问题。周代对玉不仅有优劣之分,还有地位尊卑之别。据《周礼·考工记》记载:"天子用全,上公用骁,侯用瓒,伯用埒。"这四种玉如何区别呢? 许慎在《说文解字》中的解释是:"全"为"纯玉也";"骁"是"四玉一石";"瓒"为"三玉二石",埒为"玉石半,相埒也"。这就是说,帝王用玉均为优质和田玉,公、候、伯用的是昆仑美玉中质量较差的,或是其他地方出产的玉石。

在春秋战国时代,管子、孔子等比德于玉,就对和田玉的性质进行了阐述,并提出了重玉轻珉的审美观。东汉时,许慎总结了玉的五大特点,即是润泽以温;鳃理自外;其声舒扬,专以远闻;不挠而折;锐廉而不忮。提出玉的质地、光泽、声音、硬度、韧性等诸方面鉴赏标准。

秦、汉以后到唐宋时期,对玉的鉴别更加明确,提出辨别真玉(指现和田玉)和非真玉(其他玉石)的标准。如《墨庄漫录》(宋代张邦基著)录唐代李淳风论辩真玉时说:"其色温润如肥物所染,敲之其声清引,若金磬之余响,绝而复起,残声远沉,徐徐方尽,此真玉也。"李淳风所指之真玉当是昆仑美玉,即现今的和田玉。《拾遗记》中也有同样的说法:"石崇富比王家,当世珍宝奇异,皆殊方异国所得,其爱婢翔风(或作翩风)妙别玉声,悉知其处。言西北方玉声沉重而性温润；东南方玉声轻洁而性清凉。其言玉声轻洁者，明东南方产非真玉也。"西北方玉是指昆仑美玉。这些辨别标准，是从质地、光泽、声音三个方面提出了具体要求。

以后，在历代有关文献中也有记载，如明代曹昭在《新增格古要论》中说："玉出西域于阗国，有五色，利刀刮不动，温润而泽，摸之灵泉应手而生。"清代陈性的《玉纪》中说："西北陬之和阗、叶尔羌，其玉体如凝脂，精光内蕴，温泽精密，声音洪亮，佩之益人性灵。"这也是从质地、光泽、硬度、声音等方面进行识别的。

本世纪初，李迣宣、张子凡在《玉说》中总结前人经验，提出区别玉（指现今和田玉）与石（其他玉石）的五条标准是："（一）玉质是否生光。生光者玉，无光者石。（二）玉质是否温润而坚美。温润坚美者玉，温润不坚美者石。（三）盘久而玉之内体是否有明透处。能明透者玉，不能明透者石。（四）如孔子论玉叩之以声。其声清越以长，而其终诎然止者玉，反是则石。但出土古玉，其玉气未脱，或厚重者不在此例。（五）察之以气与精神。有生气精华神采者玉，反是则否。并说："互参前说，百无一失。"以上五条标准，作者强调要互相参照，不能只取其一。他们还在注释中进行了详细的解释，如关于玉光问题，说："有一种白珉石，白如玉而有光，然而其色冷而有饭沧纹与真玉之光小别。"

可见，古人识和田玉首先是玉的质地，如"体如凝脂，精光内蕴，温泽精密"；其次重视玉的硬度和韧性，如说和田玉"利刀刮不动"，这与蛇纹石类玉、碳酸盐岩类玉相区别；再次，注意其他物理性质。如关于比重，说："玉多则重，石多则轻。"关于声音如上所述。这些数千年总结的经验，迄今仍有参考价值。

玉器界的质地识别

自古到今，和田玉的质地是判断田玉质量的重要标准，也是和田玉区别于其他玉石的一个重要标准。

质地是判断玉石的综合性标准，是综合评价玉石的肉眼感觉。包括了前人所说的滋润度、细腻度、光泽度、坚韧度以及玉的缺陷等方面。

玉石工艺界过去习惯用"坑、形、皮、性"来判断和田玉的质地。

坑，实际是指玉的产地。和田玉产在昆仑山和阿尔金山，但是不同产地质量不同，如阿拉玛斯玉矿的"戚家坑"以白玉著名；"卡羌坑"是指且末玉矿的山料，以产白玉和青白玉著名；"塔石寨"是指和田墨山的子料。"坑子好"，可以代表质量好，这如现代所说的名牌产品的品牌一样。

形，是指和田玉的外形。包括有子玉、山料、山流水，这是和田玉地质产状的分类标准，现在也是工艺分类的一个重要标准。由于子玉受到人们喜爱，价格比山料贵数倍，因此，市场上出现了各种各样的假冒子玉。

皮，是玉的表面特征。质量佳的玉，应是皮如玉，皮好，里面的玉质也好；皮不好，里面的玉质也不好。枣红皮、秋梨皮、鹿皮等子料，皮不侵入内部，内部是白色，只要润都是上等好料；而芦花皮、粗地红皮等子料，质量较差。由于带色皮玉价格更贵，所以市场上出现了形形色色的人工制作的假皮。

性，是指玉石缺陷的表现。在玉器界有许多专用名称，如"阴"，指玉呈阴暗的色调；"油"，指非凝脂性的油性感觉；"嫩"，指透明度大而不灵，有娇嫩的感觉；"灰"，指色不正；

220

"干",指不润;"瓷",指如瓷器一样的感觉;"面",指疏松;"暴",指制作中易起鳞片。

肉眼识玉

和田玉的矿物学研究表明,和田玉是透闪石玉,在特殊地质成矿条件之下,有着内在的矿物、化学成分和物理性质的特点。一是矿物方面,其成分为透闪石,与其它玉石比较,透闪石含量极高(一般在95%以上),杂质矿物极少,矿物粒度极细,为显微晶质和隐晶质,具有明显的毛毡结构,这些是决定和田玉特征的基本因素。二是化学成分方面,与其它玉石比较,其成分很纯,接近透闪石的理论值。主要成分:SiO_2 53.34%~57.60%,MgO 21.30%~24.99%,CaO 11.33%~17.41%(透闪石理论值分别为 SiO_2 59.169%,MgO 24.808%,CaO 13.805%),次要成分含量极低,一般说来,FeO 小于2%,Fe_2O_3 小于1%。当 FeO 含量小于1%时,形成的是白玉。三是物理性质方面,主要表现是:颜色多,可分为七大类,尤其是白玉、羊脂玉、黄玉、璞玉等皆为珍贵品种;硬度较大,摩氏硬度为6.5~7;韧度极大,仅次于黑金刚石;质地细腻,温润滋泽,微透明,杂质极少。

检验玉石国家已有专门的规定标准,同时,又有专门的检验鉴定机构,因此,购买和田玉最好是通过检验机构,有质量检验证书。

关于肉眼辨别和田玉方面,玉石界已总结了许多经验,一些媒体和书籍已有专门的介绍。

首先是质地,这是鉴别和田玉优劣的最主要的因素。一是看质地是否细腻而坚韧。和田玉由于矿物粒度极细,因此,质地非常细腻,而且硬度和韧度较大,钢刀刻不动,不易碎,断口参差不齐。二是看是否滋润,这是最为关键的因素,不能重色不重润。和田玉滋润柔和,具油脂光泽,给人以柔和的感觉,不强也不弱,既没有强光的晶灵感,也没有弱光的蜡质感,给人以舒服感和美感。其他玉石也有质地细腻的,但是滋润和油脂光泽不及和田玉。和田玉这种滋润正如古人所说的"玉体如凝脂,精光内蕴,质厚温润"。这就是说,一块好的和田玉,首先给你的感觉就是像一块"凝脂",白玉像羊脂,黄玉像鸡油,"温润如肥物所染"。同时,是"精光内蕴",光泽蕴含在里面,而不是透在外边,就如一个人,气质内在而不外露。温和润都是一种感觉,和田玉其实贴在脸上是冷冷的,但看上去感觉是温润的。"凝脂"的感觉当然是润,而不是干。所谓"温润如玉",玉成了"温润"的代名词。三是看透明度。对宝石来说,要求透明度要很高。对和田玉来说,透明度要求是微透明,不透明不好,太透明了也不好,正是这种微透明度能给人以美感和神秘感。四是看玉是否有缺点,这包括了绺裂和杂质。严格讲,和田玉形成于自然界,经历了多次强烈的地质作用,总是有一点缺陷的,如可以看到细密的小云片状、云雾状的玉花,而"无瑕"的极少。绺裂是玉的裂隙,有的是天然形成的,有的是开采中造成的。工艺上分为"死绺裂"和"活绺裂"。"死绺裂"是明显的绺裂隙,有长而深的"碰头绺",有边缘浅中间深的"抱洼绺",有玉内部出现的"胎绺",有各种裂绺的"碎绺"等,这类绺在工艺上可以挖去,比较好处理。"活绺裂"是细小的绺裂隙,有"指甲缝""火伤性""细牛毛性""星散鳞片性"等,在工艺上难除,只有采取遮掩处理。杂质主要是指和质地不均匀。石在工艺上分为"活石"和"死石"。"死石"如石抱玉、玉抱石,石与玉界线清楚,可分割出好玉。"活石"是指玉与石界线不清楚,有"石钉""石

221

花""石线""米星点"等,加工时可挖脏去瑕。玉质地不均匀,表现各种各样,如有细脉状的"水露子"、圆点状的"骨骰"、芦花般状的"芦花"等,都会降低玉的质量。以上这些缺陷,一般通过肉眼或放大镜可以看到。

其他方面,还有试重量、试硬度、观皮色、听声音等多个方面。如和田玉的比重为2.9～3.1,比一般常见的岩石（比重为2.5～2.7)要重,有压手沉重感。试硬度用钢刀,和田玉摩氏硬度为6.5～7,刀刻不动。皮色主要分辨真皮和假皮,这已有许多介绍。和田玉子料,经过河流中的磨蚀,它的表面会有许多不平的小坑,好像人身皮肤上的汗毛孔,用放大镜观察可以很清楚地看到,而人工制造的则难以伪造出来。声音主要是某些玉器击敲后会发出清脆悦耳的声音。

鉴定中,与和田玉相混淆的玉石,主要有两个方面,一是其他品种的玉;二是人造玉石或人造假皮等。

其他品种的玉石主要有石英岩类、大理岩类、蛇纹石类、蚀变斜长石类。石英岩类玉石,色白、质地较细,硬度大,外观很像白玉,曾被称为"京白玉",但是,其有强的玻璃光泽,滋润感差,脆性大,常有不均匀杂质。大理岩类玉色很白,半透明,类似"白玉",但是其硬度低,一般用刀可刻动,点稀盐酸起泡。蛇纹石类玉石,颜色很多,也有一定滋润感,但是其硬度低,用刀可刻动,易断裂,一般透明度比较高。蚀变斜长石类,也称为"独山玉",颜色多,也有"白玉""青玉"等名称,但是其颜色多混杂,质地不均匀,不如和田玉滋润。

人工玉石是用塑胶、玻璃、特种材料等制作的,颜色也很白,但是润度和光泽都很生硬,透明度较高,没有天然的玉花和玉筋等,皮色不自然,玻璃的可能有气泡痕迹,有的硬度和比重也与和田玉不同。2006年4月,中央电视台曾经播出《古玩造假大揭秘玉器篇——和田玉》,其中揭露了多种造假和田玉的方法和鉴别方法,可以借鉴。

玉 色 之 美

玉色是和田玉分类的标准之一。自古以来,对和田玉颜色有不同的认识。较早受阴阳五行说的影响,用五种颜色的玉,放置于不同的方位,东方为青,南方为赤,西方为白,北方为黑,中央为黄。周代"六器"中是以苍璧礼天,黄琮礼地,青圭礼东方,赤璋礼南方,白琥礼西方,玄璜礼北方。以后,演化为以青、黄、白、赤、黑五种色作为正色,昆仑美玉也有五色之称。秦代《吕氏春秋》中提出不同季节服玉的颜色不同,如春季服青玉,夏季服赤玉,季夏服黄玉,秋季服白玉,冬季服玄玉。东汉王逸《玉论》中说:"赤如鸡冠,黄如蒸栗,白如截脂,墨如纯漆,谓之玉符。而青玉独无说焉。今青白者常有,黑色时有,而黄赤者绝无"。这是说,玉有白、青、黑、赤、黄五色,而常见为青色、白色,这些都是五色玉的反映。明代周履靖《夷门广牍》中说:"于阗玉有五色,白玉色如酥,冷色、油色及雪花者皆次之。黄玉如栗者曰甘黄玉,焦黄次之。碧玉色青如蓝靛,即今深青色,或有细墨星者、色淡者皆次之。黑玉色如漆,又谓之墨玉。赤玉如鸡冠,人间少见。绿玉深绿色,中有饭糁者尤佳。甘青玉色淡青而带黄。"他在五种玉色中又进一步划分了主次。清代谷应泰《博物要览》中也说"玉有白玉、黄玉、赤玉、碧玉、黑玉",并以"白玉之色须似羊脂,以莹白微红光润滋媚为绝品。""黄玉之色如蒸栗,以光莹明润为绝品。""赤玉色鲜红莹如鸡冠为上品。"

"碧玉要色如新草青翠明莹者为上品。""黑玉色如漆黑无斑点为上品。"他在玉色中分出了绝品或上等品。清代陈性《玉纪》中称玉有九色，包括玄如澄水，蓝如靛沫，青如藓苔，绿如翠羽，黄如蒸栗，赤如珠砂，紫如凝血，黑如墨光，白如脂肪，赤白如斑花等，并赋予不同名称。傅恒等所纂《西域图志》说，和田河出玉有：绀（紫红）、黄、青、碧、白数色。椿园《西域闻见录》说，叶尔羌所产之玉，各色不同，有白、黄、赤、黑、碧诸色。

以上诸论尽管说法不同，基本上说的是玉有五色，仅陈性提出有九色，其包括紫色。但是，明代科学家宋应星却提出了不同的看法，认为玉只有白、绿两色，他在《天工开物》中说："凡玉唯有白与绿两色，绿者中国名菜玉，其赤玉、黄玉之说，皆其石琅玕类，价即不下玉，然非玉也。"

对于现代和田玉颜色分类，认识也不尽相同，有五分法、六分法、七分法、九分法。五分法分出了白玉、黄玉、青玉、墨玉、碧玉等五大类，其中每类可以细分或分级。六分法是在五分法基础上加进了青白玉，并进一步分级。七分法又加上了羊脂玉。九分法以加上了青花玉、糖玉等。如何规范和田玉的颜色分类是一个需进一步研究讨论的问题。

现代颜色分类中，与古人不同的是没有赤玉。赤玉在古代文献中虽有记载，但是古代和田玉玉器中似没有见到，只见到皮色为红者。据明代有关文献，明嘉靖时，要制作玉器，曾派人专门寻找赤玉，也没有找到，可见，稀罕之极。因此，和田玉中赤玉问题是一个待解之谜。

关于玉色，以何者为贵，自古以来，并无定论。对颜色的爱好，是一种时代的风尚，各不相同。上古时对玉珍重，各色并不偏重，如周代

"六器"和"六瑞"都反映了这点。以后，也各有不同认识，如明代高濂《燕闲清赏笺》中说："玉以甘黄为上，羊脂次之，盖黄玉不易得，故为正色，白玉时有之，故为偏色。今人贱黄而贵白，以见其少也。"清代谷应泰《博物要览》中《论玉色高下》时也与高濂认识相同。清人《清秘藏》在《论玉》中却有另外的说法，说：玉"色以红如鸡冠者为最，余仅见一汉印及一扇坠，然大特如龙眼耳。黄如蒸栗者次之。白如截脂者次之。黑如点漆者次之。甘青如新嫩柳，绿如铺绒者次之。他不必蓄也。其有色白而质薄者，非羊脂也，白玉也。"这是按质量优良的赤玉、黄玉、羊脂玉、墨玉、青玉之序排列。白玉在我国历史上一直较为珍贵，尤其是羊脂玉更是人们所喜爱。近年来，我国收藏界和玉石界掀起了一股"白玉热"，价格猛涨。

我国自古以来，对玉有"首德次符"之说。"德"是比德于玉所体现的玉的性质，其中主要是"温润以泽"，正如古人所说的"体如凝脂，精光内蕴，温泽精密"，现代统称之为滋润度。"符"是指颜色，就是上面所提出的各种颜色。古人特别强调只要是润好的不同颜色的玉都可以是佳品或上等品，而不限于白玉。因此，不能一味追求玉的白色，不注意玉的润，一块好玉应是润、色、净的结合。

玉俏色之美，不仅可制作出巧夺天工的绝品，而且也是奇石界收藏的佳品。清代纪晓岚在《阅微草堂笔记》中曾记载一件俏色佳品，说是他在乌鲁木齐时，见到了大学士温公，有一玉片如掌大，色泽白润，上面有四点大如指尖的红斑，如同花片，是天然而成，非常漂亮。温公一直带到身上，以后他慷慨捐身，此玉不知流落何方。谢佩禾《金玉琐碎》中也记载了一些俏色玉器。如老子骑牛巧争玉像，为一金姓人

所有,高五寸,老子的发、须、眉及手足均是白玉,衣为浅黄色,牛为深青色,牛的蹄、角为黑色,称之是"巧之极矣,爱之极矣,至今未尝不想见也。"又见一睡美人玉佩,通身洁白,发为黑色,唇及鞋为红色。真是"穷工极巧,观后或有所失。"至于,俏色玉形成的各种美丽奇特的图案,更是叹为观止,受到收藏界的青睐。

后　记

　　1986年，一个由新西兰、澳大利亚、加拿大等玉石学家组成的国际玉石代表团访问新疆，当他们到达和田玉河，看到美丽的和田玉时，高兴地跳起了舞。代表团团长说："我从小就梦想来到这个世界上著名的玉都，今天这个梦想实现了，真是无比高兴。"这件事给我留下了深刻的印象，当时我作为新疆地质矿产局玉石地质的业务主管，深知这些世界著名的玉石学家，万里迢迢到了新疆，是想考察玉矿的，但是玉矿在昆仑高山之巅，通不了汽车，他们不可能去，所以我担心他们不满意，然而他们却非常满意，使我感到意外。我才深深地感觉到英国科学家李约瑟说的那句话是多么的精辟："和田、叶尔羌一带是玉的主要中心。"这个透闪石玉的中心不仅是中国的，而且也是世界的。

　　访问结束，代表团团长送给我局一本书，就是他写的《新西兰玉》，可是，我们却无和田玉专著可以回赠，我深深感到内疚，决心补上这个不足。在新疆地质矿产局和新疆人民出版社的支持下，我与战斗在和田玉地质工作第一线的陈葆章高级工程师和蒋壬华工程师一起，从1988年起开始《中国和阗玉》的研究和编写，1989年完成并送自治区科委评审，专家认为这是第一部全面反映和田玉的科学专著，并要求尽快出版。1990年将书稿送新疆人民出版社。书由新疆人民出版社与台湾地球出版社合作出版，1991年出版了台湾版，1994年出版了新疆版。出乎意外的是这本书在海峡两岸销售一空，以后，新疆又再版了两次。

　　在《中国和阗玉》的研究和编写中，我深深为中华民族玉文化所吸引，也为有

这样光辉灿烂的玉文化而自豪。但是，作为地质工作者的我，玉文化知识浅薄，虽然竭力在书中反映了和田玉玉文化的一些情况，但是，力不从心，真诚希望全国和新疆有关专家、学者、人士来研究和田玉玉文化。因此，1995年在《中国和阗玉》首发式上，我发出了这个内心的呼吁，新华社新疆分社非常重视，为此发了《专家建议大力提倡玉文化》的专稿。

时间过了十多年，我高兴地看到，在有关部门和专家的推动下，玉文化的研究在全国和新疆蓬勃地开展起来，取得了丰硕的成果。从2001年到2007年在新疆且末、和田、乌鲁木齐等地召开了多次和田玉研讨会，和田地区举办了和田玉石节，且末县也开展了有关活动。全国和新疆有关的领导、专家、玉石界人士对和田玉玉文化开展各方面的研究，特别是我国著名的古玉学者杨伯达教授的多次精彩讲演，这些会议及其成果，如编印的《昆仑之魂》论文集等，把和田玉玉文化研究推向了新的阶段，是玉文化研究的新突破。同时，中国文物学会玉器研究委员会在全国召开了多次玉文化研讨会，出版了大量的玉文化书籍和论文。杨伯达教授主编的一系列玉文化学的专著，如《中国玉文化玉论丛》、《出土玉器鉴定与研究》、《中国和阗玉玉学文化研究文萃》，有着丰富的内容。这些全国和新疆和田玉研究的成果，犹如一座玉文化的宝库，有发掘不尽的宝藏。作为一个地质工作者，我知道大地有三十多亿年的历史，地下宝藏是多么丰富多彩，而宝藏的秘密更难以全部解开。同样，有着几千年历史的和田玉玉文化宝库也是绚丽多彩的，宝库的秘密更期待人们去发掘。当我进入这个玉文化宝库，不仅吸取了丰富的营养，受益匪浅，而且感到玉文化极其深邃博大，奥妙无穷。

当前，我国正在建设社会主义和谐社会，中华民族爱玉的传统得到进一步发扬，玉文化正随着精神文明建设走向新的时期。许多玉石收藏家说，他们不仅重视和田玉的升值，而且更为关注玉文化的升华。确实，玉文化是中华民族文化的重要组成部分，其历史之早，延续时间之长，内容之丰富，影响之深远，是其他国家玉文化难以比拟的，是中华民族的骄傲。和田玉作为中国玉的精英，当它登上历史舞

台，就把中华民族玉文化推向了新的阶段，为中华文明的形成和发展做出了重大的贡献。

这本书是在新疆宝玉石协会和新疆电子音像出版社支持下编写的，这是个人学习玉文化知识的一点心得，目的是"抛砖引玉"，引起大家对玉文化的进一步深入研究和讨论。这本书定名为《和田玉探奇》，正是表明这是一种探索。这正如世界伟大科学家爱因斯坦所说的一样；"我只求满足于生命永恒的神秘，满足于察觉现有世界的神秘的构成，窥见它们的一鳞半爪，并且以真诚的努力领悟在自然界中显出来的神秘，即使其中极小一部分，我就心满意足了。"的确，在和田玉玉文化的神秘世界中，自己是以极大真诚努力去领悟的，并把自己领悟的一点心得告诉广大和田玉爱好者，这是编写这本书的希望和目的。也正是如此，把本书定位于科普性质，为广大的玉爱好者服务。

这本书的编写和出版，首先要感谢我国从事玉文化研究的专家和玉石界人士，本书中参考了他们大量研究的成果，没有这些研究新成果，是难以写成的。

227

这本书的编写和出版，还要感谢新疆宝玉石协会和新疆电子音像出版社的热情鼓励和支持，感谢新疆宝玉石协会副会长兼秘书长易爽廷高级工程师（教授级）的指导。

由于作者水平有限，书中可能存在一些错误或不足，敬请读者指正。

主要参考文献

国家文物鉴定委员会编. 文物鉴赏丛录——玉器（一）. 北京：文物出版社. 1997

何昊，王志安，梵人. 玉石之路. 北京：中国文联出版社. 2004

刘道荣，王玉民，崔文智. 赏玉与琢玉. 天津：百花文艺出版社. 2003

刘逊，刘迪. 新疆两千年. 乌鲁木齐：新疆青少年出版社. 1998

骆汉城. 玉石之路探源. 北京：华夏出版社. 2005

毛恒年，王和泉. 文学苑圃中的无瑕美玉. 宝石和宝石学杂志，2005年第2期. 2005

桑行之等编. 说玉. 上海：上海科技教育出版社. 1993

唐延龄，陈葆章，蒋壬华. 中国和阗玉. 乌鲁木齐：新疆人民出版社，台北：地球出版社. 1994

唐延龄，梅厚钧，潘克跃等. 中国新疆非金属矿床. 北京：地质出版社. 2005

唐瑛. 同根词"玉"文化考察. 四川师范学院学报（社会哲学版）. 2007年第4期. 2002

新疆社会科学院考古研究所. 新疆考古三十年. 乌鲁木齐：新疆人民出版社. 1989

许慎（汉）. 说文解字. 天津：天津古籍出版社. 1991

杨伯达主编. 出土玉器鉴定与研究. 北京:紫禁城出版社. 2001

杨伯达主编. 中国和阗玉玉文化研究文萃. 乌鲁木齐:新疆人民出版社. 2004

杨伯达主编. 中国玉文化玉学论丛. 北京:紫禁城出版社. 2004

杨伯达主编. 中国玉文化玉学论丛续编. 北京:紫禁城出版社. 2004

杨伯达主编. 中国玉文化玉学论丛三编. 北京:紫禁城出版社. 2005

杨建新主编. 古西行记选注. 银川:宁夏人民出版社. 1987

易爽廷主编. 中华瑰宝和田玉文集. 乌鲁木齐:新疆电子出版社. 2004

中国社会科学院考古研究所. 殷墟玉器. 北京:文物出版社. 1982

邹天人,陈克樵,王立本主编. 中国和田玉专集. 岩石矿物学杂志. 第21卷增刊. 2002

周蒙,冯宇.《诗经》玉文化内涵的观照. 中国韵文学刊,1997年第4期. 1997

张兰香,钱振峰. 古今说玉. 上海:上海文化出版社. 1997

昭明,利群. 中国古代玉器. 西安:西北大学出版社. 1993